U0879918

普通高等学校“十三五”数字化建设规划教材
新经度 大　学　数　学　基　础　教　材

高等数学

（下）

郝志峰　编　著

北京大学出版社
PEKING UNIVERSITY PRESS

内 容 简 介

本书主要面向地方应用型本科院校，涉及内容的深广度符合最新的高等学校理工科、经管类各专业对该课程的教学基本要求(2014)，也能达到全国硕士研究生入学统一考试数学考试大纲的相应要求. 内容包括：函数与极限、导数与微分、中值定理与导数的应用、不定积分、定积分、定积分的应用、空间解析几何与向量代数、多元函数微分法、重积分、曲线积分和曲面积分、无穷级数、微分方程.

本书以学生为本，力求通俗易懂、深入浅出，激发学生的兴趣；注意定理、定义、性质、例题的说明解释，及时归纳总结诸多理解、分析高等数学的理论与方法，强化解决问题和数学建模的能力；适应翻转课堂、慕课、微课等新时期的教学改革. 为满足学习者的需求，公式、标号详尽便于查阅，精心设计习题，并附解答与证明提示.

本书适宜作为普通高等学校非数学理工科及经济、管理相关专业"高等数学"课程的教材或参考书，也可供需要高等数学知识的各类科技工作者学习或参考，并为准备考研的非数学专业学生及其他读者服务.

图书在版编目(CIP)数据

高等数学. 下/郝志峰编著. —北京：北京大学出版社，2019.2
ISBN 978-7-301-30244-6

Ⅰ. ①高…　Ⅱ. ①郝…　Ⅲ. ①高等数学—高等学校—教材　Ⅳ. ①O13

中国版本图书馆 CIP 数据核字(2019)第 011120 号

书　　名　高等数学（下）
GAODENG SHUXUE
著作责任者　郝志峰　编著
责任编辑　曾琬婷
标准书号　ISBN 978-7-301-30244-6
出版发行　北京大学出版社
地　　址　北京市海淀区成府路 205 号　100871
网　　址　http://www.pup.cn
电子信箱　zpup@pup.cn
新浪微博　@北京大学出版社
电　　话　邮购部 010-62752015　发行部 010-62750672　编辑部 010-62754819
印 刷 者　长沙超峰印刷有限公司
经 销 者　新华书店
787 毫米×1092 毫米　16 开本　13.5 印张　330 千字
2019 年 2 月第 1 版　2019 年 2 月第 1 次印刷
定　　价　45.00 元

本书配套云资源使用说明

本书配有网络云资源，资源类型包括：知识结构、名家简介、微课视频、演示动画和历年考研真题.

一、资源说明

1. 知识结构：对每章知识点以框图形式做系统总结，让学生提前了解本章讲述的大概内容，方便学生学完本章内容后做自我测评，加深学生对本章内容的理解.

2. 名家简介：提供相关科学家的简介，从而提高学生对数学的认识，以及学习数学的兴趣.

3. 微课视频：针对重要知识点，本书主编郝志峰教授进行系统讲解. 视频短小精练，方便学生学习，提高效率.

4. 演示动画：针对重要知识点、抽象内容，提供相关演示动画，便于学生理解和掌握.

5. 历年考研真题：提供一些历年的考研试题，对学有余力的学生提供考研帮助.

二、使用方法

1. 打开微信的"扫一扫"功能，扫描关注公众号（公众号二维码见封底）.

2. 点击公众号页面内的"激活课程".

3. 刮开激活码涂层，扫描激活云资源（激活码见封底）.

4. 激活成功后，扫描书中的二维码，即可直接访问对应的云资源.

注：1. 每本书的激活码都是唯一的，不能重复激活使用.

2. 非正版图书无法使用本书配套云资源.

总序

数学是人一生中学得最多的一门功课.中小学里就已开设了很多数学课程,涉及算术、平面几何、三角、代数、立体几何、解析几何等众多科目,看起来洋洋大观、琳琅满目,但均属于初等数学的范畴,实际上只能用来解决一些相对简单的问题,面对现实世界中一些复杂的情况则往往无能为力.正因为如此,在大学学习阶段,专攻数学专业的学生不必说了,就是对于广大非数学专业的大学生,也都必须选学一些数学基础课程,花相当多的时间和精力学习高等数学,这就对非数学专业的大学数学基础教材提出了迫切的需求.

这些年来,各种大学数学基础教材已经林林总总地出版了许多,但平心而论,除少数精品以外,大多均偏于雷同,难以使人满意.而学习数学这门学科,关键又在理解与熟练,同一类型的教材只需精读一本好的就足够了.这样,精选并推出一些优秀的大学数学基础教材,就理所当然地成为编辑出版这一丛书的宗旨.

大学数学基础课程的名目并不多,所涵盖的内容又大体上相似,但教材的编写不仅仅是材料的堆积和梳理,更体现编写者的教学思想和理念.同一门课程,应该鼓励有不同风格的教材来诠释和体现;针对不同程度的教学对象,也应该有不同层次的教材来使用和适应.特别是,大学非数学专业是一个相当广泛的概念,对分属工程类、财经管理类、医药类、农林类、社科类甚至文史类的众多大学生,不分青红皂白、一刀切地采用统一的数学教材进行教学,很难密切联系有关专业的实际,很难充分针对有关专业的迫切需要和特殊要求,是不值得提倡的.相反,通过教材编写者和相应专业工作者的密切结合和协作,针对该专业的特点编写出来的教材,才能特色鲜明、有血有肉,才能深受欢迎,并产生重要而深远的影响.这是专业类大学数学基础教材应有的定位和标准,也是大家的迫切期望,但却是当前明显的短板,因而使我们对这套丛书可以大有作为有了足够的信心和依据.

说得更远一些,我们一些教师往往把数学看成是定义、公式、定理及证明的堆积,千方百计地要把这些知识灌输到学生头脑中去,但却忘记了有关数学最根本的三件事.一是数学知识的来龙去脉——从哪儿来,又可以到哪儿去.割断数学与生动活泼的现实世界的血肉联系,学生就不会有学习数学持续的积极性.二是数学的精神实质和思想方法.只讲知识,不讲精神;只讲技巧,不讲思想,学生就不可能学到数学的精髓,不能对数学有真正的领悟.三是数学的人文内涵.数学在人类认识世界和改造世界的过程中起着关键的、不可代替的作用,是人类文明的坚实基础和重要支柱.不自觉地接受数学文化的熏陶,是不可能真正走近数学、了解数学、领悟数学并热爱数学的.在数学教学中抓住了上面这三点,就抓住了数学的灵魂,学生对数学的学习就一定会更有成效.但客观地说,现有的大学数学基础教材,能够真正体现这三方面要求的,恐怕为数不多.这一现实为大学数学基础教材的编写提供了广阔的发展空间,很多探索有待进行,很多经验有待总结,可以说是任重而道远.从这个意义上说,由北京大学出版社推出的这套丛书实际上已经为一批有特色、高品质的大学数学基础教材的面世搭建了一个很好的平台,特别值得称道,也相信一定会得到各方面广泛而有力的支持.

特为之序.

李大潜

2015 年 1 月 28 日

李大潜简介

前言

在科学技术飞跃发展的今天，人们越来越意识到高等数学(微积分)的重要.高等数学不仅在各领域中有广泛的应用，而且在培养具有创新思维、创业能力的人才方面，更具有重要作用.因此，高等数学课程与教材在大学本科教学中占有重要的地位，在理工科、经管类各专业的国内外专业认证中，是培养目标、毕业要求和课程体系中最基础的一个环节；同时，也是STEAM(Science，Technology，Engineering，Arts，Mathematics)教育、创客教育中重要的一门主干课程.本书正是在这一国内外教育教学改革的大背景下，积极适应教育部等三部委发布的《关于引导部分地方普通本科高校向应用型转变的指导意见》，针对地方院校创新创业应用型、技术技能型人才培养模式改革的需要，通过“高等数学”课程落实人才培养方案和课程体系的综合改革；同时，主动满足翻转课堂、微课和慕课等新时期的教学需要，提高学生的综合能力，更好地适应21世纪创新创业型人才和卓越计划对工程师教育、经管类教育的需求.

本书涉及内容的深广度符合最新的高等学校理工科、经管类各专业对该课程的教学基本要求(2014)，也能达到全国硕士研究生入学统一考试数学考试大纲的相应要求.一方面，综合地方应用型本科院校的实际情况，结合编者自身多年的教学实践与改革成果.由编者负责的“大学数学网络教育的研究与实践”获2005年国家优秀教学成果二等奖，“大学数学立体化教育资源与集成系统的研究和实践”获2009年国家优秀教学成果二等奖，本书为这两个项目的研究成果.另一方面，通过参与“我国大学数学课程建设与教学改革六十年课题组”的工作，理解并融入了六十多年来高等数学课程变革的精华.编写时比较注重教学法，并注意结合长期执教与研究这一课程教学的经验；基于对时代发展与高等教育大众化进程对高等数学课程提出新挑战的认识，在内容的展开、描述中，比较注意激发学生的学习兴趣，力求符合大多数学习者的认识规律.

全书共分十二章：函数与极限、导数与微分、中值定理与导数的应用、不定积分、定积分、定积分的应用、空间解析几何与向量代数、多元函数微分法、重积分、曲线积分和曲面积分、无穷级数、微分方程.

本书有如下特点：

一是可读性强.全书力求做到内容丰富、通俗易懂，力争突出每章教学重点，注重基本概念、基本理论、基本运算的讲解，便于学生理解和掌握.在内容安排上，详略得当、循序渐进，逻辑严谨清晰，及时将一些性质（或结论、定理等）进行适当的归纳集中，并对部分性质加以证明，以便于在教学过程中生动活泼地详细讲解.

二是以学生为本.全书以学生的学习为中心，力求做到深入浅出、清楚易懂，激发学生的学习兴趣，注重定义、定理、性质、例题的说明解释，及时归纳总结诸多理解、分析高等数学的步骤和学习方法，在渗透数学思想和方法的同时，着力培养学生应用数学方法解决问题的能力，强化应用意识和数学建模能力的引导.

三是突出重点.全书适合本科生学习，并适合其他需要学习高等数学课程的各类人员.书中所有例题都经严格挑选，具有典型性、代表性、灵活性.在例题解答中，十分注重分析思路、拓宽思维，帮助学生更好地掌握解题要领和规律；对解题做适当说明和引申，注重理论联系实际，激发学生深入思考；例题和练习题的设计增强了层次感，鼓励学生通过跨越进步的台阶，勇于挑战.

本书由郝志峰编著.苏文华、赵子平构思并设计了全书在线课程教学资源的结构与配置，吴浪、邓之豪编辑了教学资源内容，并编写了相关动画文字材料，余燕、沈辉参与了动画制作及教学资源的信息化实现，袁晓辉、范军怀审查了全书配套在线课程的教学资源，苏文春、苏娟提供了版式和装帧设计方案.在此一并致谢.衷心感谢教育部数学与统计学教学指导委员会原主任委员李大潜院士为本系列教材欣然题序，并对内容的组织和编排做了详细的指导；尤其是其对数学知识、能力和素养相互统一的期盼，都为本套教材的编写明确了方向.

尽管编者有力求把此书编好的愿望，但限于客观条件与自身学识和能力的不足，此书中难免有不妥之处，恳请同行专家和读者们批评指正.若奉献给广大读者的这套高等数学教材能让读者有所收获，将感到莫大的荣幸.

编者

于佛山

2018 年 1 月

作者简介

目 录

第七章 空间解析几何与向量代数

知识框图

平面解析几何的研究对于学习一元函数微积分是必要的；同样，空间解析几何的研究对于学习多元函数微积分也是不可缺少的.

本章首先讲述空间直角坐标系，其次讨论向量及其运算，最后介绍空间平面和直线、空间曲面和空间曲线.

§7.1 空间直角坐标系

微课视频

动画视频

一、空间中点的坐标

与平面解析几何一样，我们来引入空间直角坐标系. 在空间取一定点 O，过点 O 作三条相互垂直的有相同长度单位的有向直线 Ox，Oy，Oz，依次称为 x 轴、y 轴和 z 轴，统称为**坐标轴**. 这样就构成一个空间直角坐标系，记为 $Oxyz$，其中 O 称为坐标原点（简称原点）. 按一般习惯，规定空间直角坐标系中坐标轴的正向满足右手规则：以右手四指从 x 轴正向以 $\frac{\pi}{2}$ 角度转向 y 轴正向时，大拇指的指向就是 z 轴的正向. 通常把 x 轴和 y 轴放在水平面上，则 z 轴是竖轴，这时 x 轴的正向向前，y 轴的正向向右，z 轴的正向向上（见图 7.1）.

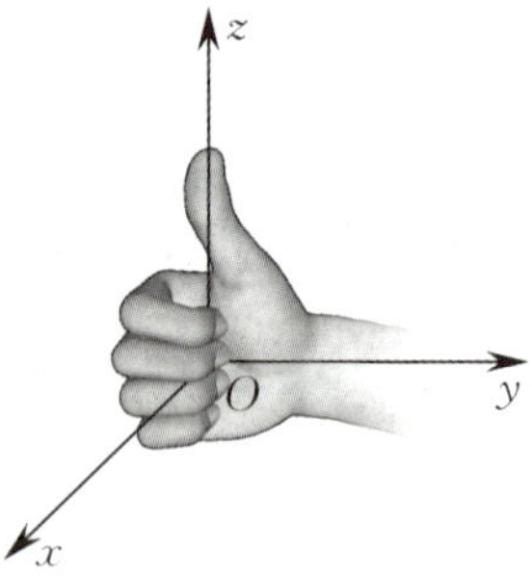

图 7.1

三条坐标轴的任意两条轴可以确定一个平面，该平面称为**坐标平面**，其中由 x 轴和 y 轴所确定的平面称为 xOy 面；由 z 轴和 x 轴所确定的平面称为 zOx 面；由 y 轴和 z 轴所确定的平面称为 yOz 面.

三个坐标平面将空间分成八个部分，每一部分称为一个**卦限**. 第一至第四卦限对应 $z>0$，其中位于 x,y,z 轴正半轴的卦限称为第一卦限，并按逆时针方向依次称为第二、三、四卦限；第五至第八卦限对应 $z<0$，分别在第一至第四卦限的正下方. 这八个卦限分别用字母 Ⅰ，Ⅱ，Ⅲ，Ⅳ，Ⅴ，Ⅵ，Ⅶ，Ⅷ 表示（见图 7.2）.

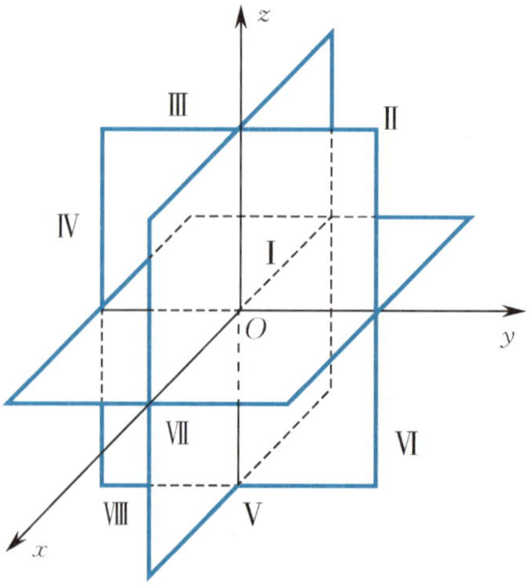

图 7.2

给出空间直角坐标系的概念后，我们就可以建立起空间的点与有序数组之间的对应关系.

设 M 为空间的一点，过点 M 作三个分别垂直于 x,y,z 轴的平面，且分别交于点 P,Q,R（见图 7.3）. 若线段 OP 的长度为 $|x|$，线段 OQ 的长度为 $|y|$，线段 OR 的长度为 $|z|$，则点 M 可唯一确定一个三元有序数组 (x,y,z). 反过来，三元有序数组 (x,y,z) 可确定空间点 M 的位置.

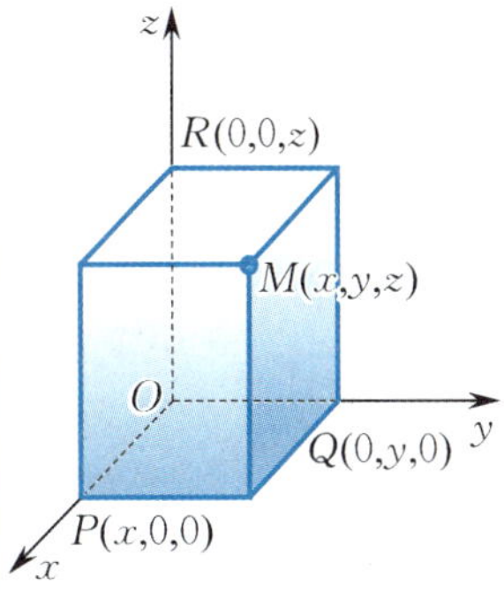

图 7.3

也就是说，空间中的点 M 与三元有序数组 (x,y,z) 之间建立了一一对应的关系. 称三元有序数组 (x,y,z) 为点 M 的**坐标**，记为 $M(x,y,z)$. 依次称 x,y,z 为点 M 的**横坐标**、**纵坐标**、**竖坐标**.

显然，原点 O 的坐标为 $(0,0,0)$，x 轴上任意一点的坐标为 $(x,0,0)$，y 轴上任意一点的坐标为 $(0,y,0)$，z 轴上任意一点的坐标为 $(0,0,z)$.

二、空间任意两点间的距离

定理 1　设有空间两点 $M_1(x_1,y_1,z_1)$ 和 $M_2(x_2,y_2,z_2)$，则 M_1,M_2 两点间的距离为

$$d=|M_1M_2|=\sqrt{(x_2-x_1)^2+(y_2-y_1)^2+(z_2-z_1)^2}.$$

证　过点 M_1 和 M_2 分别作三个平面平行于三个坐标平面，则这六个平面围成一个长方体，此长方体的对角线为 M_1M_2，如图 7.4 所示. 由图形可知

$$\begin{aligned}d^2&=|M_1M_2|^2=|SM_2|^2+|M_1S|^2\\&=|SM_2|^2+|M_1N|^2+|NS|^2,\end{aligned}$$

而

$$|M_1N|=|x_2-x_1|,$$
$$|NS|=|y_2-y_1|,$$
$$|SM_2|=|z_2-z_1|,$$

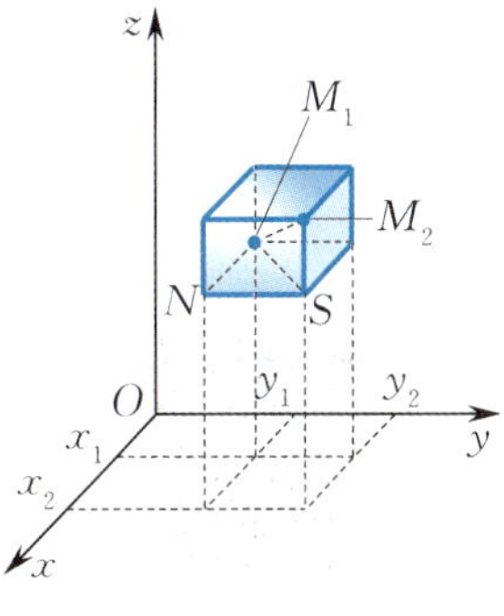

图 7.4

故

$$d^2=|M_1M_2|^2=|x_2-x_1|^2+|y_2-y_1|^2+|z_2-z_1|^2,$$

即

$$d=|M_1M_2|=\sqrt{(x_2-x_1)^2+(y_2-y_1)^2+(z_2-z_1)^2}.$$

说明　(1) 这是空间解析几何的一个基本公式；

(2) 当 $z_1=z_2=0$ 时，上式成为平面解析几何中熟知的公式：

$$d=|M_1M_2|=\sqrt{(x_2-x_1)^2+(y_2-y_1)^2}.$$

例 1　求点 $M(x,y,z)$ 和坐标原点 $O(0,0,0)$ 间的距离.

解　$d = |OM| = \sqrt{x^2+y^2+z^2}$.

例 2　已知点 $M_1(5,3,2)$，$M_2(8,3,3)$，$M_3(6,2,4)$，求证：以点 M_1，M_2，M_3 为顶点的三角形是等腰三角形.

证　因为

$$|M_2M_3|^2 = (6-8)^2+(2-3)^2+(4-3)^2 = 6,$$
$$|M_3M_1|^2 = (5-6)^2+(3-2)^2+(2-4)^2 = 6,$$
$$|M_1M_2|^2 = (8-5)^2+(3-3)^2+(3-2)^2 = 10,$$

所以

$$|M_2M_3| = |M_3M_1|.$$

故 $\triangle M_1M_2M_3$ 为等腰三角形.

例 3　求 x 轴上和两点 $M_1(-3,2,4)$，$M_2(4,6,-3)$ 等距离的点.

解　因为所求的点在 x 轴上，所以设该点为 $M(x,0,0)$. 由题意得

$$|M_1M| = |M_2M|,$$

即

$$\sqrt{[x-(-3)]^2+(0-2)^2+(0-4)^2} = \sqrt{(x-4)^2+(0-6)^2+[0-(-3)]^2},$$

解得

$$x = \frac{16}{7},$$

故所求的点为 $M\left(\frac{16}{7},0,0\right)$.

§7.2　向量及其线性运算

微课视频

一、向量的概念

定义 1　既有大小，又有方向的一类量称为**向量**.

说明　在物理学中常遇到向量这一类量，例如，力、力矩、位移、速度、加速度等.

数学上，常用有向线段来表示向量，其长度表示向量的大小，方向表示向量的方向. 以 M_1 为始点、M_2 为终点的有向线段所表示的向量，记作 $\overrightarrow{M_1M_2}$（见图 7.5）. 有时也用符号 $\boldsymbol{a},\boldsymbol{b},\boldsymbol{c},\cdots$ 或 $\vec{a},\vec{b},\vec{c},\cdots$ 来表示向量.

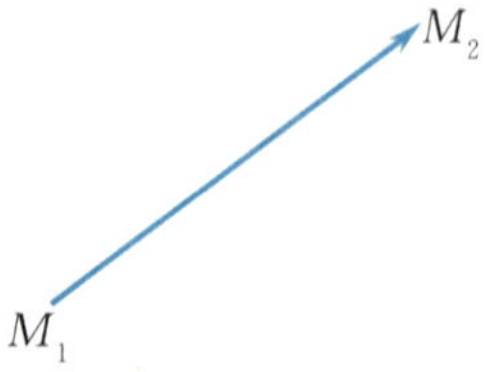

图 7.5

定义 2　向量的大小称为向量的**模**.

例如，向量$\overrightarrow{M_1M_2}$，$\boldsymbol{a}$，$\vec{a}$ 的模分别记作 $|\overrightarrow{M_1M_2}|$，$|\boldsymbol{a}|$，$|\vec{a}|$.

定义 3　模为 1 的向量称为单位向量. 与向量 $\boldsymbol{a}$ 或 $\vec{a}$ 同向的单位向量记作 $\boldsymbol{a}^0$ 或 $\vec{a^0}$；模为 0 的向量称为零向量，记作 $\boldsymbol{0}$ 或 $\vec{0}$. 规定零向量的方向可为任意方向.

定义 4　以坐标原点 O 为始点、M 为终点的向量$\overrightarrow{OM}$称为点 M 对点 O 的向径，记作 $\boldsymbol{r}$ 或 $\vec{r}$.

定义 5　对于两个非零向量 $\boldsymbol{a}$，$\boldsymbol{b}$，若它们的方向相同或相反，则称这两个向量平行或共线，记作 $\boldsymbol{a}\,/\!/\,\boldsymbol{b}$. 规定零向量与任何向量都平行.

动画视频

定义 6　若两个向量 $\boldsymbol{a}$ 和 $\boldsymbol{b}$ 的模相等且方向相同，则称向量 $\boldsymbol{a}$ 和 $\boldsymbol{b}$ 相等，记作 $\boldsymbol{a}=\boldsymbol{b}$.

定义 6 说明，向量可以在空间中平行移动，所得向量与原向量相等. 所以也称这种向量为自由向量.

二、向量的加减法

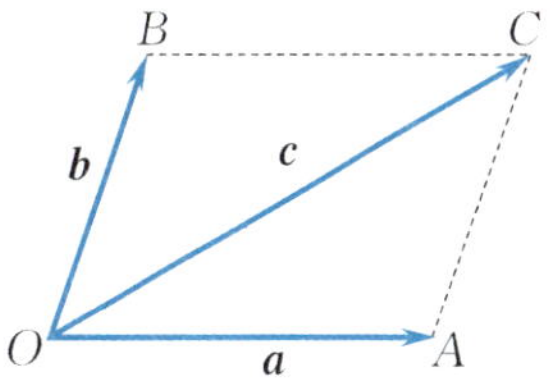

图 7.6

定义 7　设 $\boldsymbol{a}=\overrightarrow{OA}$，$\boldsymbol{b}=\overrightarrow{OB}$，以$\overrightarrow{OA}$，$\overrightarrow{OB}$为邻边作平行四边形 $OACB$，取对角线$\overrightarrow{OC}$，记 $\boldsymbol{c}=\overrightarrow{OC}$（见图 7.6），则称向量 $\boldsymbol{c}$ 为向量 $\boldsymbol{a}$ 和向量 $\boldsymbol{b}$ 的和，记作 $\boldsymbol{c}=\boldsymbol{a}+\boldsymbol{b}$.

上述用平行四边形的对角线向量规定两个向量之和的方法称为向量加法的平行四边形法则.

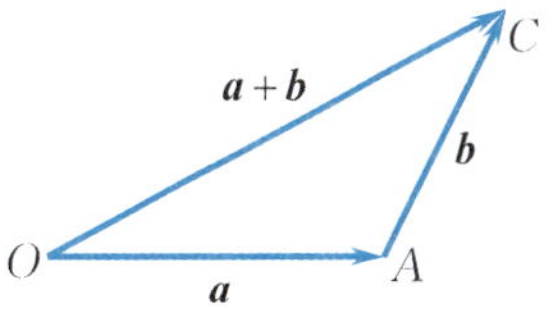

图 7.7

设向量$\overrightarrow{OA}=\boldsymbol{a}$，以$\overrightarrow{OA}$ 的终点为始点作$\overrightarrow{AC}=\boldsymbol{b}$，连接 OC，就得到 $\boldsymbol{a}+\boldsymbol{b}=\overrightarrow{OC}$. 这个方法称为向量加法的三角形法则（见图 7.7）.

向量的加法满足下列运算规律：

（1）交换律 $\boldsymbol{a}+\boldsymbol{b}=\boldsymbol{b}+\boldsymbol{a}$；

（2）结合律 $(\boldsymbol{a}+\boldsymbol{b})+\boldsymbol{c}=\boldsymbol{a}+(\boldsymbol{b}+\boldsymbol{c})=\boldsymbol{a}+\boldsymbol{b}+\boldsymbol{c}$.

以（2）为例来证明.

证　先做 $\boldsymbol{a}+\boldsymbol{b}$，再与 $\boldsymbol{c}$ 相加，得 $(\boldsymbol{a}+\boldsymbol{b})+\boldsymbol{c}$（见图 7.8）. 由图 7.8 可见，$\boldsymbol{a}$ 和 $\boldsymbol{b}+\boldsymbol{c}$ 相加得到同样的结果.

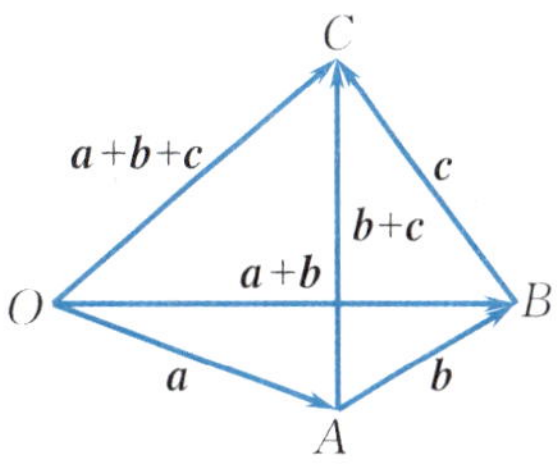

图 7.8

定义 8　与 $\boldsymbol{a}$ 的模相等而方向相反的向量称为 $\boldsymbol{a}$ 的负向量，记作 $-\boldsymbol{a}$.

定义 9　如图 7.9 所示，两个向量 $\boldsymbol{a}$ 与 $\boldsymbol{b}$ 的差定义为

$$\boldsymbol{a}-\boldsymbol{b}=\boldsymbol{a}+(-\boldsymbol{b}).$$

说明　$\boldsymbol{a}-\boldsymbol{a}=\boldsymbol{a}+(-\boldsymbol{a})=\boldsymbol{0}$.

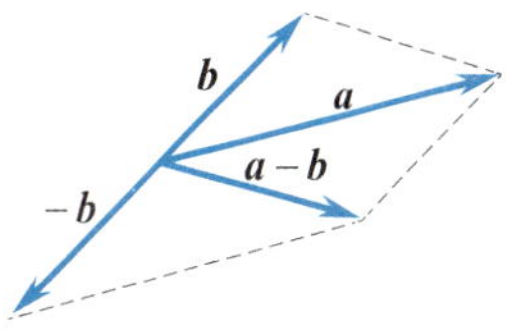

图 7.9

三、向量与数的乘法

定义 10　设 λ 为一实数，向量 $\boldsymbol{a}$ 与数 λ 的乘积 $\lambda\boldsymbol{a}$ 表示一个向量，并规定：当 $\lambda>0$ 时，它的方向和 $\boldsymbol{a}$ 的方向相同，模等于 $|\boldsymbol{a}|$ 的 λ

倍，即 $|\lambda\boldsymbol{a}| = \lambda|\boldsymbol{a}|$；当 $\lambda = 0$ 时，它为零向量，即 $\lambda\boldsymbol{a} = \boldsymbol{0}$；当 $\lambda < 0$ 时，它的方向和 $\boldsymbol{a}$ 的方向相反，模等于 $|\boldsymbol{a}|$ 的 $|\lambda|$ 倍，即 $|\lambda\boldsymbol{a}| = |\lambda||\boldsymbol{a}|$.

说明　向量 $\boldsymbol{a}$ 乘以 -1 时，得 $(-1)\boldsymbol{a}$，它与 $\boldsymbol{a}$ 的方向相反，其模和 $\boldsymbol{a}$ 的模相等，故有 $(-1)\boldsymbol{a} = -\boldsymbol{a}$.

向量与数量的乘法满足下列运算规律（$\lambda,\mu \in \mathbf{R}$）：

(1) **结合律** $\lambda(\mu\boldsymbol{a}) = \mu(\lambda\boldsymbol{a}) = (\lambda\mu)\boldsymbol{a}$；

(2) **分配律** $(\lambda+\mu)\boldsymbol{a} = \lambda\boldsymbol{a} + \mu\boldsymbol{a}$，$\lambda(\boldsymbol{a}+\boldsymbol{b}) = \lambda\boldsymbol{a} + \lambda\boldsymbol{b}$.

以(1)为例来证明.

证　$\lambda(\mu\boldsymbol{a})$，$\mu(\lambda\boldsymbol{a})$，$(\lambda\mu)\boldsymbol{a}$ 为相互平行的向量，它们的方向也是相同的，且

$$|\lambda(\mu\boldsymbol{a})| = |\lambda\mu||\boldsymbol{a}|,$$
$$|\mu(\lambda\boldsymbol{a})| = |\lambda\mu||\boldsymbol{a}|,$$
$$|(\lambda\mu)\boldsymbol{a}| = |\lambda\mu||\boldsymbol{a}|,$$

故

$$\lambda(\mu\boldsymbol{a}) = \mu(\lambda\boldsymbol{a}) = (\lambda\mu)\boldsymbol{a}.$$

说明　$\boldsymbol{a}^0$ 是与 $\boldsymbol{a}$（非零向量）同向的单位向量，故

$$\boldsymbol{a} = |\boldsymbol{a}|\boldsymbol{a}^0,\quad \boldsymbol{a}^0 = \frac{\boldsymbol{a}}{|\boldsymbol{a}|}.$$

例 1　设 $\overrightarrow{AB} = \boldsymbol{a}$，$\overrightarrow{AD} = \boldsymbol{b}$，试用 $\boldsymbol{a}$ 和 $\boldsymbol{b}$ 表示向量 $\overrightarrow{MA}$，$\overrightarrow{MB}$，$\overrightarrow{MC}$，$\overrightarrow{MD}$，其中 M 为平行四边形对角线的交点（见图 7.10）.

解　因为平行四边形的对角线互相平分，所以 $\boldsymbol{a}+\boldsymbol{b} = 2\overrightarrow{AM}$. 故

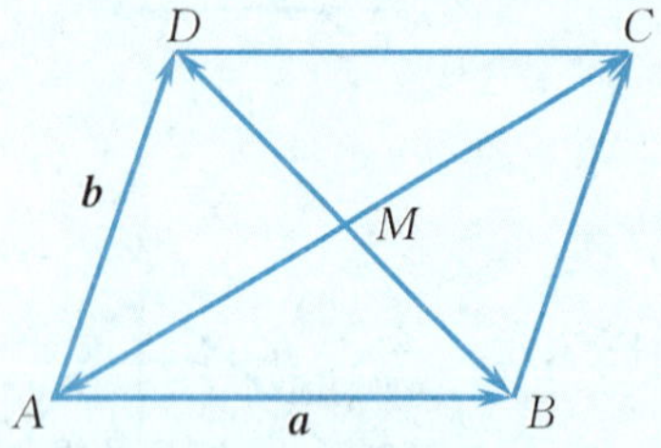

图 7.10

$$\overrightarrow{AM} = \frac{\boldsymbol{a}+\boldsymbol{b}}{2},\quad \overrightarrow{MA} = -\frac{\boldsymbol{a}+\boldsymbol{b}}{2}.$$

而

$$\overrightarrow{MC} = -\overrightarrow{MA},$$

故

$$\overrightarrow{MC} = \frac{\boldsymbol{a}+\boldsymbol{b}}{2}.$$

又

$$-\boldsymbol{a}+\boldsymbol{b} = 2\overrightarrow{MD},$$

故

$$\overrightarrow{MD} = \frac{1}{2}(\boldsymbol{b}-\boldsymbol{a}).$$

而

$$\overrightarrow{MB} = -\overrightarrow{MD},$$

故

$$\overrightarrow{MB} = \frac{1}{2}(\boldsymbol{a}-\boldsymbol{b}).$$

§7.3 向量的坐标

微课视频

一、向量在数轴上的投影·投影定理

定义 1　设有两个向量 $\boldsymbol{a}, \boldsymbol{b}$，交于点 S（若 $\boldsymbol{a}, \boldsymbol{b}$ 不相交，可将其中一个向量平行移动，使它们相交），把一个向量绕点 S 在两个向量所确定的平面上旋转，直到方向和另一个向量的方向重合，则称所旋转的角度 φ（限定 $0 \leqslant \varphi \leqslant \pi$）为两个向量 $\boldsymbol{a}, \boldsymbol{b}$ 的**夹角**（见图 7.11），记作

$$(\boldsymbol{a}, \boldsymbol{b}) = \varphi \quad 或 \quad (\boldsymbol{b}, \boldsymbol{a}) = \varphi.$$

若两个向量 $\boldsymbol{a}, \boldsymbol{b}$ 平行，方向相同，则规定 $\varphi = 0$；若两个向量 $\boldsymbol{a}, \boldsymbol{b}$ 平行，方向相反，则规定 $\varphi = \pi$.

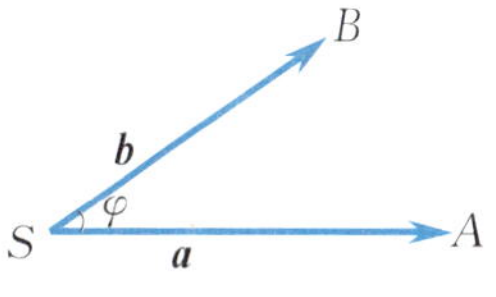

图 7.11

定义 2　若 $(\boldsymbol{a}, \boldsymbol{b}) = \dfrac{\pi}{2}$，则称向量 $\boldsymbol{a}$ 与向量 $\boldsymbol{b}$ **垂直**，记为 $\boldsymbol{a} \perp \boldsymbol{b}$.

同理，可定义向量和数轴、空间两数轴间的夹角.

定义 3　已知空间一点 M 和一数轴 u，过点 M 作垂直于数轴 u 的平面 β，设 β 和数轴 u 的交点为 M'，则称点 M' 为点 M 在数轴 u 上的**投影**（见图 7.12），其中数轴 u 称为**投影轴**.

定义 4　设向量 $\overrightarrow{CD}$ 的始点 C 和终点 D 在数轴 u 上的投影分别为点 C' 和点 D'，则称向量 $\overrightarrow{C'D'}$ 为 $\overrightarrow{CD}$ 在数轴 u 上的**投影向量**. 如果数 λ 满足 $|\lambda| = |\overrightarrow{C'D'}|$，且当 $\overrightarrow{C'D'}$ 与数轴 u 同向时 λ 为正值，当 $\overrightarrow{C'D'}$ 与数轴 u 反向时 λ 为负值，则称数 λ 为数轴 u 上有向线段 $\overrightarrow{C'D'}$ 的值，记作 $C'D'$，即 $\lambda = C'D'$. 此时，称有向线段 $\overrightarrow{C'D'}$ 的值 $C'D'$ 为向量 $\overrightarrow{CD}$ 在数轴 u 上的**投影**，记作 $\mathrm{Prj}_u \overrightarrow{CD}$，即 $\mathrm{Prj}_u \overrightarrow{CD} = C'D'$，如图 7.13 所示.

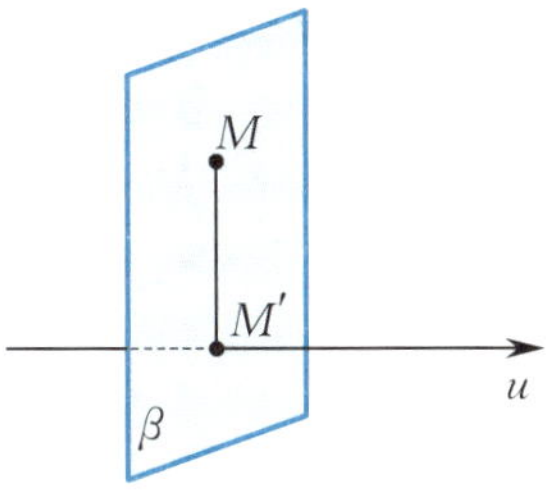

图 7.12

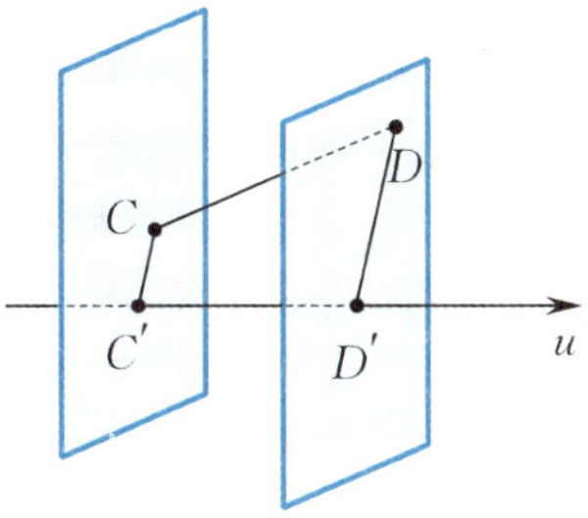

图 7.13

关于向量的投影有下面两个定理：

定理 1　向量$\overrightarrow{CD}$在数轴u上的投影等于向量$\overrightarrow{CD}$的模乘以数轴u与向量$\overrightarrow{CD}$的夹角φ的余弦，即

$$\mathrm{Prj}_u \overrightarrow{CD} = |\overrightarrow{CD}|\cos\varphi.$$

证　如图 7.14 所示，过向量$\overrightarrow{CD}$的始点C作数轴u_1，使数轴u_1和数轴u平行且有相同的方向，则向量$\overrightarrow{CD}$和数轴u的夹角φ也是向量$\overrightarrow{CD}$和数轴u_1的夹角φ. 于是

$$\mathrm{Prj}_{u_1}\overrightarrow{CD} = \mathrm{Prj}_u \overrightarrow{CD} = C'D'.$$

而

$$\mathrm{Prj}_{u_1}\overrightarrow{CD} = CD'' = |\overrightarrow{CD}|\cos\varphi,$$

故

$$\mathrm{Prj}_u \overrightarrow{CD} = |\overrightarrow{CD}|\cos\varphi.$$

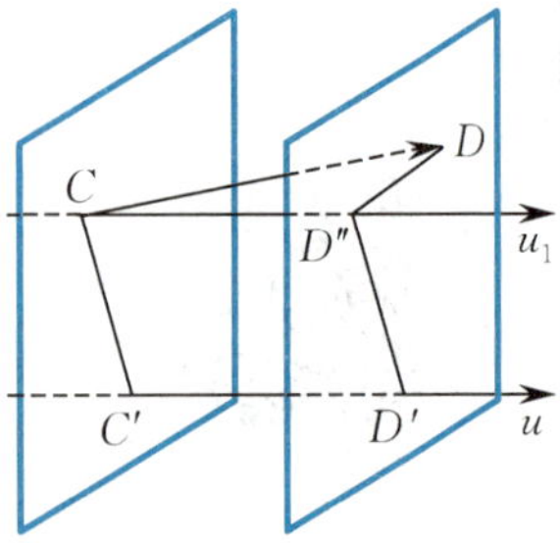

图 7.14

说明　(1) 当投影轴和向量成锐角时，向量的投影为正；当投影轴和向量成钝角时，投影为负；当投影轴和向量成直角时，投影为零.

(2) 相等的向量在同一数轴上的投影相等.

定理 2　有限个向量之和在数轴上的投影等于各向量在该数轴上的投影之和，即

$$\mathrm{Prj}_u(\boldsymbol{a}_1+\boldsymbol{a}_2+\cdots+\boldsymbol{a}_n) = \mathrm{Prj}_u\boldsymbol{a}_1+\mathrm{Prj}_u\boldsymbol{a}_2+\cdots+\mathrm{Prj}_u\boldsymbol{a}_n.$$

定义 5　对于给定的非零向量$\boldsymbol{a}$，作与$\boldsymbol{a}$同向的数轴u. 我们称向量$\boldsymbol{b}$在数轴u上的投影为向量$\boldsymbol{b}$在向量$\boldsymbol{a}$上的**投影**，记作$\mathrm{Prj}_{\boldsymbol{a}}\boldsymbol{b}$.

二、向量的坐标

定义 6　称向量$\boldsymbol{a}$分别在x,y,z轴上的投影a_x,a_y,a_z组成的有序数组(a_x,a_y,a_z)为**向量$\boldsymbol{a}$的坐标**，记为

$$\boldsymbol{a}=(a_x,a_y,a_z),$$

称之为$\boldsymbol{a}$的**坐标表达式**.

定义 7　设向量$\boldsymbol{a}=\overrightarrow{M_1M_2}$与$x,y,z$轴正向的夹角分别为$\alpha$，$\beta,\gamma$，规定$0\leqslant\alpha\leqslant\pi,0\leqslant\beta\leqslant\pi,0\leqslant\gamma\leqslant\pi$，则称$\alpha,\beta,\gamma$为向量$\boldsymbol{a}$的**方向角**(见图 7.15).

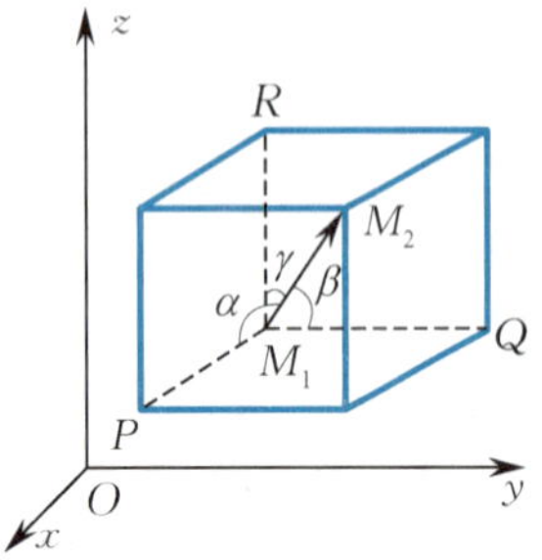

图 7.15

向量$\boldsymbol{a}$与其坐标及方向角有如下关系式成立：

$$a_x=|\boldsymbol{a}|\cos\alpha,\quad a_y=|\boldsymbol{a}|\cos\beta,\quad a_z=|\boldsymbol{a}|\cos\gamma,$$

其中$\cos\alpha,\cos\beta,\cos\gamma$称为$\boldsymbol{a}$的**方向余弦**.

由于向量$\boldsymbol{a}$的模为

$$|\boldsymbol{a}|=\sqrt{a_x^2+a_y^2+a_z^2},$$

因此

$$\cos\alpha=\frac{a_x}{|\boldsymbol{a}|}=\frac{a_x}{\sqrt{a_x^2+a_y^2+a_z^2}},$$

$$\cos\beta = \frac{a_y}{|\boldsymbol{a}|} = \frac{a_y}{\sqrt{a_x^2 + a_y^2 + a_z^2}},$$

$$\cos\gamma = \frac{a_z}{|\boldsymbol{a}|} = \frac{a_z}{\sqrt{a_x^2 + a_y^2 + a_z^2}}.$$

那么有

$$\cos^2\alpha + \cos^2\beta + \cos^2\gamma = \frac{a_x^2 + a_y^2 + a_z^2}{|\boldsymbol{a}|^2} = 1.$$

对于任一非零向量$\overrightarrow{M_1M_2}$，易知有如下等式成立：

$$\overrightarrow{M_1M_2} = \overrightarrow{P_1P_2} + \overrightarrow{Q_1Q_2} + \overrightarrow{R_1R_2},$$

其中等式右端的$\overrightarrow{P_1P_2}$，$\overrightarrow{Q_1Q_2}$，$\overrightarrow{R_1R_2}$分别为$\overrightarrow{M_1M_2}$在x,y,z轴上的投影向量，将它们称为向量$\overrightarrow{M_1M_2}$在x,y,z轴上的**分向量**.

定义 8 设$\boldsymbol{i},\boldsymbol{j},\boldsymbol{k}$分别为与$x,y,z$轴同向的单位向量，则称其为空间直角坐标系的**基本单位向量**.

设向量$\overrightarrow{M_1M_2} = \boldsymbol{a} = (a_x,a_y,a_z)$，又知点$M_1$，$M_2$的坐标：$M_1(x_1,y_1,z_1)$，$M_2(x_2,y_2,z_2)$. 由上述定义，易得如下关系式：

$$\overrightarrow{P_1P_2} = a_x\boldsymbol{i} = (x_2 - x_1)\boldsymbol{i},$$

$$\overrightarrow{Q_1Q_2} = a_y\boldsymbol{j} = (y_2 - y_1)\boldsymbol{j},$$

$$\overrightarrow{R_1R_2} = a_z\boldsymbol{k} = (z_2 - z_1)\boldsymbol{k}.$$

因此有

$$\overrightarrow{M_1M_2} = (x_2 - x_1)\boldsymbol{i} + (y_2 - y_1)\boldsymbol{j} + (z_2 - z_1)\boldsymbol{k}.$$

我们将上述表达式称为向量$\overrightarrow{M_1M_2}$按**基本单位向量的分解式**.

例 1 已知两点$M_1(3,3,-2)$，$M_2(2,2,-1)$，求向量$\overrightarrow{M_1M_2}$在三条坐标轴上的投影，向量$\overrightarrow{M_1M_2}$的模、方向角，以及与$\overrightarrow{M_1M_2}$同向的单位向量.

解 因为$\overrightarrow{M_1M_2} = (2-3,2-3,-1-(-2)) = (-1,-1,1)$，所以向量$\overrightarrow{M_1M_2}$在三条坐标轴上的投影分别为

$$a_x = -1,\quad a_y = -1,\quad a_z = 1;$$

向量$\overrightarrow{M_1M_2}$的模为

$$|\overrightarrow{M_1M_2}| = \sqrt{a_x^2 + a_y^2 + a_z^2} = \sqrt{(-1)^2 + (-1)^2 + 1^2} = \sqrt{3};$$

向量$\overrightarrow{M_1M_2}$的方向余弦为

$$\cos\alpha = -\frac{\sqrt{3}}{3},\quad \cos\beta = -\frac{\sqrt{3}}{3},\quad \cos\gamma = \frac{\sqrt{3}}{3},$$

从而方向角为

$$\alpha = \arccos\left(-\frac{\sqrt{3}}{3}\right),\quad \beta = \arccos\left(-\frac{\sqrt{3}}{3}\right),\quad \gamma = \arccos\frac{\sqrt{3}}{3};$$

与$\overrightarrow{M_1M_2}$同向的单位向量为

$$\boldsymbol{a}^0 = \frac{\overrightarrow{M_1M_2}}{|\overrightarrow{M_1M_2}|} = \left(-\frac{\sqrt{3}}{3}, -\frac{\sqrt{3}}{3}, \frac{\sqrt{3}}{3}\right).$$

例 2 已知两点 $M_1(x_1,y_1,z_1)$，$M_2(x_2,y_2,z_2)$，点 M 将有向线段 $\overrightarrow{M_1M_2}$ 分为两条有向线段 $\overrightarrow{M_1M}$，$\overrightarrow{MM_2}$，且两者的长度之比等于 λ，即 $\dfrac{|\overrightarrow{M_1M}|}{|\overrightarrow{MM_2}|}=\lambda$，求分点 M 的坐标 (x,y,z).

解 因为 $\overrightarrow{M_1M}$ 和 $\overrightarrow{MM_2}$ 平行，所以由题意得

$$\overrightarrow{M_1M}=\lambda\overrightarrow{MM_2}.$$

而

$$\overrightarrow{M_1M}=(x-x_1)\boldsymbol{i}+(y-y_1)\boldsymbol{j}+(z-z_1)\boldsymbol{k},$$
$$\overrightarrow{MM_2}=(x_2-x)\boldsymbol{i}+(y_2-y)\boldsymbol{j}+(z_2-z)\boldsymbol{k},$$

故

$$x-x_1=\lambda(x_2-x),\quad y-y_1=\lambda(y_2-y),\quad z-z_1=\lambda(z_2-z),$$

解得

$$x=\frac{x_1+\lambda x_2}{1+\lambda},\quad y=\frac{y_1+\lambda y_2}{1+\lambda},\quad z=\frac{z_1+\lambda z_2}{1+\lambda},$$

即得点 M 的坐标为

$$\left(\frac{x_1+\lambda x_2}{1+\lambda},\frac{y_1+\lambda y_2}{1+\lambda},\frac{z_1+\lambda z_2}{1+\lambda}\right).$$

特别地，当 $\lambda=1$ 时，点 M 为 $\overrightarrow{M_1M_2}$ 的中点，得中点坐标为

$$\left(\frac{x_1+x_2}{2},\frac{y_1+y_2}{2},\frac{z_1+z_2}{2}\right).$$

§7.4 数量积，向量积，混合积

微课视频

一、数量积

由物理学知识可知，若有一物体在常力 $\boldsymbol{F}$ 的作用下沿直线从点 A 移动到点 B（见图 7.16），位移 $\boldsymbol{r}$ 为 $\overrightarrow{AB}$，那么力 $\boldsymbol{F}$ 所做的功为

$$W=|\boldsymbol{F}||\boldsymbol{r}|\cos\theta,$$

其中 $\theta=(\widehat{\boldsymbol{F},\boldsymbol{r}})$.

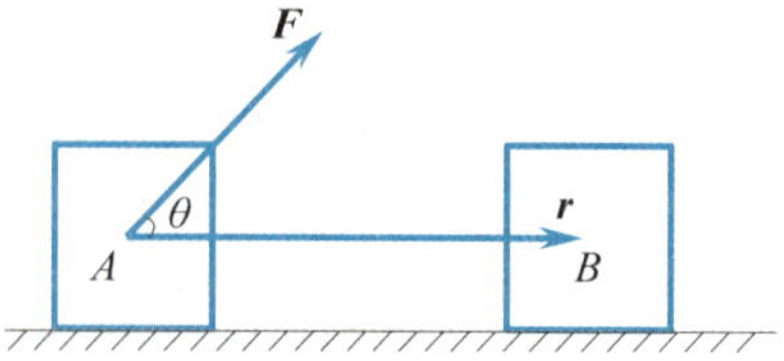

图 7.16

定义 1　设有两个向量 $\boldsymbol{a}$ 和 $\boldsymbol{b}$，它们的夹角为 $\theta(0\leqslant\theta\leqslant\pi)$，我们把 $|\boldsymbol{a}||\boldsymbol{b}|\cos\theta$ 称为两向量 $\boldsymbol{a}$ 和 $\boldsymbol{b}$ 的**数量积**，记作 $\boldsymbol{a}\cdot\boldsymbol{b}$，即

$$\boldsymbol{a}\cdot\boldsymbol{b}=|\boldsymbol{a}||\boldsymbol{b}|\cos\theta.$$

说明　(1) 由此定义得，力 $\boldsymbol{F}$ 所做的功 W 等于力 $\boldsymbol{F}$ 和位移 $\boldsymbol{r}$ 的数量积，即 $W=\boldsymbol{F}\cdot\boldsymbol{r}$.

(2) $\boldsymbol{a}\cdot\boldsymbol{b}$ 可写成

$$\boldsymbol{a}\cdot\boldsymbol{b}=|\boldsymbol{a}|\mathrm{Prj}_{\boldsymbol{a}}\boldsymbol{b},\quad \boldsymbol{a}\cdot\boldsymbol{b}=|\boldsymbol{b}|\mathrm{Prj}_{\boldsymbol{b}}\boldsymbol{a}.$$

(3) $\boldsymbol{a}\cdot\boldsymbol{a}=\boldsymbol{a}^2=|\boldsymbol{a}|^2$.

(4) $\boldsymbol{a}\cdot\boldsymbol{b}=0\Leftrightarrow\boldsymbol{a}\perp\boldsymbol{b}$. 事实上，若 $\boldsymbol{a}\cdot\boldsymbol{b}=0$，当 $\boldsymbol{a}\neq\boldsymbol{0},\boldsymbol{b}\neq\boldsymbol{0}$ 时，则有 $\cos\theta=0,\theta=\dfrac{\pi}{2}$，即 $\boldsymbol{a}\perp\boldsymbol{b}$；当 $\boldsymbol{a}$ 与 $\boldsymbol{b}$ 至少有一个为 $\boldsymbol{0}$ 时，显然也有 $\boldsymbol{a}\perp\boldsymbol{b}$. 反之，若 $\boldsymbol{a}\perp\boldsymbol{b}$，即 $\theta=\dfrac{\pi}{2}$，则 $\boldsymbol{a}\cdot\boldsymbol{b}=0$.

不难证明，数量积满足以下运算规律：

(1) **交换律** $\boldsymbol{a}\cdot\boldsymbol{b}=\boldsymbol{b}\cdot\boldsymbol{a}$；

(2) **分配律** $(\boldsymbol{a}+\boldsymbol{b})\cdot\boldsymbol{c}=\boldsymbol{a}\cdot\boldsymbol{c}+\boldsymbol{b}\cdot\boldsymbol{c}$；

(3) **结合律** $(\lambda\boldsymbol{a})\cdot\boldsymbol{b}=\boldsymbol{a}\cdot(\lambda\boldsymbol{b})=\lambda(\boldsymbol{a}\cdot\boldsymbol{b})$，其中 λ 为实数.

以(2)为例来证明.

证　$$\begin{aligned}(\boldsymbol{a}+\boldsymbol{b})\cdot\boldsymbol{c}&=|\boldsymbol{c}|\mathrm{Prj}_{\boldsymbol{c}}(\boldsymbol{a}+\boldsymbol{b})=|\boldsymbol{c}|\mathrm{Prj}_{\boldsymbol{c}}\boldsymbol{a}+|\boldsymbol{c}|\mathrm{Prj}_{\boldsymbol{c}}\boldsymbol{b}\\&=\boldsymbol{a}\cdot\boldsymbol{c}+\boldsymbol{b}\cdot\boldsymbol{c}.\end{aligned}$$

现推导数量积的坐标表达式.

设两向量 $\boldsymbol{a}=a_1\boldsymbol{i}+a_2\boldsymbol{j}+a_3\boldsymbol{k},\boldsymbol{b}=b_1\boldsymbol{i}+b_2\boldsymbol{j}+b_3\boldsymbol{k}$，那么由上述运算规律得

$$\begin{aligned}\boldsymbol{a}\cdot\boldsymbol{b}&=(a_1\boldsymbol{i}+a_2\boldsymbol{j}+a_3\boldsymbol{k})\cdot(b_1\boldsymbol{i}+b_2\boldsymbol{j}+b_3\boldsymbol{k})\\&=a_1\boldsymbol{i}\cdot(b_1\boldsymbol{i}+b_2\boldsymbol{j}+b_3\boldsymbol{k})+a_2\boldsymbol{j}\cdot(b_1\boldsymbol{i}+b_2\boldsymbol{j}+b_3\boldsymbol{k})\\&\quad+a_3\boldsymbol{k}\cdot(b_1\boldsymbol{i}+b_2\boldsymbol{j}+b_3\boldsymbol{k})\quad(\text{用分配律})\\&=a_1b_1\boldsymbol{i}\cdot\boldsymbol{i}+a_1b_2\boldsymbol{i}\cdot\boldsymbol{j}+a_1b_3\boldsymbol{i}\cdot\boldsymbol{k}+a_2b_1\boldsymbol{j}\cdot\boldsymbol{i}\\&\quad+a_2b_2\boldsymbol{j}\cdot\boldsymbol{j}+a_2b_3\boldsymbol{j}\cdot\boldsymbol{k}+a_3b_1\boldsymbol{k}\cdot\boldsymbol{i}+a_3b_2\boldsymbol{k}\cdot\boldsymbol{j}\\&\quad+a_3b_3\boldsymbol{k}\cdot\boldsymbol{k}\quad(\text{用分配律、结合律}).\end{aligned}$$

因为 $\boldsymbol{i},\boldsymbol{j},\boldsymbol{k}$ 互相垂直，且 $\boldsymbol{i},\boldsymbol{j},\boldsymbol{k}$ 的模均为 1，所以

$$\boldsymbol{i}\cdot\boldsymbol{j}=\boldsymbol{j}\cdot\boldsymbol{k}=\boldsymbol{k}\cdot\boldsymbol{i}=0,\quad \boldsymbol{j}\cdot\boldsymbol{i}=\boldsymbol{k}\cdot\boldsymbol{j}=\boldsymbol{i}\cdot\boldsymbol{k}=0,$$
$$\boldsymbol{i}\cdot\boldsymbol{i}=\boldsymbol{j}\cdot\boldsymbol{j}=\boldsymbol{k}\cdot\boldsymbol{k}=1.$$

故

$$\boldsymbol{a}\cdot\boldsymbol{b}=a_1b_1+a_2b_2+a_3b_3.$$

说明　(1) 当 $\boldsymbol{a}\neq\boldsymbol{0},\boldsymbol{b}\neq\boldsymbol{0}$ 时，有

$$\cos\theta=\frac{\boldsymbol{a}\cdot\boldsymbol{b}}{|\boldsymbol{a}||\boldsymbol{b}|}=\frac{a_1b_1+a_2b_2+a_3b_3}{\sqrt{a_1^2+a_2^2+a_3^2}\cdot\sqrt{b_1^2+b_2^2+b_3^2}};$$

(2) $\boldsymbol{a}\perp\boldsymbol{b}\Leftrightarrow a_1b_1+a_2b_2+a_3b_3=0$.

例 1 已知三点 $A(2,3,2)$，$B(3,3,3)$，$C(4,5,5)$，求 $\overrightarrow{AB}$ 和 $\overrightarrow{AC}$ 的数量积 $\overrightarrow{AB}\cdot\overrightarrow{AC}$ 及其夹角 θ.

解 由题可知

$$\overrightarrow{AB}=(3-2)\boldsymbol{i}+(3-3)\boldsymbol{j}+(3-2)\boldsymbol{k}=\boldsymbol{i}+\boldsymbol{k},$$
$$\overrightarrow{AC}=(4-2)\boldsymbol{i}+(5-3)\boldsymbol{j}+(5-2)\boldsymbol{k}=2\boldsymbol{i}+2\boldsymbol{j}+3\boldsymbol{k},$$

因此

$$\overrightarrow{AB}\cdot\overrightarrow{AC}=1\times2+0\times2+1\times3=5.$$

因为

$$|\overrightarrow{AB}|=\sqrt{1^2+0^2+1^2}=\sqrt{2},\quad |\overrightarrow{AC}|=\sqrt{2^2+2^2+3^2}=\sqrt{17},$$

所以

$$\cos\theta=\frac{\overrightarrow{AB}\cdot\overrightarrow{AC}}{|\overrightarrow{AB}|\,|\overrightarrow{AC}|}=\frac{5}{\sqrt{2}\cdot\sqrt{17}}=\frac{5\sqrt{34}}{34}.$$

故

$$\theta=\arccos\frac{5\sqrt{34}}{34}.$$

二、向量积

由物理学知识可知，力 $\boldsymbol{F}$ 对点 O 的力矩是一个向量 $\boldsymbol{M}$，其模为

$$|\boldsymbol{M}|=|OQ|\,|\boldsymbol{F}|=|\overrightarrow{OP}|\sin\theta\cdot|\boldsymbol{F}|,$$

其中 O 为杠杆 L 的支点，力 $\boldsymbol{F}$ 作用于杠杆上点 P 处，$\boldsymbol{F}$ 和 $\overrightarrow{OP}$ 的夹角是 θ，如图 7.17 所示；其方向垂直于 $\overrightarrow{OP}$ 和 $\boldsymbol{F}$ 所决定的平面，且方向按右手规则从 $\overrightarrow{OP}$ 以不超过 π 的角度转向 $\boldsymbol{F}$ 来确定（即当右手的四个手指从 $\overrightarrow{OP}$ 以不超过 π 的角度转向 $\boldsymbol{F}$ 握拳时，大拇指的指向就是 $\boldsymbol{M}$ 的方向）.

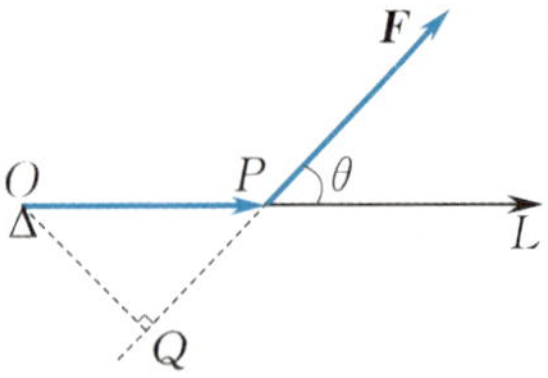

图 7.17

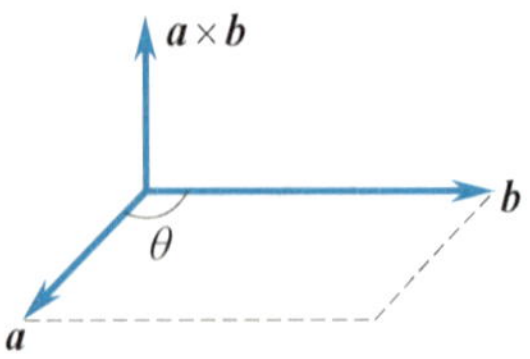

图 7.18

定义 2 设向量 $\boldsymbol{c}$ 由向量 $\boldsymbol{a}$ 和 $\boldsymbol{b}$ 按下列方式给出：$\boldsymbol{c}$ 的模为

$$|\boldsymbol{c}|=|\boldsymbol{a}|\,|\boldsymbol{b}|\sin\theta\quad(0\leqslant\theta\leqslant\pi),$$

其中 θ 为 $\boldsymbol{a}$ 和 $\boldsymbol{b}$ 的夹角；$\boldsymbol{c}$ 的方向垂直于 $\boldsymbol{a}$ 和 $\boldsymbol{b}$ 所确定的平面（即 $\boldsymbol{c}$ 既垂直于 $\boldsymbol{a}$，又垂直于 $\boldsymbol{b}$），且按右手规则从 $\boldsymbol{a}$ 以不超过 π 的角度转向 $\boldsymbol{b}$ 来确定，则称 $\boldsymbol{c}$ 为 $\boldsymbol{a}$ 和 $\boldsymbol{b}$ 的**向量积**（见图 7.18），记作 $\boldsymbol{a}\times\boldsymbol{b}$，即

$$\boldsymbol{c}=\boldsymbol{a}\times\boldsymbol{b}.$$

说明 （1）由此定义得，力矩 $\boldsymbol{M}$ 等于 $\overrightarrow{OP}$ 和 $\boldsymbol{F}$ 的向量积，即

$$\boldsymbol{M}=\overrightarrow{OP}\times\boldsymbol{F}.$$

（2）$\boldsymbol{a}\times\boldsymbol{a}=\boldsymbol{0}$.

（3）$\boldsymbol{a}\times\boldsymbol{b}=\boldsymbol{0}\Leftrightarrow\boldsymbol{a}\parallel\boldsymbol{b}$. 事实上，若 $\boldsymbol{a}\times\boldsymbol{b}=\boldsymbol{0}$，当 $\boldsymbol{a}\neq\boldsymbol{0}$，$\boldsymbol{b}\neq\boldsymbol{0}$ 时，则得 $\sin\theta=0$，所以 θ 为 0 或 π，从而 $\boldsymbol{a}\parallel\boldsymbol{b}$；当 $\boldsymbol{a}$ 与 $\boldsymbol{b}$ 至少有一个为 $\boldsymbol{0}$ 时，显然也有 $\boldsymbol{a}\parallel\boldsymbol{b}$. 反之，若 $\boldsymbol{a}\parallel\boldsymbol{b}$，则 θ 为 0 或 π，从而 $\sin\theta=0$. 因此 $|\boldsymbol{a}\times\boldsymbol{b}|=0$，$\boldsymbol{a}\times\boldsymbol{b}=\boldsymbol{0}$.

不难证明，向量积满足以下运算规律：

（1）$\boldsymbol{b}\times\boldsymbol{a}=-\boldsymbol{a}\times\boldsymbol{b}$；

(2) 分配律 $(\boldsymbol{a}+\boldsymbol{b})\times\boldsymbol{c}=\boldsymbol{a}\times\boldsymbol{c}+\boldsymbol{b}\times\boldsymbol{c}$;

(3) 结合律 $(\lambda\boldsymbol{a})\times\boldsymbol{b}=\boldsymbol{a}\times(\lambda\boldsymbol{b})=\lambda(\boldsymbol{a}\times\boldsymbol{b})$,其中 λ 为实数.

以(1)为例来证明.

证 易知,按右手规则从 $\boldsymbol{b}$ 转向 $\boldsymbol{a}$ 定义的方向恰好与按右手规则从 $\boldsymbol{a}$ 转向 $\boldsymbol{b}$ 定义的方向相反,即得证.

现推导向量积的坐标表达式.

设两向量 $\boldsymbol{a}=a_1\boldsymbol{i}+a_2\boldsymbol{j}+a_3\boldsymbol{k}$,$\boldsymbol{b}=b_1\boldsymbol{i}+b_2\boldsymbol{j}+b_3\boldsymbol{k}$,那么由上述运算规律得

$$\begin{aligned}\boldsymbol{a}\times\boldsymbol{b}&=(a_1\boldsymbol{i}+a_2\boldsymbol{j}+a_3\boldsymbol{k})\times(b_1\boldsymbol{i}+b_2\boldsymbol{j}+b_3\boldsymbol{k})\\&=a_1\boldsymbol{i}\times(b_1\boldsymbol{i}+b_2\boldsymbol{j}+b_3\boldsymbol{k})+a_2\boldsymbol{j}\times(b_1\boldsymbol{i}+b_2\boldsymbol{j}+b_3\boldsymbol{k})\\&\quad+a_3\boldsymbol{k}\times(b_1\boldsymbol{i}+b_2\boldsymbol{j}+b_3\boldsymbol{k})\quad(\text{用分配律})\\&=a_1b_1\boldsymbol{i}\times\boldsymbol{i}+a_1b_2\boldsymbol{i}\times\boldsymbol{j}+a_1b_3\boldsymbol{i}\times\boldsymbol{k}\\&\quad+a_2b_1\boldsymbol{j}\times\boldsymbol{i}+a_2b_2\boldsymbol{j}\times\boldsymbol{j}+a_2b_3\boldsymbol{j}\times\boldsymbol{k}\\&\quad+a_3b_1\boldsymbol{k}\times\boldsymbol{i}+a_3b_2\boldsymbol{k}\times\boldsymbol{j}+a_3b_3\boldsymbol{k}\times\boldsymbol{k}\quad(\text{用分配律、结合律}).\end{aligned}$$

因为

$$\begin{gathered}\boldsymbol{i}\times\boldsymbol{i}=\boldsymbol{j}\times\boldsymbol{j}=\boldsymbol{k}\times\boldsymbol{k}=\boldsymbol{0},\\\boldsymbol{i}\times\boldsymbol{j}=\boldsymbol{k},\quad\boldsymbol{j}\times\boldsymbol{k}=\boldsymbol{i},\quad\boldsymbol{k}\times\boldsymbol{i}=\boldsymbol{j},\\\boldsymbol{j}\times\boldsymbol{i}=-\boldsymbol{k},\quad\boldsymbol{k}\times\boldsymbol{j}=-\boldsymbol{i},\quad\boldsymbol{i}\times\boldsymbol{k}=-\boldsymbol{j},\end{gathered}$$

所以

$$\boldsymbol{a}\times\boldsymbol{b}=(a_2b_3-a_3b_2)\boldsymbol{i}+(a_3b_1-a_1b_3)\boldsymbol{j}+(a_1b_2-a_2b_1)\boldsymbol{k}.$$

为了方便记忆,可将上式表示为如下的行列式形式:

$$\boldsymbol{a}\times\boldsymbol{b}=\begin{vmatrix}\boldsymbol{i}&\boldsymbol{j}&\boldsymbol{k}\\a_1&a_2&a_3\\b_1&b_2&b_3\end{vmatrix}.$$

说明 由 $\boldsymbol{a}\parallel\boldsymbol{b}\Leftrightarrow\boldsymbol{a}\times\boldsymbol{b}=\boldsymbol{0}$ 有

$$\boldsymbol{a}\parallel\boldsymbol{b}\Leftrightarrow\begin{cases}a_2b_3-a_3b_2=0,\\a_3b_1-a_1b_3=0,\\a_1b_2-a_2b_1=0,\end{cases}$$

于是当 $\boldsymbol{b}\neq\boldsymbol{0}$ 时,有

$$\boldsymbol{a}\parallel\boldsymbol{b}\Leftrightarrow\frac{a_1}{b_1}=\frac{a_2}{b_2}=\frac{a_3}{b_3},$$

其中某个分母为零时规定其分子也为零,如把等式 $\frac{a_1}{0}=\frac{a_2}{0}=\frac{a_3}{2}$ 理解为 $a_1=0$,$a_2=0$.

例 2 已知三点 $A(2,3,2)$,$B(3,3,3)$,$C(4,5,5)$,求 $\overrightarrow{AB}\times\overrightarrow{AC}$ 及 $\angle BAC$ 的正弦.

解 由题意得 $\overrightarrow{AB}=(1,0,1)$,$\overrightarrow{AC}=(2,2,3)$,则

$$\overrightarrow{AB}\times\overrightarrow{AC}=\begin{vmatrix}\boldsymbol{i}&\boldsymbol{j}&\boldsymbol{k}\\1&0&1\\2&2&3\end{vmatrix}=-2\boldsymbol{i}-\boldsymbol{j}+2\boldsymbol{k},$$

因此

$$\sin\angle BAC=\frac{|\overrightarrow{AB}\times\overrightarrow{AC}|}{|\overrightarrow{AB}||\overrightarrow{AC}|}=\frac{\sqrt{(-2)^2+(-1)^2+2^2}}{\sqrt{1^2+0^2+1^2}\cdot\sqrt{2^2+2^2+3^2}}$$

$$=\frac{3}{\sqrt{2}\cdot\sqrt{17}}=\frac{3}{\sqrt{34}}=\frac{3\sqrt{34}}{34}.$$

三、混合积

定义 3　设有三个向量 $\boldsymbol{a},\boldsymbol{b},\boldsymbol{c}$，先做 $\boldsymbol{a},\boldsymbol{b}$ 的向量积 $\boldsymbol{a}\times\boldsymbol{b}$，再与 $\boldsymbol{c}$ 做数量积 $(\boldsymbol{a}\times\boldsymbol{b})\cdot\boldsymbol{c}$，所得结果称为三个向量 $\boldsymbol{a},\boldsymbol{b},\boldsymbol{c}$ 的混合积，记作 $[\boldsymbol{abc}]$.

下面推导混合积的坐标表达式.

设三向量

$$\boldsymbol{a}=(a_1,a_2,a_3),\quad \boldsymbol{b}=(b_1,b_2,b_3),\quad \boldsymbol{c}=(c_1,c_2,c_3).$$

因为

$$\boldsymbol{a}\times\boldsymbol{b}=\begin{vmatrix}\boldsymbol{i}&\boldsymbol{j}&\boldsymbol{k}\\a_1&a_2&a_3\\b_1&b_2&b_3\end{vmatrix}=\begin{vmatrix}a_2&a_3\\b_2&b_3\end{vmatrix}\boldsymbol{i}+\begin{vmatrix}a_3&a_1\\b_3&b_1\end{vmatrix}\boldsymbol{j}+\begin{vmatrix}a_1&a_2\\b_1&b_2\end{vmatrix}\boldsymbol{k},$$

所以

$$[\boldsymbol{abc}]=(\boldsymbol{a}\times\boldsymbol{b})\cdot\boldsymbol{c}=c_1\begin{vmatrix}a_2&a_3\\b_2&b_3\end{vmatrix}+c_2\begin{vmatrix}a_3&a_1\\b_3&b_1\end{vmatrix}+c_3\begin{vmatrix}a_1&a_2\\b_1&b_2\end{vmatrix}$$

$$=\begin{vmatrix}a_1&a_2&a_3\\b_1&b_2&b_3\\c_1&c_2&c_3\end{vmatrix}.$$

混合积的几何意义是：$[\boldsymbol{abc}]=(\boldsymbol{a}\times\boldsymbol{b})\cdot\boldsymbol{c}$ 的绝对值是以向量 $\boldsymbol{a},\boldsymbol{b},\boldsymbol{c}$ 为棱的平行六面体的体积 V. 事实上，由于平行六面体的底面积 A 是 $|\boldsymbol{a}\times\boldsymbol{b}|$，高 h 是 $\boldsymbol{c}$ 在 $\boldsymbol{e}\triangleq\boldsymbol{a}\times\boldsymbol{b}$ 上的投影的绝对值，即

$$h=|\operatorname{Prj}_{\boldsymbol{e}}\boldsymbol{c}|=\pm|\boldsymbol{c}|\cos\alpha,$$

其中 α 是 $\boldsymbol{c}$ 与 $\boldsymbol{e}$ 的夹角，所以

$$V=Ah=\pm|\boldsymbol{a}\times\boldsymbol{b}||\boldsymbol{c}|\cos\alpha=|[\boldsymbol{abc}]|$$

（当 α 是锐角时，取正号；当 α 是钝角时，取负号，如图 7.19 所示）.

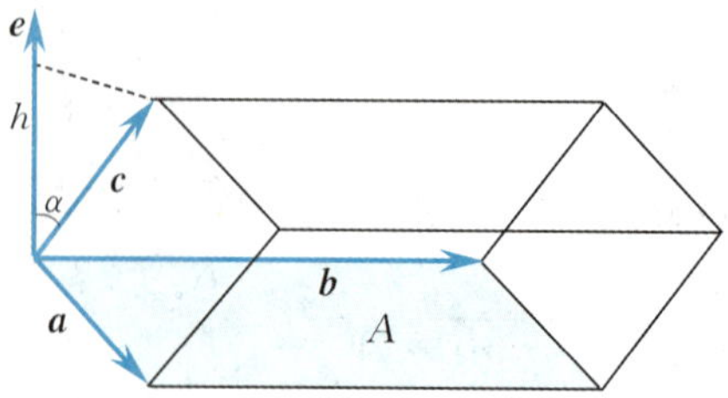

图 7.19

若 $\boldsymbol{a},\boldsymbol{b},\boldsymbol{c}$ 构成右手系(即 $\boldsymbol{c}$ 的方向可按右手规则从 $\boldsymbol{a}$ 以不超过 π 的角度转向 $\boldsymbol{b}$ 来确定),则混合积 $[\boldsymbol{abc}]$ 取正值;若 $\boldsymbol{a},\boldsymbol{b},\boldsymbol{c}$ 构成左手系(即 $\boldsymbol{c}$ 的方向可按左手规则从 $\boldsymbol{a}$ 以不超过 π 的角度转向 $\boldsymbol{b}$ 来确定),则混合积 $[\boldsymbol{abc}]$ 取负值.

例 3 设有空间中不在一个平面上的四点

$$M_1(x_1,y_1,z_1)=M_1(2,3,2),\quad M_2(x_2,y_2,z_2)=M_2(3,3,3),$$
$$M_3(x_3,y_3,z_3)=M_3(4,5,5),\quad M_4(x_4,y_4,z_4)=M_4(6,8,9),$$

求四面体 $M_1M_2M_3M_4$ 的体积 V.

解 由立体几何知识可知,四面体 $M_1M_2M_3M_4$ 的体积 V 是以向量 $\overrightarrow{M_1M_2}$, $\overrightarrow{M_1M_3}$, $\overrightarrow{M_1M_4}$ 为棱的平行六面体体积的 $\frac{1}{6}$,即

$$V=\left|\frac{1}{6}[\overrightarrow{M_1M_2}\ \overrightarrow{M_1M_3}\ \overrightarrow{M_1M_4}]\right|.$$

而

$$\overrightarrow{M_1M_2}=(x_2-x_1,y_2-y_1,z_2-z_1)=(3-2,3-3,3-2)=(1,0,1),$$
$$\overrightarrow{M_1M_3}=(x_3-x_1,y_3-y_1,z_3-z_1)=(4-2,5-3,5-2)=(2,2,3),$$
$$\overrightarrow{M_1M_4}=(x_4-x_1,y_4-y_1,z_4-z_1)=(6-2,8-3,9-2)=(4,5,7),$$

故

$$\begin{aligned}V&=\left|\frac{1}{6}\begin{vmatrix}x_2-x_1&y_2-y_1&z_2-z_1\\x_3-x_1&y_3-y_1&z_3-z_1\\x_4-x_1&y_4-y_1&z_4-z_1\end{vmatrix}\right|=\left|\frac{1}{6}\begin{vmatrix}1&0&1\\2&2&3\\4&5&7\end{vmatrix}\right|\\&=\left|\frac{1}{6}\left(1\times\begin{vmatrix}2&3\\5&7\end{vmatrix}+0\times\begin{vmatrix}3&2\\7&4\end{vmatrix}+1\times\begin{vmatrix}2&2\\4&5\end{vmatrix}\right)\right|\\&=\left|\frac{1}{6}\times(-1+0+2)\right|=\left|\frac{1}{6}\times1\right|=\frac{1}{6}.\end{aligned}$$

§7.5 平面方程

在本节和下一节中,我们将以向量为工具来研究最简单的空间图形——平面和直线.

微课视频

一、平面的点法式方程

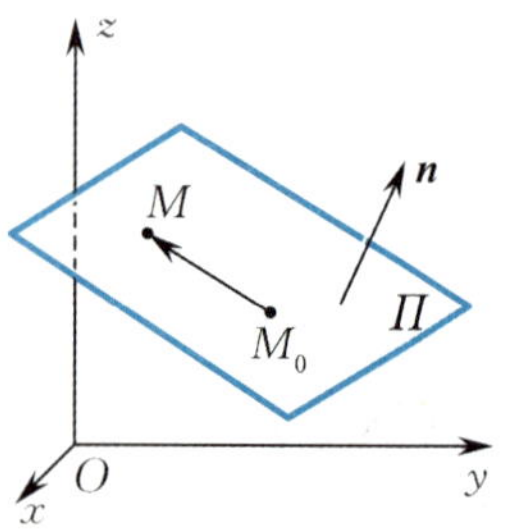

图 7.20

定义 1 若非零向量 $\boldsymbol{n}$ 垂直于平面 Π，则称向量 $\boldsymbol{n}$ 为平面 Π 的**法线向量**.

现建立平面 Π 的方程.

设 $M(x,y,z)$ 是平面 Π 上任一点，向量 $\overrightarrow{M_0M}$（$M_0(x_0,y_0,z_0)\in\Pi$）在 Π 上，$\boldsymbol{n}=(A,B,C)$ 是 Π 的一个法线向量，则两向量 $\overrightarrow{M_0M}=(x-x_0,y-y_0,z-z_0)$ 和 $\boldsymbol{n}=(A,B,C)$ 互相垂直（见图 7.20），从而它们的数量积为 $\boldsymbol{n}\cdot\overrightarrow{M_0M}=0$，即

$$A(x-x_0)+B(y-y_0)+C(z-z_0)=0. \tag{7.1}$$

若点 M 不在 Π 上，则 $\boldsymbol{n}$ 和 $\overrightarrow{M_0M}$ 不垂直，从而 $\boldsymbol{n}\cdot\overrightarrow{M_0M}\neq 0$，即不在平面 Π 上的点 M 的坐标 x,y,z 不满足方程(7.1).

通常称方程(7.1)为**平面 Π 的点法式方程**，而称平面 Π 为方程(7.1)的**图形**.

例 1 求过三点 $M_1(2,3,2)$，$M_2(3,3,3)$，$M_3(4,5,5)$ 的平面 Π 的方程.

解 先求法线向量 $\boldsymbol{n}$. 因为 $\boldsymbol{n}$ 和 $\overrightarrow{M_1M_2}=(1,0,1)$，$\overrightarrow{M_1M_3}=(2,2,3)$ 均垂直，所以可取法线向量为

$$\boldsymbol{n}=\overrightarrow{M_1M_2}\times\overrightarrow{M_1M_3}=\begin{vmatrix}\boldsymbol{i} & \boldsymbol{j} & \boldsymbol{k}\\ 1 & 0 & 1\\ 2 & 2 & 3\end{vmatrix}=-2\boldsymbol{i}-\boldsymbol{j}+2\boldsymbol{k},$$

即 $\boldsymbol{n}=(-2,-1,2)$.

再求平面 Π. 可取 Π 的方程为

$$-2(x-2)+(-1)(y-3)+2(z-2)=0 \quad (\text{点 } M_1 \text{ 在 } \Pi \text{ 上}),$$

即

$$-2x-y+2z+3=0.$$

二、平面的一般式方程

因为任一平面都可由它上面的一点和它的法线向量来确定，所以任一平面均可用三元一次方程来表示.

反之，任一个三元一次方程

$$Ax+By+Cz+D=0 \tag{7.2}$$

均可表示一个平面. 事实上，任取该方程的一组解 x_0,y_0,z_0，即

$$Ax_0+By_0+Cz_0+D=0. \tag{7.3}$$

将(7.2)，(7.3)两式相减，得方程(7.2)的另一形式为

$$A(x-x_0)+B(y-y_0)+C(z-z_0)=0,$$

此即为过点 $M_0(x_0,y_0,z_0)$，且以 $\boldsymbol{n}=(A,B,C)$ 为法线向量的平面的点法式方程.

我们将方程(7.2)称为**平面的一般式方程**.

对特殊的一般式方程，我们应知其特征. 例如，若 $D=0$，则表示原点在该平面上；若 $A=0$，则此时 $\boldsymbol{n}$ 垂直于 x 轴，表示该平面平行于或包含 x 轴；若 $A=0,B=0$，则此时 $\boldsymbol{n}$ 既垂直于 x 轴，又垂直于 y 轴，表示该平面与 xOy 面平行或重合.

例 2 求过 z 轴和点 $M(6,8,9)$ 的平面 Π 的方程.

解 由题意得 $C=0,D=0$，故可设 Π 的方程为 $Ax+By=0$. 因为 Π 过点 M，所以 $6A+8B=0$，解得 $A=-\dfrac{4}{3}B$. 因此，平面 Π 的方程是

$$\left(-\frac{4}{3}x+y\right)B=0,\quad 即\quad -4x+3y=0\quad (因\ B\neq 0).$$

三、平面的截距式方程

例 3 若平面 Π 分别与 x,y,z 轴交于点 $P(3,0,0),Q(0,4,0),R(0,0,5)$，求平面 Π 的方程.

解 设平面 Π 的方程是 $Ax+By+Cz+D=0$. 因为 P,Q,R 三点均在 Π 上，所以

$$\begin{cases}3A+D=0,\\ 4B+D=0,\\ 5C+D=0,\end{cases}$$

解得

$$\begin{cases}A=-\dfrac{D}{3},\\ B=-\dfrac{D}{4},\\ C=-\dfrac{D}{5}.\end{cases}$$

代入所设方程，得平面 Π 的方程为

$$\frac{x}{3}+\frac{y}{4}+\frac{z}{5}=1\quad (因\ D\neq 0).$$

如图 7.21 所示，设平面 Π 与 x,y,z 轴分别交于 $P(a,0,0)$，$Q(0,b,0)$，$R(0,0,c)$ 三点，则 Π 的方程为

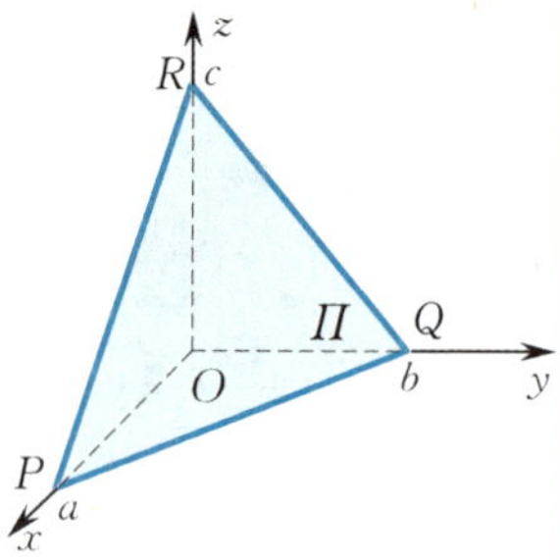

图 7.21

动画视频

$$\frac{x}{a}+\frac{y}{b}+\frac{z}{c}=1. \tag{7.4}$$

称方程(7.4)为**平面 Π 的截距式方程**，其中 a,b,c 分别称为平面 Π 在 x,y,z 轴上的**截距**.

四、两平面的夹角

定义 2 如图 7.22 所示，两平面 Π_1，Π_2 的法线向量 $\boldsymbol{n}_1$，$\boldsymbol{n}_2$ 的夹角 θ(取锐角或直角)称为这两个平面的**夹角**.

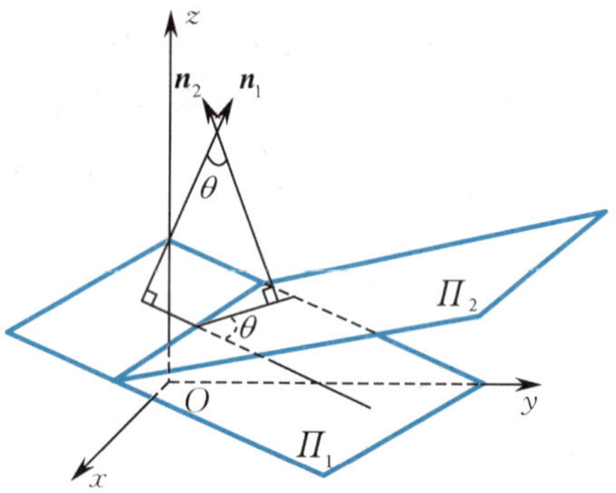

图 7.22

已知平面 Π_1：$A_1x+B_1y+C_1z+D_1=0$ 和平面 Π_2：$A_2x+B_2y+C_2z+D_2=0$，现来推导这两个平面的夹角 θ 满足的关系式.

因为 Π_1 的法线向量为 $\boldsymbol{n}_1=(A_1,B_1,C_1)$，$\Pi_2$ 的法线向量为 $\boldsymbol{n}_2=(A_2,B_2,C_2)$，所以两平面 Π_1 和 Π_2 的夹角 $\theta\left(0\leqslant\theta\leqslant\frac{\pi}{2}\right)$ 满足

$$\cos\theta=\frac{|A_1A_2+B_1B_2+C_1C_2|}{\sqrt{A_1^2+B_1^2+C_1^2}\cdot\sqrt{A_2^2+B_2^2+C_2^2}}. \tag{7.5}$$

由两向量垂直、平行的条件，可推得如下结果：

(1) Π_1，Π_2 互相垂直 $\Leftrightarrow A_1A_2+B_1B_2+C_1C_2=0$；

(2) Π_1，Π_2 互相平行或重合 $\Leftrightarrow \dfrac{A_1}{A_2}=\dfrac{B_1}{B_2}=\dfrac{C_1}{C_2}$，其中某个分母为零时规定其分子也为零.

例 4 设平面 Π 垂直于平面 $2x+3y+2z=0$ 且过两点 $M_1(3,3,3)$ 和 $M_2(4,5,5)$，求平面 Π 的方程.

解 已知平面 $2x+3y+2z=0$ 的法线向量为 $\boldsymbol{n}_1=(2,3,2)$，又向量 $\overrightarrow{M_1M_2}=(1,2,2)$ 在所求平面 Π 上，则所求平面 Π 的法线向量 $\boldsymbol{n}$ 同时垂直于向量 $\overrightarrow{M_1M_2}$ 及 $\boldsymbol{n}_1$，因此可取平面 Π 的法线向量为

$$\boldsymbol{n}=\boldsymbol{n}_1\times\overrightarrow{M_1M_2}=\begin{vmatrix}\boldsymbol{i}&\boldsymbol{j}&\boldsymbol{k}\\2&3&2\\1&2&2\end{vmatrix}=(2,-2,1).$$

故平面 Π 的方程为

$$2(x-3)-2(y-3)+(z-3)=0,$$

即

$$2x-2y+z-3=0.$$

例 5 已知 $M_0(x_0,y_0,z_0)$ 为平面 Π: $Ax+By+Cz+D=0$ 外一点，计算点 M_0 到平面 Π 的距离 d.

解 在平面 Π 上任取一点 $M_1(x_1,y_1,z_1)$，过点 M_0 作平面 Π 的法线向量 $\boldsymbol{n}$，并设其与平面 Π 的交点为 N（见图 7.23），故

$$d=|M_0N|=|\overrightarrow{M_1M_0}|\cos\angle M_1M_0N.$$

已知 $\boldsymbol{n}^0$ 是与 $\boldsymbol{n}$ 方向一致的单位向量，若向量 $\overrightarrow{M_1M_0}$ 与 $\boldsymbol{n}$ 的夹角为锐角，则

$$d=|\overrightarrow{M_1M_0}|\cdot 1\cdot\cos\angle M_1M_0N=\overrightarrow{M_1M_0}\cdot\boldsymbol{n}^0.$$

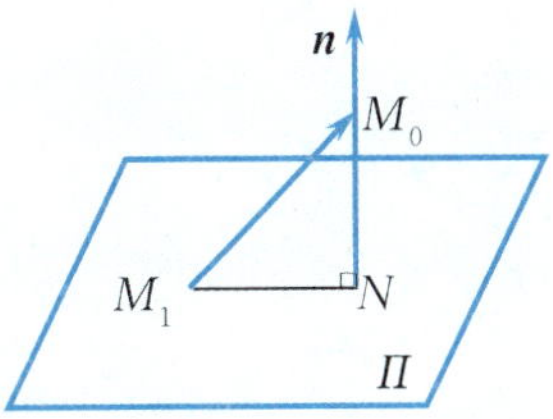

图 7.23

因为

$$\boldsymbol{n}^0=\left(\frac{A}{\sqrt{A^2+B^2+C^2}},\frac{B}{\sqrt{A^2+B^2+C^2}},\frac{C}{\sqrt{A^2+B^2+C^2}}\right),$$

$$\overrightarrow{M_1M_0}=(x_0-x_1,y_0-y_1,z_0-z_1),$$

所以

$$\begin{aligned}d&=\frac{A(x_0-x_1)}{\sqrt{A^2+B^2+C^2}}+\frac{B(y_0-y_1)}{\sqrt{A^2+B^2+C^2}}+\frac{C(z_0-z_1)}{\sqrt{A^2+B^2+C^2}}\\&=\frac{Ax_0+By_0+Cz_0}{\sqrt{A^2+B^2+C^2}}-\frac{Ax_1+By_1+Cz_1}{\sqrt{A^2+B^2+C^2}}.\end{aligned}$$

由于点 M_1 在平面 Π 上，即

$$Ax_1+By_1+Cz_1+D=0,$$

因此

$$Ax_1+By_1+Cz_1=-D,$$

从而

$$d=\frac{Ax_0+By_0+Cz_0+D}{\sqrt{A^2+B^2+C^2}}.$$

若向量 $\overrightarrow{M_1M_0}$ 与 $\boldsymbol{n}$ 的夹角为钝角，则类似地有

$$d=-\frac{Ax_0+By_0+Cz_0+D}{\sqrt{A^2+B^2+C^2}}.$$

综上，得

$$d=\frac{|Ax_0+By_0+Cz_0+D|}{\sqrt{A^2+B^2+C^2}}.\tag{7.6}$$

§7.6 直线方程

微课视频

一、直线的一般式方程

直线 L 可以看作某两个平面 Π_1，Π_2 的交线. 设平面 Π_1，Π_2 的方程分别为 $A_1x+B_1y+C_1z+D_1=0$，$A_2x+B_2y+C_2z+D_2=0$，则方程组

$$\begin{cases} A_1x+B_1y+C_1z+D_1=0, \\ A_2x+B_2y+C_2z+D_2=0 \end{cases} \tag{7.7}$$

表示直线 L，且称方程组(7.7)为**直线 L 的一般式方程**.

二、直线的点向式方程

容易知道，方程组

$$\frac{x-x_0}{m}=\frac{y-y_0}{n}=\frac{z-z_0}{p} \tag{7.8}$$

表示过点 $M_0(x_0,y_0,z_0)$ 且平行于非零向量 $\boldsymbol{s}=(m,n,p)$ 的直线 L(见图 7.24). 我们称方程组(7.8)为**直线 L 的点向式方程**，其中向量 $\boldsymbol{s}=(m,n,p)$ 称为直线 L 的**方向向量**，方向向量 $\boldsymbol{s}$ 的坐标 m,n,p 称为直线 L 的一组**方向数**.

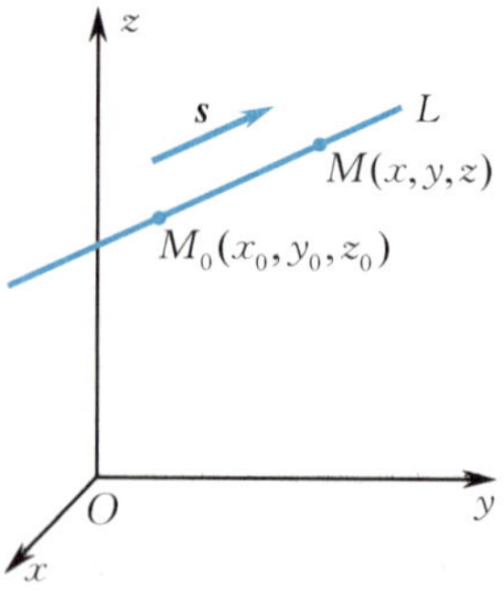

图 7.24

三、直线的参数式方程

在直线 L 的方程(7.8)中，若令 $\frac{x-x_0}{m}=\frac{y-y_0}{n}=\frac{z-z_0}{p}=t$，则

$$x=x_0+mt,\quad y=y_0+nt,\quad z=z_0+pt. \tag{7.9}$$

称方程组(7.9)为**直线 L 的参数式方程**.

四、直线的两点式方程

设直线 L 过两点 $M_1(x_1,y_1,z_1)$，$M_2(x_2,y_2,z_2)$，则直线 L 的方程为

$$\frac{x-x_1}{x_2-x_1}=\frac{y-y_1}{y_2-y_1}=\frac{z-z_1}{z_2-z_1}. \tag{7.10}$$

称方程组(7.10)为**直线 L 的两点式方程**.

例 1 用点向式方程表示直线

$$L:\begin{cases}x+y+2z+2=0,\\2x+3y+3z+3=0.\end{cases}$$

解 先求 L 上的一点 $M_0(x_0,y_0,z_0)$. 取 $x_0=1$,代入得

$$\begin{cases}y_0+2z_0=-3,\\3y_0+3z_0=-5,\end{cases}$$

解得

$$\begin{cases}y_0=-\dfrac{4}{3},\\[2ex]z_0=-\dfrac{1}{3}.\end{cases}$$

再求 L 的方向向量 $\boldsymbol{s}$. 因为两平面的交线 L 与这两个平面的法线向量 $\boldsymbol{n}_1=(1,1,2)$, $\boldsymbol{n}_2=(2,3,3)$ 均垂直,所以可取

$$\boldsymbol{s}=\boldsymbol{n}_1\times\boldsymbol{n}_2=\begin{vmatrix}\boldsymbol{i}&\boldsymbol{j}&\boldsymbol{k}\\1&1&2\\2&3&3\end{vmatrix}=-3\boldsymbol{i}+\boldsymbol{j}+\boldsymbol{k}=(-3,1,1).$$

因此,L 的点向式方程为

$$\frac{x-1}{-3}=\frac{y+\frac{4}{3}}{1}=\frac{z+\frac{1}{3}}{1}.$$

例 2 用参数式方程表示直线

$$L:\begin{cases}x+y+2z+2=0,\\2x+3y+3z+3=0.\end{cases}$$

解 在例 1 的结果上,令

$$\frac{x-1}{-3}=\frac{y+\frac{4}{3}}{1}=\frac{z+\frac{1}{3}}{1}=t,$$

得 L 的参数式方程为

$$x=1-3t,\quad y=-\frac{4}{3}+t,\quad z=-\frac{1}{3}+t.$$

例 3 设直线 L 过两点 $M_1(1,1,2)$ 和 $M_2(2,3,2)$,求直线 L 的两点式方程.

解 由(7.10)式,得直线 L 的两点式方程为

$$\frac{x-1}{2-1}=\frac{y-1}{3-1}=\frac{z-2}{2-2},$$

即

$$\begin{cases}\dfrac{x-1}{1}=\dfrac{y-1}{2},\\ z=2.\end{cases}$$

五、两直线的夹角

定义 1 称两直线 L_1, L_2 的方向向量 $\boldsymbol{s}_1, \boldsymbol{s}_2$ 的夹角 θ 为**这两条直线的夹角**.

已知直线 L_1：$\dfrac{x-x_1}{m_1}=\dfrac{y-y_1}{n_1}=\dfrac{z-z_1}{p_1}$ 和直线 L_2：$\dfrac{x-x_2}{m_2}=\dfrac{y-y_2}{n_2}=\dfrac{z-z_2}{p_2}$，现来推导这两条直线的夹角 θ 满足的关系式.

因为 L_1 的方向向量为 $\boldsymbol{s}_1=(m_1,n_1,p_1)$，$L_2$ 的方向向量为 $\boldsymbol{s}_2=(m_2,n_2,p_2)$，所以

$$\cos\theta=\frac{|m_1m_2+n_1n_2+p_1p_2|}{\sqrt{m_1^2+n_1^2+p_1^2}\cdot\sqrt{m_2^2+n_2^2+p_2^2}}. \tag{7.11}$$

由两向量垂直、平行的条件，可推得下列结果：

(1) L_1, L_2 垂直 $\Leftrightarrow m_1m_2+n_1n_2+p_1p_2=0$；

(2) L_1, L_2 平行 $\Leftrightarrow \dfrac{m_1}{m_2}=\dfrac{n_1}{n_2}=\dfrac{p_1}{p_2}$.

例 4 已知直线 L_1 过点 $M(3,-2,6)$，并与直线

$$L:\begin{cases}x-3y+3=0,\\ 3x+y+6z+1=0\end{cases}$$

平行，求直线 L_1 的方程.

解 设 $\boldsymbol{n}_1, \boldsymbol{n}_2$ 分别为 L 的方程对应的两平面的法线向量，显然有 $\boldsymbol{n}_1=(1,-3,0)$，$\boldsymbol{n}_2=(3,1,6)$. 因为 $L_1 /\!/ L$，所以可取 L 的方向向量 $\boldsymbol{n}_1\times\boldsymbol{n}_2$ 作为 L_1 的方向向量 $\boldsymbol{s}$，即取

$$\boldsymbol{s}=\boldsymbol{n}_1\times\boldsymbol{n}_2=\begin{vmatrix}\boldsymbol{i} & \boldsymbol{j} & \boldsymbol{k}\\ 1 & -3 & 0\\ 3 & 1 & 6\end{vmatrix}=-18\boldsymbol{i}-6\boldsymbol{j}+10\boldsymbol{k}=(-18,-6,10)=2(-9,-3,5).$$

因此，由点向式方程(7.8)得 L_1 的方程为

$$\frac{x-3}{-9}=\frac{y+2}{-3}=\frac{z-6}{5}.$$

例 5 已知直线 L 过点 $M(3,-2,6)$，且与平面 $x+3=0$ 垂直，求直线 L 的方程.

解 因为 L 垂直于平面 $x+3=0$，所以可取 L 的方向向量为 $\boldsymbol{s}=(1,0,0)$. 因此，直线 L 的方程为

$$\frac{x-3}{1}=\frac{y+2}{0}=\frac{z-6}{0},$$

即

$$\begin{cases} y = -2, \\ z = 6. \end{cases}$$

§7.7　空间曲面方程

一、曲面方程的概念

在空间解析几何中，可将空间曲面看成点的几何轨迹.

定义 1　已知方程

$$F(x, y, z) = 0,$$

若曲面 S 上任一点的坐标都满足此方程，而不在曲面 S 上的点的坐标都不满足此方程，则称此方程为曲面 S 的方程，并称曲面 S 为此方程的图形(见图 7.25).

现建立一些常见曲面的方程.

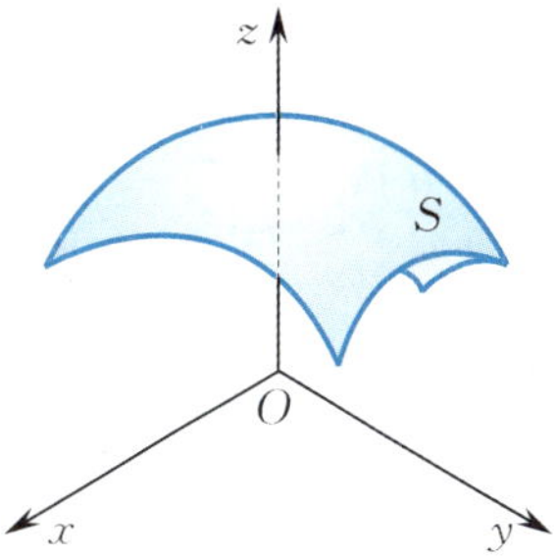

图 7.25

例 1　求以点 $M_0(x_0, y_0, z_0)$ 为球心、R 为半径的球面方程(见图 7.26).

解　设 $M(x, y, z)$ 是球面上任意一点，则 $|M_0M| = R$，即

$$\sqrt{(x-x_0)^2+(y-y_0)^2+(z-z_0)^2} = R.$$

上式两边平方，得

$$(x-x_0)^2+(y-y_0)^2+(z-z_0)^2 = R^2, \qquad (7.12)$$

即球面上任一点 $M(x, y, z)$ 的坐标均满足方程(7.12). 显然，不在球面上的点的坐标都不满足方程(7.12). 所以方程(7.12)就是所求的球面方程.

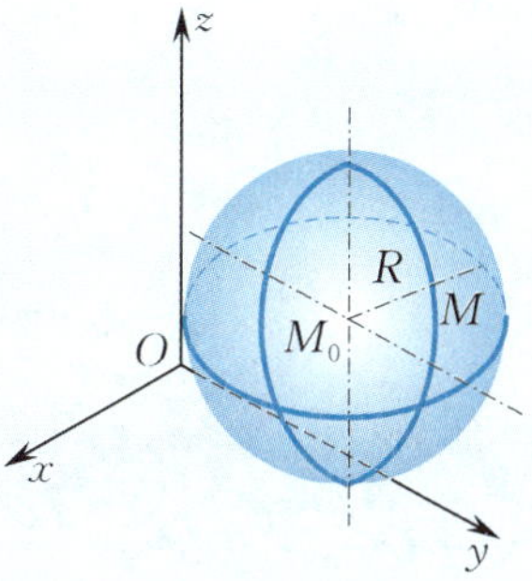

图 7.26

特别地，当球心 M_0 在原点，即 $x_0 = y_0 = z_0 = 0$ 时，有

$$x^2 + y^2 + z^2 = R^2.$$

例 2　求线段 M_1M_2 的垂直平分面的方程，其中 $M_1(2,3,4)$，$M_2(3,4,5)$.

解　任取垂直平分面上一点 $M(x, y, z)$，因为 $|M_1M| = |MM_2|$，所以

$$\sqrt{(x-2)^2+(y-3)^2+(z-4)^2} = \sqrt{(x-3)^2+(y-4)^2+(z-5)^2}.$$

将上式化简，即得所求的平面方程为

$$2x + 2y + 2z - 21 = 0.$$

在空间解析几何中，关于曲面的研究有下述两个问题：

(1) 已知某曲面作为点的几何轨迹，建立该曲面的方程；

(2) 已知点的坐标 x,y,z 所满足的方程，讨论该方程所表示的曲面的形状.

例 1 就是建立曲面方程的例题，现举问题(2)的例题.

例 3 方程 $x^2+2y^2+z^2-4x+2z=0$ 表示怎样的曲面？

解 通过配方，原方程可改写为

$$(x-2)^2+2y^2+(z+1)^2=5.$$

与方程(7.12)比较可知，原方程表示球心在点 $M_0(2,0,-1)$、半径为 $R=\sqrt{5}$ 的球面.

二、柱面

例 4 方程 $x^2+y^2=R^2$ 表示怎样的曲面？

解 在平面解析几何中，该方程的图形是一个圆心在原点、半径为 R 的圆.

在空间解析几何中，该方程的图形是一个由 xOy 面上的圆周 $x^2+y^2=R^2$ 沿 z 轴上、下移动而成的圆柱面(见图 7.27).

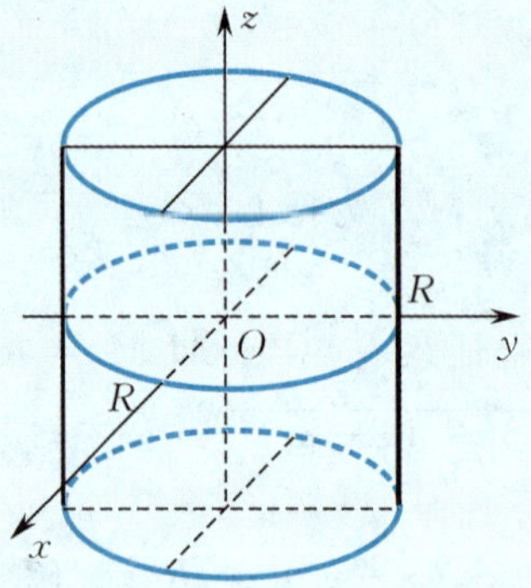

图 7.27

定义 2 平行于定直线 l 且沿定曲线 C 移动的直线 L 所形成的轨迹称为**柱面**(见图 7.28)，其中定曲线 C 称为**柱面的准线**，动直线 L 称为**柱面的母线**.

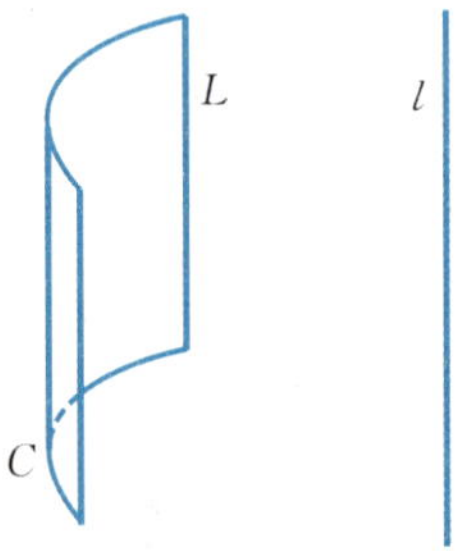

图 7.28

说明 在空间直角坐标系中，方程 $x^2+y^2=R^2$ 所表示的曲面称为圆柱面，其母线平行于 z 轴，准线为 xOy 面上的圆周 $x^2+y^2=R^2$.

一般地，在空间直角坐标系中，只含有变量 x,y 而缺变量 z 的方程 $F(x,y)=0$ 表示母线平行于 z 轴的柱面；只含有变量 z,x 而缺变量 y 的方程 $G(z,x)=0$ 表示母线平行于 y 轴的柱面；只含有变量 y,z 而缺变量 x 的方程 $H(y,z)=0$ 表示母线平行于 x 轴的柱面.

例如，方程 $y^2=2x$ 表示母线平行于 z 轴的**抛物柱面**(见图 7.29(a))；方程 $x-z=0$ 表示母线平行于 y 轴的平面(过 y 轴)(见图 7.29(b)).

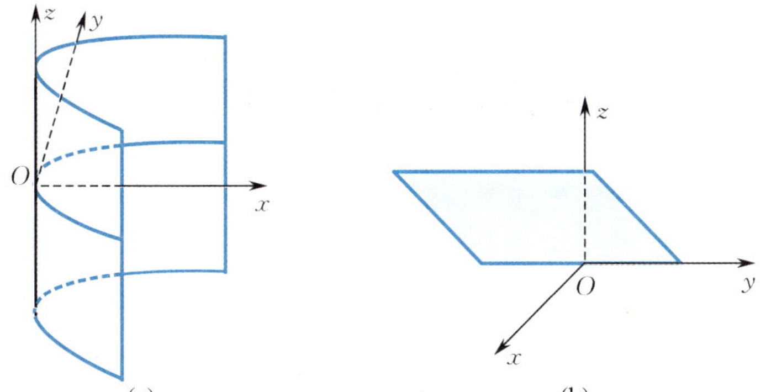

图 7.29

三、旋转曲面

例 5 已知一直线绕它上面一定点在空间转动，转动时始终和过定点的定直线保持定角 $\alpha\left(0<\alpha<\frac{\pi}{2}\right)$，则此时动直线所形成的曲面称为**圆锥面**，其中定点称为**圆锥面的顶点**，定角 α 称为**圆锥面的半顶角**. 现建立顶点在坐标原点 O、定直线为 z 轴、半顶角为 α 的圆锥面方程.

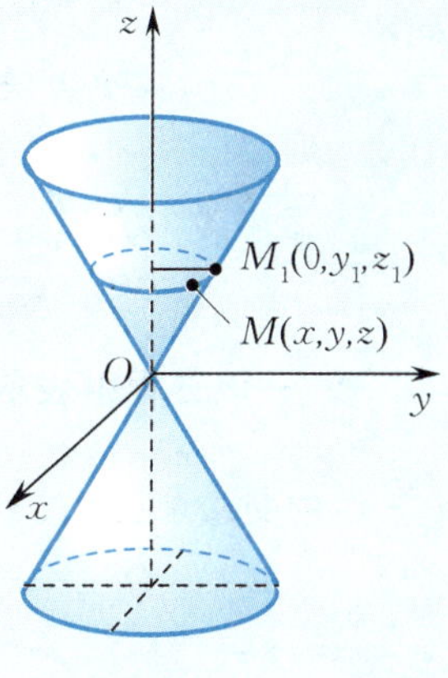

图 7.30

解 设动直线在开始时位于 yOz 面上，$M_1(0,y_1,z_1)$ 是动直线上的一点，则

$$z_1=y_1\cot\alpha. \tag{7.13}$$

当动直线转动时，点 M_1 转到点 $M(x,y,z)$(见图 7.30). 因为在动直线转动过程中，有 $z=z_1$，点 M 到 z 轴的距离为 $d=\sqrt{x^2+y^2}=|y_1|$，所以 $z_1=z$，$y_1=\pm\sqrt{x^2+y^2}$. 代入(7.13)式，有

$$z=\pm\sqrt{x^2+y^2}\cot\alpha,$$

即

$$z^2=a^2(x^2+y^2), \tag{7.14}$$

其中 $a=\cot\alpha$. 因此，圆锥面上任一点 M 的坐标必满足方程(7.14)；若点 M 不在圆锥面上，则点 M 的坐标不满足方程(7.14). 故方程(7.14)就是所求的圆锥面方程.

定义 3 一条平面曲线绕其平面上的一条定直线旋转一周所形成的曲面称为**旋转曲面**，其中定直线称为**旋转曲面的轴**.

例 5 中的圆锥面就是一个旋转曲面，它可看作由 yOz 面上过原点的一条直线绕 z 轴旋转一周所形成的曲面.

§7.8 空间曲线方程

微课视频

一、空间曲线的一般式方程

空间曲面 C 可以看作某两个曲面的交线. 设 $F(x,y,z)=0$ 和 $G(x,y,z)=0$ 是这两个曲面的方程，则方程组

$$\begin{cases} F(x,y,z)=0, \\ G(x,y,z)=0 \end{cases} \tag{7.15}$$

表示曲线 C. 通常称方程组(7.15) 为**空间曲线 C 的一般式方程**.

例 1 方程组 $\begin{cases} x^2+y^2=4, \\ 2x+y+z=4 \end{cases}$ 表示怎样的曲线？

解 该方程组表示圆柱面 $x^2+y^2=4$ 和平面 $2x+y+z=4$ 的交线(见图 7.31(a)).

例 2 方程组 $\begin{cases} z=\sqrt{a^2-x^2-y^2}, \\ \left(x-\dfrac{a}{2}\right)^2+y^2=\left(\dfrac{a}{2}\right)^2 \end{cases}$ 表示怎样的曲线？

解 该方程组表示半球面(上半球) $z=\sqrt{a^2-x^2-y^2}$ 和圆柱面 $\left(x-\dfrac{a}{2}\right)^2+y^2=\left(\dfrac{a}{2}\right)^2$ 的交线(见图 7.31(b)).

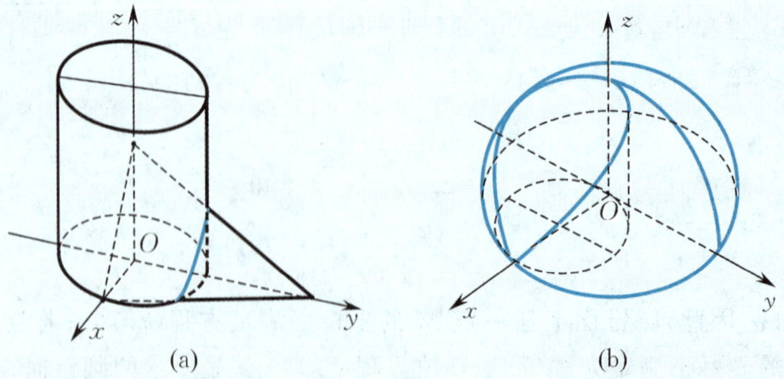

图 7.31

二、空间曲线的参数式方程

设有空间曲线 C，且 C 上的点 M 的坐标 x,y,z 可用变量 t 的函数 $x=x(t),y=y(t),z=z(t)$ 来表示，则随着 t 的变动，可得 C 上的全部点. 这时称方程组

$$x=x(t),\quad y=y(t),\quad z=z(t)$$

为空间曲线 C 的参数式方程.

三、空间曲线在坐标面上的投影

已知空间曲线 C 的一般式方程(7.15)，消去 z，得方程

$$H(x,y)=0. \tag{7.16}$$

因为当 x,y,z 满足方程组(7.15)时，前两个变量 x,y 必满足方程(7.16)，所以曲线 C 上的全部点均在方程(7.16)所表示的母线平行于 z 轴的柱面上. 故此柱面必含曲线 C.

定义 1　以曲线 C 为准线、母线平行于 z 轴(即垂直于 xOy 面)的柱面称为曲线 C 在 xOy 面上的投影柱面，该投影柱面和 xOy 面的交线

$$\begin{cases} H(x,y)=0, \\ z=0 \end{cases} \tag{7.17}$$

称为曲线 C 在 xOy 面上的投影曲线(简称投影).

说明　(1) 设空间曲线 C 的一般式方程消去 x 后得 $R(y,z)=0$，它与 $x=0$ 联立，即得空间曲线 C 在 yOz 面上的投影为

$$\begin{cases} R(y,z)=0, \\ x=0. \end{cases} \tag{7.18}$$

(2) 设空间曲线 C 的一般式方程消去 y 后得 $T(z,x)=0$，它与 $y=0$ 联立，即得空间曲线 C 在 zOx 面上的投影为

$$\begin{cases} T(z,x)=0, \\ y=0. \end{cases} \tag{7.19}$$

例 3　求空间曲线 C 在 xOy 面上的投影，其中 C 的方程是

$$\begin{cases} x^2+y^2+z^2=1, & (7.20) \\ x^2+(y-1)^2+(z-1)^2=1. & (7.21) \end{cases}$$

解　先求以曲线 C 为准线且母线平行于 z 轴的柱面方程. (7.20)式减去(7.21)式，得 $y+z=1$. 再将 $z=1-y$ 代入(7.20)式或(7.21)式，即得所求的柱面方程为 $x^2+2y^2-2y=0$. 因此，曲线 C 在 xOy 面上的投影是

$$\begin{cases} x^2+2y^2-2y=0, \\ z=0. \end{cases}$$

§7.9　二次曲面

微课视频

通常我们将三元二次方程所表示的空间曲面称为**二次曲面**. 相应地,将平面称为**一次曲面**.

用坐标平面或平行于坐标平面的平面与曲面$F(x,y,z)=0$相截,得到的交线 L 称为**截痕**. 通过综合截痕的形状变化,可知该曲面的全貌,此种研究曲面形状的方法称为**截割法**(即**截痕法**).

下面用截割法研究一些常见的二次曲面的形状.

一、椭球面

定义 1　方程

$$\frac{x^2}{a^2}+\frac{y^2}{b^2}+\frac{z^2}{c^2}=1\quad(a,b,c>0)\tag{7.22}$$

所表示的曲面称为**椭球面**,其中 a,b,c 称为**椭球面半轴**.

由方程(7.22)得

$$\frac{x^2}{a^2}\leqslant 1,\quad \frac{y^2}{b^2}\leqslant 1,\quad \frac{z^2}{c^2}\leqslant 1,$$

即

$$|x|\leqslant a,\quad |y|\leqslant b,\quad |z|\leqslant c.$$

下面用截割法研究椭球面(7.22)的形状.

用平面 $z=0$ 截割椭球面(7.22),得交线

$$L:\begin{cases}\dfrac{x^2}{a^2}+\dfrac{y^2}{b^2}=1,\\ z=0.\end{cases}$$

此交线是椭圆,且其半轴是 a,b.

用平面 $z=z_1(|z_1|\leqslant c)$ 截割椭球面(7.22),得交线

$$L:\begin{cases}\dfrac{x^2}{\frac{a^2}{c^2}(c^2-z_1^2)}+\dfrac{y^2}{\frac{b^2}{c^2}(c^2-z_1^2)}=1,\\ z=z_1.\end{cases}$$

此交线是椭圆,且其半轴是$\dfrac{a}{c}\sqrt{c^2-z_1^2}$,$\dfrac{b}{c}\sqrt{c^2-z_1^2}$. 当 z 移动时,椭圆的中心均在 z 轴上,$|z_1|$ 从 0 到 c,椭圆由大变小,最后缩成一点.

用平面 $x=x_1(|x_1|\leqslant a)$,$y=y_1(|y_1|\leqslant b)$ 去截割椭球面(7.22),亦可以得到类似的结果.

综合上述,可得椭球面(7.22)的形状如图 7.32 所示.

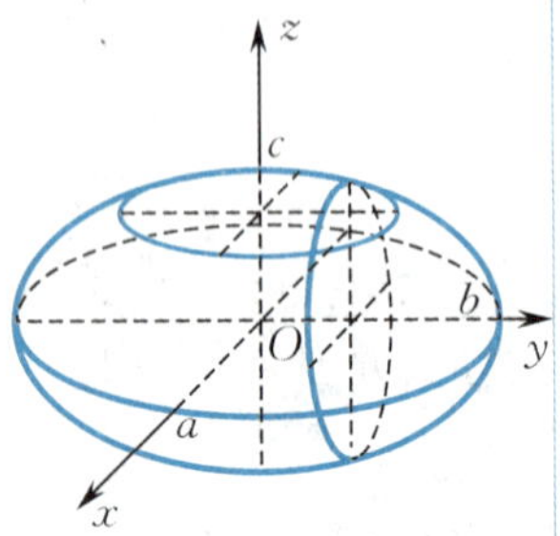

图 7.32

二、抛物面

定义 2　方程

$$\frac{x^2}{2p}+\frac{y^2}{2q}=z\quad(p>0,q>0)\tag{7.23}$$

所表示的曲面称为**椭圆抛物面**,其中坐标原点称为**椭圆抛物面的顶点**.

下面用截割法研究椭圆抛物面(7.23)的形状.

用平面 $z=0$ 截割椭圆抛物面(7.23),得交线 L 是一点(即原点 $O(0,0,0)$).

用平面 $z=z_1(z_1>0)$ 截割椭圆抛物面(7.23),得交线

$$L:\begin{cases}\dfrac{x^2}{2pz_1}+\dfrac{y^2}{2qz_1}=1,\\ z=z_1.\end{cases}$$

此交线是椭圆,且其半轴是 $\sqrt{2pz_1}$,$\sqrt{2qz_1}$.

平面 $z=z_1(z_1<0)$ 和曲面不相交.

用平面 $y=0$ 截割椭圆抛物面(7.23),得交线

$$L:\begin{cases}x^2=2pz,\\ y=0.\end{cases}$$

此交线是抛物线.

用平面 $y=y_1$ 截割椭圆抛物面(7.23),得交线

$$L:\begin{cases}x^2=2p\left(z-\dfrac{y_1^2}{2q}\right),\\ y=y_1.\end{cases}$$

此交线是抛物线,且平行于 zOx 面,其顶点是 $\left(0,y_1,\dfrac{y_1^2}{2q}\right)$.

用平面 $x=0$,$x=x_1$ 截割椭圆抛物面(7.23),得到的交线亦是抛物线.

综合上述,可得椭圆抛物面(7.23)的形状如图 7.33 所示.

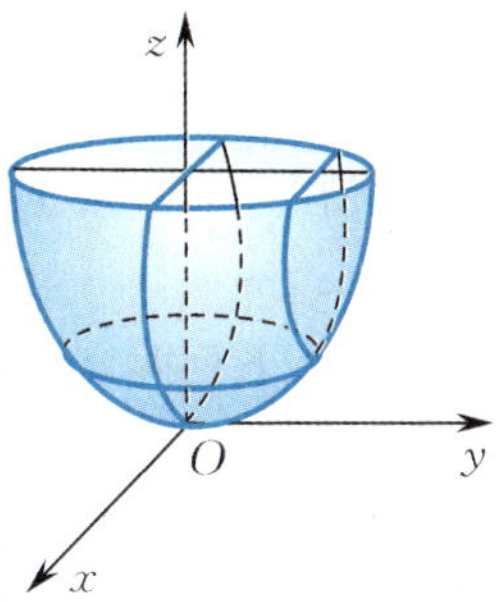

图 7.33

定义 3　方程

$$\frac{y^2}{2p}-\frac{x^2}{2q}=z\quad(p>0,q>0)$$

所表示的曲面称为**双曲抛物面**(见图 7.34).

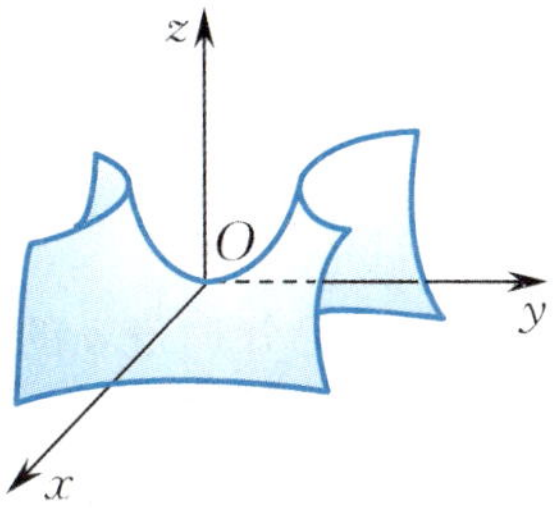

图 7.34

请读者自己用截割法去研究双曲抛物面的形状.

三、双曲面

定义 4　方程

$$\frac{x^2}{a^2}+\frac{y^2}{b^2}-\frac{z^2}{c^2}=1$$

所表示的曲面称为**单叶双曲面**(见图 7.35).

定义 5　方程

$$\frac{x^2}{a^2}-\frac{y^2}{b^2}+\frac{z^2}{c^2}=-1$$

所表示的曲面称为**双叶双曲面**(见图 7.36).

请读者自己用截割法去研究单叶双曲面和双叶双曲面的形状.

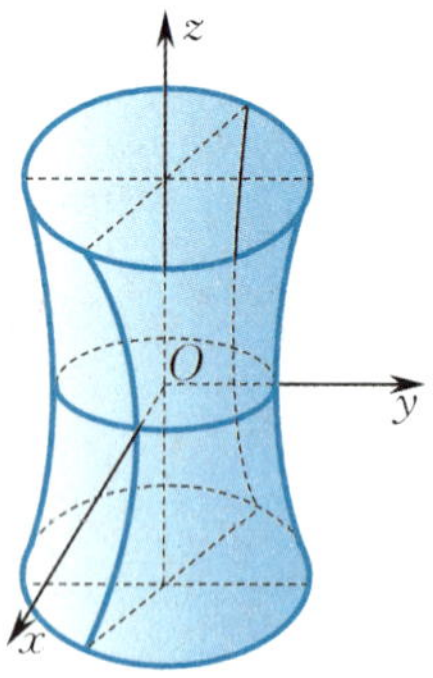

图 7.35

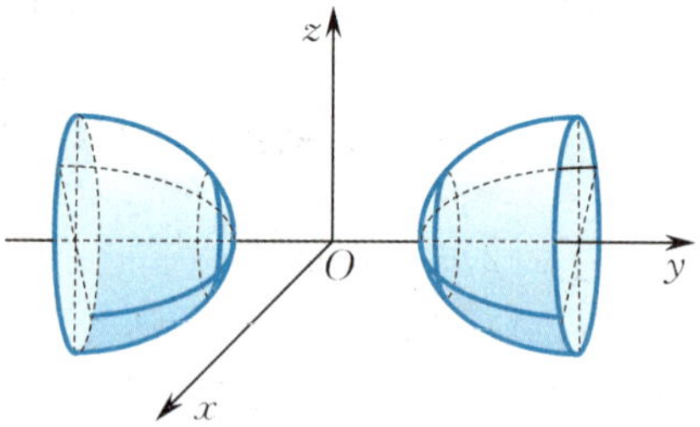

图 7.36

习 题 七

1. 在空间直角坐标系中,标出下列各点的位置:

$$A(-3,3,3),\quad B(-3,-3,3),\quad C(2,3,-1).$$

2. 求下列两点间的距离 d:

(1) $O(0,0,0),D(-3,3,3)$;　　(2) $E(-3,-3,3),F(2,3,-1)$.

3. 求证:以三点 $M_1(4,1,9),M_2(10,-1,6),M_3(2,4,3)$ 为顶点的三角形为等腰直角三角形.

4. 已知向量 $\boldsymbol{u}=2\boldsymbol{a}-2\boldsymbol{b},\boldsymbol{v}=3\boldsymbol{a}+3\boldsymbol{b}$,试用 $\boldsymbol{a},\boldsymbol{b}$ 来表示 $3\boldsymbol{u}+\boldsymbol{v}$.

5. 已知 $|\boldsymbol{a}|=2$,试用$\boldsymbol{a}^0$ 表示 $\boldsymbol{a}$.

6. 将 $\triangle M_1M_2M_3$ 的边 M_2M_3 四等分,分点分别是 D_1,D_2,D_3,再将各分点和点 M_1 连接,试用$\overrightarrow{M_1M_2}=\boldsymbol{c},\overrightarrow{M_2M_3}=\boldsymbol{a}$ 来表示向量$\overrightarrow{D_1M_1},\overrightarrow{D_2M_1},\overrightarrow{D_3M_1}$.

7. 已知向量 $\boldsymbol{a}$ 的模为 5,它和投影轴 u 的夹角为$135°$,计算 $\boldsymbol{a}$ 在该数轴上的投影.

8. 已知两点 $M_1(2,3,4),M_2(1,-2,1)$,用坐标表示式表示向量 $-3\overrightarrow{M_1M_2}$.

9. 已知两点 $M_1(2,3,4),M_2(1,-2,1)$,求向量$\overrightarrow{M_1M_2}$ 的模、方向角.

10. 求向量 $\boldsymbol{a}=(3,4,-5)$ 的单位向量$\boldsymbol{a}^0$.

11. 已知两向量 $\boldsymbol{a}=(3,4,-5),\boldsymbol{b}=(1,2,1)$,求 $\boldsymbol{a}\cdot\boldsymbol{b},\boldsymbol{a}\times\boldsymbol{b}$,以及 $\boldsymbol{a}$ 和 $\boldsymbol{b}$ 的夹角 θ 的

余弦.

12. 已知质量为 200 kg 的某一物体从点 $M_1(3,2,5)$ 沿直线移至点 $M_2(1,5,1)$（长度单位：m），求此过程中重力所做的功（取重力加速度 $g=10\ \text{m/s}^2$）.

13. 已知三个向量 $\boldsymbol{a}=2\boldsymbol{i}+\boldsymbol{j}+\boldsymbol{k}$，$\boldsymbol{b}=2\boldsymbol{i}-2\boldsymbol{j}+2\boldsymbol{k}$，$\boldsymbol{c}=\boldsymbol{i}-2\boldsymbol{j}+3\boldsymbol{k}$，求混合积 $(\boldsymbol{a}\times\boldsymbol{b})\cdot\boldsymbol{c}$.

14. 求过点 $M(3,6,8)$，且与连接点 M 和坐标原点的线段 OM 垂直的平面方程.

15. 求过点 $M(3,6,8)$，且与平面 $3x-6y+8z-1=0$ 平行的平面方程.

16. 求平面 $3x+6y+8z+5=0$ 与各坐标面所成夹角的余弦.

17. 已知一平面过点 $M_0(3,6,8)$，且平行于两向量 $\boldsymbol{a}=(1,1,1)$，$\boldsymbol{b}=(-1,-2,0)$，求该平面方程.

18. 求点 $M_0(3,6,8)$ 到平面 $3x+6y+8z-10=0$ 的距离 d.

19. 求过点 $M_0(3,6,8)$，且平行于直线 $\dfrac{x-3}{3}=\dfrac{y}{6}=\dfrac{z-1}{5}$ 的直线方程.

20. 求过两点 $M_1(3,6,8)$，$M_2(-1,0,2)$ 的直线方程.

21. 分别用点向式方程和参数式方程表示直线 $L:\begin{cases}x-y+z=1,\\2x+y+z=4.\end{cases}$

22. 求证：两直线 $L_1:\begin{cases}x+2y-z=7,\\-2x+y+z=-1,\end{cases}$ $L_2:\begin{cases}3x+6y-3z=8,\\2x-y-z=0\end{cases}$ 互相平行.

23. 求与两点 $M_1(3,6,8)$，$M_2(1,2,3)$ 等距的动点的轨迹方程.

24. 求以点 $M_0(3,6,8)$ 为球心，且过坐标原点的球面方程.

25. 画出下列方程所表示的曲面：

(1) $\left(x-\dfrac{a}{3}\right)^2+y^2=\left(\dfrac{a}{3}\right)^2$；　　(2) $-\dfrac{x^2}{9}+\dfrac{y^2}{16}=1$；

(3) $\dfrac{x^2}{9}+\dfrac{z^2}{16}=1$；　　(4) $x^2-2z=0$.

26. 指出下面的方程组在平面解析几何和空间解析几何中的不同意义：

$$\begin{cases}\dfrac{x^2}{9}+\dfrac{y^2}{16}=1,\\y=4.\end{cases}$$

27. 求过曲线 $L:\begin{cases}2x^2+y^2+z^2=16,\\x^2-y^2+z^2=0,\end{cases}$ 且母线平行于 x 轴的柱面方程.

28. 求曲线 $L:\begin{cases}x^2+y^2+z^2-9=0,\\x+z=1\end{cases}$ 在 xOy 面上的投影方程.

29. 画出下列曲面所围成立体的图形：

(1) $x=0,z=0,x=1,y=2,z=\dfrac{y}{4}$；

(2) $z=0,z=3,x-y=0,x-\sqrt{3}y=0,x^2+y^2=1$（在第一卦限内）；

(3) $x=0,y=0,z=0,x^2+z^2=R^2,x^2+y^2=R^2$（在第一卦限内）.

知识框图

第八章 多元函数微分法

在上册中，我们所研究的函数均是含一个自变量的. 这种函数称为一元函数. 现研究的含两个自变量的函数，我们称之为二元函数. 类似地，有三元函数、四元函数等. 二元及二元以上的函数统称为多元函数.

本章将在一元函数微分法的基础上，研究多元函数微分法及其应用，并以二元函数为主要研究对象. 一般地，有关二元函数的结论和研究方法可推广到二元以上的函数.

§8.1 多元函数的概念

微课视频

一、多元函数的定义

定义 1　设有三个变量 x,y,z，若当变量 x,y 在一定范围 D 内任取一对数值时，按照一定法则，总有唯一确定的一个数值 z 与之对应，则称变量 z 为变量 x,y 的**二元函数**（简称**函数**），记作

$$z=f(x,y) \quad 或 \quad z=z(x,y),$$

其中变量 x,y 称为**自变量**，变量 z 称为**因变量**. 自变量 x,y 的变化范围 D 称为二元**函数 $f(x,y)$ 的定义域**.

在求二元函数的定义域时，应注意以下几点：

(1) 式子的分母不能为零；

(2) 偶次根式下的式子应为非负数；

(3) 对数符号下的式子应为正数；

(4) 若 $z(x,y)=z_1(x,y)+z_2(x,y)$，则 $z(x,y)$ 的定义域应为 $z_1(x,y)$ 和 $z_2(x,y)$ 的定义域的交集.

例 1　函数 $z=\ln(y^2-4x+8)$ 的定义域 D 为 xOy 面上满足 $y^2-4x+8>0$，即 $y^2>4(x-2)$ 的点的全体：$D=\{(x,y)\mid y^2>4(x-2)\}$.

例 2　函数 $z=\arcsin\dfrac{x^2+y^2}{4}$ 的定义域 D 为 xOy 面上满足 $\dfrac{x^2+y^2}{4}\leqslant 1$，即 $x^2+y^2\leqslant 4$ 的点的全体：$D=\{(x,y)\mid x^2+y^2\leqslant 4\}$.

为了方便，有时也将上述例 1 和例 2 中的定义域分别简记为

$$D: y^2>4(x-2) \quad 和 \quad D: x^2+y^2\leqslant 4.$$

类似地，可定义三元函数 $u=f(x,y,z)$ 及三元以上的函数.

若用 xOy 面上的点 $P(x,y)$ 表示一对有序数组 (x,y)，则 $z=f(x,y)$ 可称为点 P 的函数，记作 $z=f(P)$；若用空间直角坐标系中的点 $P(x,y,z)$ 表示有序数组 (x,y,z)，则 $u=f(x,y,z)$ 可称为点 P 的函数，记作 $u=f(P)$.

二元函数的定义域一般为平面上的某一区域，例如椭圆形区域、矩形区域、扇形区域、环形区域（由两圆所围成）等，或者由平面上一条或几条曲线所围成的区域.

定义 2　如果一区域内任意两点都可用该区域内的一条折线连接起来，则称该区域是**连通**的.

定义 3　若一区域可包含在以原点为圆心、半径适当大的某个圆内，则称该区域为**有界的**；否则，称该区域为**无界的**.

定义 4　围成某区域的曲线称为该区域的**边界**. 包括边界的区域称为**闭区域**；不包括边界的区域称为**开区域**.

例 3　区域$\{(x,y)\mid y^2-4x+8>0\}$为无界开区域，区域$\{(x,y)\mid x^2+y^2\leqslant 4\}$为有界闭区域.

定义 5　以平面上任意一点 P_0 为圆心的圆形开区域称为点 P_0 的**邻域**.

例如，以点 $P_0(x_0,y_0)$ 为圆心、δ 为半径的圆形区域为

$$\{(x,y)\mid \sqrt{(x-x_0)^2+(y-y_0)^2}<\delta\},$$

它是点 P_0 的一个邻域，称之为点 P_0 的 δ 邻域，记作 $U(P_0,\delta)$. 此外，我们称

$$\{(x,y)\mid 0<\sqrt{(x-x_0)^2+(y-y_0)^2}<\delta\}$$

为点 $P_0(x_0,y_0)$ 的去心 δ 邻域，记为 $\mathring{U}(P_0,\delta)$. 如果不需要强调半径 δ，则用 $U(P_0)$，$\mathring{U}(P_0)$ 分别表示点 P_0 的某个邻域和某个去心邻域.

定义 6　如果存在点 P 的某个邻域 $U(P)$，使 $U(P)\subset D$，则称点 P 为区域 D 的**内点**；如果点 P 的任一邻域内既有属于区域 D 的点，也有不属于区域 D 的点（点 P 可以属于 D，也可以不属于 D），则称点 P 为区域 D 的**边界点**.

如图 8.1 所示，点 P_1 为区域 D 的内点，点 P_2 为区域 D 的边界点.

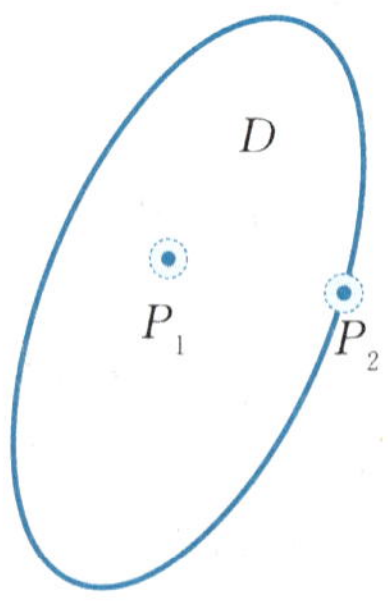

图 8.1

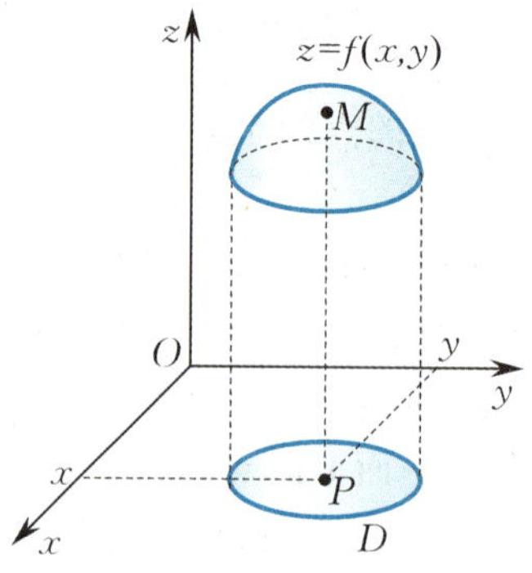

图 8.2

已知函数 $z=f(x,y)$ 的定义域是 xOy 面上的区域 D，对 D 中每一点 $P(x,y)$，都可在空间直角坐标系中作出一点 $M(x,y,f(x,y))$，当点 P 在 D 中变动时，点 M 就相应地变动，一般

其轨迹是一个曲面. 我们称此曲面为二元函数 $z=f(x,y)$ 的**图形**(见图 8.2).

例 4 函数 $z=ax+by+c$ 的图形是一个平面(其中 a,b,c 为常数).

例 5 函数 $z=\dfrac{x^2+y^2}{4}$ 的图形是一个椭圆抛物面.

二、二元函数的极限

先讨论当 $(x,y)\to(x_0,y_0)$ 时函数 $z=f(x,y)$ 的极限.

定义 7 设函数 $f(x,y)$ 在区域 D 上有定义, D 中包含任意接近 (x_0,y_0) 的点. 如果当点 (x,y) 以任何方式无限趋近于点 (x_0,y_0) 时, 函数 $f(x,y)$ 的值无限趋近于常数 A, 则称 A 为函数 $f(x,y)$ 当 $(x,y)\to(x_0,y_0)$ 时的**极限**, 记作

$$\lim_{\substack{x\to x_0\\y\to y_0}} f(x,y)=A. \tag{8.1}$$

定义 8($\varepsilon-\delta$ 语言) 设函数 $f(x,y)$ 在区域 D 上有定义, D 中包含任意接近 (x_0,y_0) 的点. 如果存在常数 A, 对于任意给定的小正数 ε, 总可找到一个正数 δ, 使得当 $0<\sqrt{(x-x_0)^2+(y-y_0)^2}<\delta$ 时, 有

$$|f(x,y)-A|<\varepsilon$$

恒成立, 则称 A 为函数 $f(x,y)$ 当 $(x,y)\to(x_0,y_0)$ 时的**极限**, 记作

$$\lim_{\substack{x\to x_0\\y\to y_0}} f(x,y)=A,$$

$$\lim_{(x,y)\to(x_0,y_0)} f(x,y)=A$$

或

$$f(x,y)\to A\quad(\rho\to 0), \tag{8.2}$$

其中 $\rho=\sqrt{(x-x_0)^2+(y-y_0)^2}$.

例 6 求证: $\lim\limits_{\substack{x\to 1\\y\to 2}}(3x+y)=5$.

证 对任给的 $\varepsilon>0$, 要使 $|3x+y-5|<\varepsilon$ 成立, 即

$$|(3x-3)+(y-2)|=|3(x-1)+(y-2)|<\varepsilon$$

成立. 因为

$$|3(x-1)+(y-2)|\leqslant 3|x-1|+|y-2|,$$

而且

$$|x-1|\leqslant\sqrt{(x-1)^2+(y-2)^2},\quad |y-2|\leqslant\sqrt{(x-1)^2+(y-2)^2},$$

所以

$$\begin{aligned}|3x+y-5| &\leqslant 3|x-1|+|y-2| \\ &\leqslant 3\sqrt{(x-1)^2+(y-2)^2}+\sqrt{(x-1)^2+(y-2)^2} \\ &= 4\sqrt{(x-1)^2+(y-2)^2}.\end{aligned}$$

取正数 $\delta \leqslant \frac{\varepsilon}{4}$，则当 $0<\sqrt{(x-1)^2+(y-2)^2}<\delta$ 时，有 $|3x+y-5|<\varepsilon$ 恒成立. 所以

$$\lim_{\substack{x\to 1\\ y\to 2}}(3x+y)=5.$$

说明 (1) 证明二元函数的极限，一般采用分析的方法，要从 $|f(x,y)-A|<\varepsilon$ 出发，去找正数 δ. 在找 δ 时，采用下式：

$$0<\sqrt{(x-x_0)^2+(y-y_0)^2}<\delta.$$

(2) 二元函数的极限存在是指点 $P(x,y)$ 以任何方式无限趋近于点 $P_0(x_0,y_0)$ 时，$f(x,y)$ 都无限趋近于 A. 若点 P 按某一种特殊方式无限趋近于点 P_0 时，即使 $f(x,y)$ 无限趋近于 A，仍不能断定 $f(x,y)$ 的极限为 A，现举下例说明.

例 7 考察函数

$$f(x,y)=\begin{cases}\dfrac{xy}{x^2+y^2}, & (x,y)\neq(0,0),\\ 0, & (x,y)=(0,0)\end{cases}$$

当 $P(x,y)\to O(0,0)$ 时的极限.

解 当点 P 沿 x 轴无限趋近于点 O 时，有 $\lim\limits_{\substack{x\to 0\\ y=0}}f(x,y)=\lim\limits_{x\to 0}f(x,0)=0$；当点 P 沿 y 轴无限趋近于点 O 时，有 $\lim\limits_{\substack{x=0\\ y\to 0}}f(x,y)=\lim\limits_{y\to 0}f(0,y)=0$. 这说明，当点 P 以两种特殊方式无限趋近于点 O 时，$f(x,y)$ 的极限为 0.

而当点 P 沿直线 $y=kx\,(k\neq 0)$ 无限趋近于点 O，有

$$\lim_{\substack{x\to 0\\ y=kx}}\frac{xy}{x^2+y^2}=\lim_{x\to 0}\frac{kx^2}{x^2+k^2x^2}=\frac{k}{1+k^2}\triangleq I.$$

这说明，函数 $f(x,y)$ 的极限 I 随直线 $y=kx$ 的斜率 k 的值不同而不同. 例如，当 $k=1$ 时，$I=\frac{1}{2}$；当 $k=2$ 时，$I=\frac{2}{5}$. 所以 $\lim\limits_{\substack{x\to 0\\ y\to 0}}f(x,y)$ 不存在.

我们可以将二元函数 $z=f(x,y)$ 关于极限过程 $(x,y)\to(x_0,y_0)$ 的极限定义推广到其他极限过程，这里不再赘述. 另外，二元函数的极限定义、结论等也可以推广到一般的 n 元函数，这里也不再列举.

二元函数极限 $\lim\limits_{\substack{x\to x_0\\ y\to y_0}}f(x,y)=A$ 的几何意义是：任作两个平面

$z=A-\varepsilon$, $z=A+\varepsilon$，则总存在一个正数 δ，相应地有一个点 $P_0(x_0,y_0)$ 的 δ 邻域，在此邻域内（点 P_0 可除外），函数 $z=f(x,y)$ 的图形位于上述两个平面之间.

三、二元函数的连续性

在介绍了二元函数极限的定义后，再来研究二元函数的连续性. 先给出函数 $f(x,y)$ 在点 $P_0(x_0,y_0)$ 处连续的定义.

定义 9　设函数 $f(x,y)$ 满足下列条件：

(1) 在点 $P_0(x_0,y_0)$ 的某个邻域内有定义；

(2) $\lim\limits_{\substack{x\to x_0\\y\to y_0}} f(x,y)$ 存在；

(3) $\lim\limits_{\substack{x\to x_0\\y\to y_0}} f(x,y)=f(x_0,y_0)$，

则称**函数 $f(x,y)$ 在点 $P_0(x_0,y_0)$ 处连续**.

若上面的三个条件中有一条不满足，则称**函数 $f(x,y)$ 在点 P_0 处不连续**或**间断**，且称点 P_0 是函数 $f(x,y)$ 的**间断点**.

例 8　在例 7 中，由定义 9 可知，点 $O(0,0)$ 是函数 $f(x,y)$ 的间断点.

例 9　函数 $z=3x+y$ 在点 $P_0(1,2)$ 处连续，因为

$$z(1,2)=5,\quad \lim_{\substack{x\to 1\\y\to 2}}(3x+y)=5=z(1,2).$$

定义 10　若函数 $f(x,y)$ 在区域 D 内及边界上任一点 $P(x,y)$ 处均连续，则称函数 $f(x,y)$ 在区域 D 上**连续**，并称函数 $f(x,y)$ 是 D 上的**连续函数**.

说明　函数 $f(x,y)$ 在区域 D 的边界上连续可参照一元函数在闭区间端点处连续的定义理解.

二元连续函数的几何意义是：函数图形是一个无孔隙、无裂缝的曲面.

说明　二元函数的间断点可以是一条曲线.

例 10　函数 $z=\dfrac{1}{x^2+y^2-1}$ 在 xOy 面中的圆周 $x^2+y^2=1$ 上无定义，故其间断点是 xOy 面中的圆周 $x^2+y^2=1$.

和一元连续函数相类似，对于多元连续函数有以下结论：

(1) 多元连续函数经过四则运算和复合运算后仍为连续函数.

(2)(**最值定理**)　若多元函数 $z=f(P)$ 在有界闭区域 D 上连续，则其在 D 上一定有最大值和最小值，即存在 $P_1,P_2\in D$，使得在 D 上有

$$f(P_2)\leqslant f(P)\leqslant f(P_1),$$

其中 $f(P_1)$ 为最大值，$f(P_2)$ 为最小值.

(3)(**介值定理**)　在有界闭区域 D 上连续的多元函数必取得介于最大值 M 和最小值 m 之间的任何值，即当 $m\leqslant u\leqslant M$ 时，则在 D 上至少有一点 P，使得

$$f(P)=u.$$

(4) 一切多元初等函数在其定义区域内连续(多元初等函数是指可用一个式子来表示的多元函数，且这个式子是由常数和各自变量的一元基本初等函数经过有限次四则运算和复合运算而形成的. 例如，$\sin(x+y)$，$\ln(1+x^2+y^2)$ 等都是多元初等函数. 定义区域是指包含在定义域内的区域).

(5) 由多元初等函数的连续性可知，如果点 P_0 在多元初等函数 $f(P)$ 的定义区域内，则函数 $f(P)$ 在点 P_0 处有极限，且极限值就是函数 $f(P)$ 在该点的函数值，即

$$\lim_{P\to P_0}f(P)=f(P_0).$$

例 11　$\lim\limits_{\substack{x\to 2\\ y\to 1}}(x^2-y^2)=2^2-1^2=3$，　$\lim\limits_{\substack{x\to\frac{\pi}{4}\\ y\to\frac{\pi}{4}}}\sin(x+y)=\sin\dfrac{\pi}{2}=1.$

§8.2 偏　导　数

微课视频

一、偏导数的定义及其计算法

定义 1　已知函数 $z=f(x,y)$ 在点 $P_0(x_0,y_0)$ 的某个邻域内有定义，当自变量 x 在点 x_0 处取得改变量 $\Delta x(\Delta x\neq 0)$，$y=y_0$ 保持不变时，函数 $z=f(x,y)$ 的改变量为

$$\Delta_x z=f(x_0+\Delta x,y_0)-f(x_0,y_0).$$

如果当 $\Delta x\to 0$ 时，极限

$$\lim_{\Delta x\to 0}\frac{\Delta_x z}{\Delta x}=\lim_{\Delta x\to 0}\frac{f(x_0+\Delta x,y_0)-f(x_0,y_0)}{\Delta x} \tag{8.3}$$

存在,则称此极限值为**函数 $z=f(x,y)$ 在点 P_0 处对 x 的偏导数**,记作

$$f'_x(x_0,y_0),\quad \left.\frac{\partial f(x,y)}{\partial x}\right|_{\substack{x=x_0\\y=y_0}},\quad \left.z'_x\right|_{\substack{x=x_0\\y=y_0}}\quad 或\quad \left.\frac{\partial z}{\partial x}\right|_{\substack{x=x_0\\y=y_0}}.$$

同理,可定义函数 $z=f(x,y)$ 在点 P_0 处对 y 的偏导数为

$$\lim_{\Delta y\to 0}\frac{\Delta_y z}{\Delta y}=\lim_{\Delta y\to 0}\frac{f(x_0,y_0+\Delta y)-f(x_0,y_0)}{\Delta y}, \tag{8.4}$$

记作

$$f'_y(x_0,y_0),\quad \left.\frac{\partial f(x,y)}{\partial y}\right|_{\substack{x=x_0\\y=y_0}},\quad \left.z'_y\right|_{\substack{x=x_0\\y=y_0}}\quad 或\quad \left.\frac{\partial z}{\partial y}\right|_{\substack{x=x_0\\y=y_0}}.$$

动画视频

说明　由定义 1 可见,函数 $z=f(x,y)$ 在点 P_0 处对 x 的偏导数就是该函数在点 P_0 处对 x 的变化率,即把变量 y 当作常数. 同理可得,函数 $z=f(x,y)$ 在点 P_0 处对 y 的偏导数就是该函数在点 P_0 处对 y 的变化率,即把变量 x 当作常数.

偏导数的几何意义:函数 $z=f(x,y)$ 在点 P_0 处对 x 的偏导数,实际上是曲面 $z=f(x,y)$ 和平面 $y=y_0$ 的交线 C_1 在点 P_0 处的切线关于 x 轴的斜率 $\tan\alpha$. 同理,函数 $z=f(x,y)$ 在点 P_0 处对 y 的偏导数,实际上是曲面 $z=f(x,y)$ 和平面 $x=x_0$ 的交线 C_2 在点 P_0 处的切线关于 y 轴的斜率 $\tan\beta$(见图 8.3).

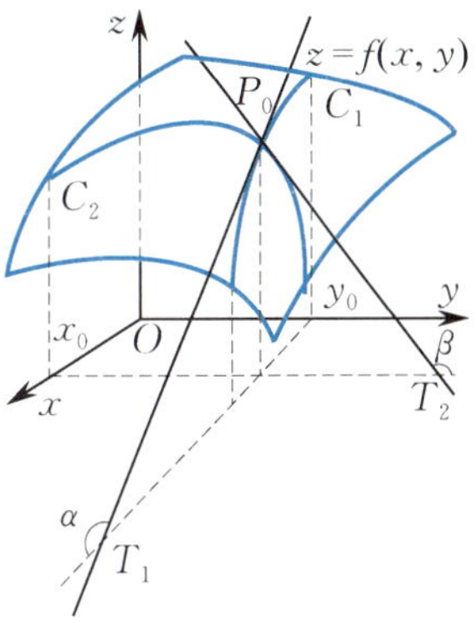

图 8.3

若函数 $z=f(x,y)$ 在区域 D 内每一点 $P(x,y)$ 处均有偏导数,则可由求偏导数的法则确定两个定义在 D 上的函数,称之为函数 $f(x,y)$ 的**偏导函数**,简称**偏导数**,分别记作

$$f'_x(x,y),\quad \frac{\partial f(x,y)}{\partial x},\quad \frac{\partial z}{\partial x}\quad 或\quad z'_x;$$

$$f'_y(x,y),\quad \frac{\partial f(x,y)}{\partial y},\quad \frac{\partial z}{\partial y}\quad 或\quad z'_y.$$

类似地,可定义三元函数 $u=f(x,y,z)$ 对 x,y,z 的偏导数.

例 1 已知函数 $z=f(x,y)=e^x y$,求:

(1) $\dfrac{\partial z}{\partial x},\dfrac{\partial z}{\partial y}$;　　(2) $f'_x(2,0),f'_y(2,0)$.

解　(1) $\dfrac{\partial z}{\partial x}=e^x y$(将 y 看成常数),$\dfrac{\partial z}{\partial y}=e^x$(将 x 看成常数).

(2) $f'_x(2,0)=e^2\times 0=0,f'_y(2,0)=e^2$.

例 2 已知函数 $r=\sqrt{x^2+y^2+z^2}$,求$\dfrac{\partial r}{\partial x},\dfrac{\partial r}{\partial y},\dfrac{\partial r}{\partial z}$.

解　$\dfrac{\partial r}{\partial x}=\dfrac{2x}{2\sqrt{x^2+y^2+z^2}}=\dfrac{x}{\sqrt{x^2+y^2+z^2}}$.

同理，得

$$\frac{\partial r}{\partial y}=\frac{y}{\sqrt{x^2+y^2+z^2}},\quad \frac{\partial r}{\partial z}=\frac{z}{\sqrt{x^2+y^2+z^2}}.$$

例 3 已知函数

$$f(x,y)=\begin{cases}\dfrac{xy}{x^2+y^2}, & (x,y)\neq(0,0),\\ 0, & (x,y)=(0,0),\end{cases}$$

求 $f'_x(0,0),f'_y(0,0)$.

解 由偏导数的定义，计算得

$$f'_x(0,0)=\lim_{\Delta x\to 0}\frac{f(0+\Delta x,0)-f(0,0)}{\Delta x}=\lim_{\Delta x\to 0}\frac{\dfrac{\Delta x\cdot 0}{(\Delta x)^2+0}-0}{\Delta x}=0,$$

$$f'_y(0,0)=\lim_{\Delta y\to 0}\frac{f(0,0+\Delta y)-f(0,0)}{\Delta y}=\lim_{\Delta y\to 0}\frac{\dfrac{0\cdot\Delta y}{0+(\Delta y)^2}-0}{\Delta y}=0.$$

说明 由上一节例 7 可知，例 3 中的函数 $f(x,y)$ 在点 $(0,0)$ 处并不连续. 这说明，函数 $f(x,y)$ 的两个偏导数都存在时，该函数不一定连续.

二、高阶偏导数

定义 2 设函数 $z=f(x,y)$ 在区域 D 内有偏导数

$$\frac{\partial z}{\partial x}=f'_x(x,y),\quad \frac{\partial z}{\partial y}=f'_y(x,y),$$

则在 D 内 $f'_x(x,y),f'_y(x,y)$ 仍为 x,y 的函数. 若这两个函数的偏导数存在，则称它们的偏导数为函数 $z=f(x,y)$ 的**二阶偏导数**，记作

$$f''_{xx}(x,y)=\frac{\partial^2 z}{\partial x^2}=\frac{\partial}{\partial x}\left(\frac{\partial z}{\partial x}\right),\quad f''_{yy}(x,y)=\frac{\partial^2 z}{\partial y^2}=\frac{\partial}{\partial y}\left(\frac{\partial z}{\partial y}\right),$$

$$f''_{xy}(x,y)=\frac{\partial^2 z}{\partial x\partial y}=\frac{\partial}{\partial y}\left(\frac{\partial z}{\partial x}\right),\quad f''_{yx}(x,y)=\frac{\partial^2 z}{\partial y\partial x}=\frac{\partial}{\partial x}\left(\frac{\partial z}{\partial y}\right),$$

其中上述的第三、四个二阶偏导数称为二阶**混合偏导数**.

类似地，可定义二元函数的三阶偏导数，三元函数的二阶、三阶偏导数.

二阶及二阶以上的偏导数统称为**高阶偏导数**.

例 4 求函数 $f(x,y)=x^2y^2$ 的二阶偏导数.

解 因为 $f'_x=2xy^2,f'_y=2x^2y$，所以

$$f''_{xx}=(f'_x)'_x=\frac{\partial}{\partial x}(2xy^2)=2y^2,\quad f''_{yy}=(f'_y)'_y=\frac{\partial}{\partial y}(2x^2y)=2x^2,$$

$$f''_{xy}=(f'_x)'_y=\frac{\partial}{\partial y}(2xy^2)=4xy,\quad f''_{yx}=(f'_y)'_x=\frac{\partial}{\partial x}(2x^2y)=4xy.$$

说明　由例 4 可见，两个二阶混合偏导数相等，即

$$f''_{xy}=f''_{yx}\quad 或\quad \frac{\partial^2 z}{\partial y\partial x}=\frac{\partial^2 z}{\partial x\partial y}.$$

这个结果不是偶然的. 事实上，有下面的结论.

定理 1　若函数 $z=f(x,y)$ 的两个二阶混合偏导数 $\frac{\partial^2 z}{\partial y\partial x}$ 和 $\frac{\partial^2 z}{\partial x\partial y}$ 在区域 D 内连续，则在 D 内，这两个二阶混合偏导数相等.

证明从略.

例 5　验证函数 $u=\frac{1}{r}$，$r=\sqrt{x^2+y^2+z^2}$ 满足方程

$$\frac{\partial^2 u}{\partial x^2}+\frac{\partial^2 u}{\partial y^2}+\frac{\partial^2 u}{\partial z^2}=0.$$

证　因为

$$\frac{\partial u}{\partial x}=-\frac{1}{r^2}\frac{\partial r}{\partial x}=-\frac{1}{r^2}\frac{x}{r}=-\frac{x}{r^3},$$

$$\frac{\partial^2 u}{\partial x^2}=-\frac{1}{r^3}+\frac{3x}{r^4}\frac{\partial r}{\partial x}=-\frac{1}{r^3}+\frac{3x^2}{r^5},$$

所以由函数对自变量的对称性得

$$\frac{\partial^2 u}{\partial y^2}=-\frac{1}{r^3}+\frac{3y^2}{r^5},\quad \frac{\partial^2 u}{\partial z^2}=-\frac{1}{r^3}+\frac{3z^2}{r^5}.$$

因此

$$\frac{\partial^2 u}{\partial x^2}+\frac{\partial^2 u}{\partial y^2}+\frac{\partial^2 u}{\partial z^2}=-\frac{3}{r^3}+\frac{3(x^2+y^2+z^2)}{r^5}=-\frac{3}{r^3}+\frac{3}{r^3}=0.$$

说明　例 5 中的方程称为**拉普拉斯(Laplace)方程**，它是数学物理方程中一种很重要的方程.

§8.3　全微分及其应用

一、全微分的定义

微课视频

根据一元函数改变量和微分的关系，得

$$\Delta_x z=f(x+\Delta x,y)-f(x,y)\approx f'_x(x,y)\Delta x,$$

$$\Delta_y z=f(x,y+\Delta y)-f(x,y)\approx f'_y(x,y)\Delta y.$$

上面两式的左端分别称为函数 $z=f(x,y)$ 对 x 和对 y 的**偏增量**，而右端分别称为函数 $z=f(x,y)$ 对 x 和对 y 的**偏微分**.

现研究二元函数的全微分.

定义 1 设函数 $z=f(x,y)$ 在点 $P(x,y)$ 的某个邻域内有定义，点 $P'(x+\Delta x,y+\Delta y)$ 为此邻域内一点，则称函数 $z=f(x,y)$ 在两点 P 与 P' 处的函数值之差

$$\Delta z=f(x+\Delta x,y+\Delta y)-f(x,y)$$

为函数 $z=f(x,y)$ 在点 P 处对应于自变量增量 $\Delta x,\Delta y$ 的**全增量**.

定义 2 设函数 $z=f(x,y)$ 在点 (x,y) 的某个邻域内有定义. 若函数 $z=f(x,y)$ 在点 (x,y) 处的全增量可表示为

$$\Delta z=A\Delta x+B\Delta y+o(\rho),$$

其中 A,B 不依赖于 $\Delta x,\Delta y$ 而仅与 x,y 有关，$o(\rho)$ 是比 $\rho=\sqrt{(\Delta x)^2+(\Delta y)^2}$ 高阶的无穷小量，则称 $A\Delta x+B\Delta y$ 为函数 $z=f(x,y)$ 在点 P 处的**全微分**，记作 $\mathrm{d}z$ 或 $\mathrm{d}f(x,y)$，即

$$\mathrm{d}z=\mathrm{d}f(x,y)=A\Delta x+B\Delta y,$$

并称函数 $z=f(x,y)$ 在点 P 处**可微**.

若函数 $z=f(x,y)$ 在区域 D 内各点处的全微分均存在（即可微），则称该函数**在 D 内可微**.

下面讨论函数 $z=f(x,y)$ 在点 (x,y) 处可微的条件.

定理 1 如果函数 $z=f(x,y)$ 在点 (x,y) 处可微，则 $z=f(x,y)$ 在点 (x,y) 处的偏导数 $f'_x(x,y)$ 与 $f'_y(x,y)$ 存在，且有

$$f'_x(x,y)=A,\quad f'_y(x,y)=B.$$

证明从略.

例 1 设函数 $z=f(x,y)=\begin{cases}\dfrac{xy}{\sqrt{x^2+y^2}}, & (x,y)\neq(0,0),\\ 0, & (x,y)=(0,0)\end{cases}$ 在点 $O(0,0)$ 处，有 $f'_x(0,0)=0$ 和 $f'_y(0,0)=0$，因此

$$\Delta z\Big|_{\substack{x=0\\y=0}}-[f'_x(0,0)\Delta x+f'_y(0,0)\Delta y]=\frac{\Delta x\Delta y}{\sqrt{(\Delta x)^2+(\Delta y)^2}}. \qquad (8.5)$$

因为

$$\lim_{\substack{\Delta x\to 0\\ \Delta y=\Delta x}}\frac{\dfrac{\Delta x\Delta y}{\sqrt{(\Delta x)^2+(\Delta y)^2}}}{\rho}=\lim_{\substack{\Delta x\to 0\\ \Delta y=\Delta x}}\frac{\Delta x\Delta y}{(\Delta x)^2+(\Delta y)^2}=\lim_{\Delta x\to 0}\frac{(\Delta x)^2}{(\Delta x)^2+(\Delta x)^2}=\frac{1}{2},$$

所以当 $\rho\to 0$ 时，(8.5) 式并不是一个比 ρ 高阶的无穷小量. 故函数 $z=f(x,y)$ 在点 $O(0,0)$ 处的全微分不存在，即函数 $z=f(x,y)$ 在点 $O(0,0)$ 处不可微.

由定理 1 及例 1 可知，偏导数存在是二元函数可微的必要条件而不是充要条件. 但是，我们有下面的定理.

定理 2　若函数 $z=f(x,y)$ 的偏导数 $\frac{\partial z}{\partial x}$，$\frac{\partial z}{\partial y}$ 在点 $P(x,y)$ 处连续，则函数 $z=f(x,y)$ 在点 P 处的全微分存在(即可微).

证明从略.

说明　(1) 习惯上，我们将自变量的增量 Δx，Δy 分别记作 $\mathrm{d}x$，$\mathrm{d}y$，并分别称之为自变量 x，y 的微分. 这样，函数 $z=f(x,y)$ 的全微分可写成

$$\mathrm{d}z=\frac{\partial z}{\partial x}\mathrm{d}x+\frac{\partial z}{\partial y}\mathrm{d}y.$$

(2) 函数 $z=f(x,y)$ 的全微分等于它的两个偏微分之和，这说明二元函数的微分符合**叠加原理**. 叠加原理也可适用于三元函数 $u=f(x,y,z)$，即

$$\mathrm{d}u=\frac{\partial u}{\partial x}\mathrm{d}x+\frac{\partial u}{\partial y}\mathrm{d}y+\frac{\partial u}{\partial z}\mathrm{d}z.$$

例 2　求函数 $z=\mathrm{e}^{2xy}$ 在点 $P(4,3)$ 处的全微分.

解　因为

$$\frac{\partial z}{\partial x}=2y\mathrm{e}^{2xy},\quad \frac{\partial z}{\partial y}=2x\mathrm{e}^{2xy},\quad \left.\frac{\partial z}{\partial x}\right|_{\substack{x=4\\y=3}}=6\mathrm{e}^{24},\quad \left.\frac{\partial z}{\partial y}\right|_{\substack{x=4\\y=3}}=8\mathrm{e}^{24},$$

所以

$$\left.\mathrm{d}z\right|_{\substack{x=4\\y=3}}=6\mathrm{e}^{24}\mathrm{d}x+8\mathrm{e}^{24}\mathrm{d}y.$$

二、全微分的应用

1. 近似计算

设函数 $z=f(x,y)$ 的偏导数 $f'_x(x,y)$ 和 $f'_y(x,y)$ 在点 $P(x,y)$ 处连续，则当 $|\Delta x|$，$|\Delta y|$ 很小时，有近似等式

$$\Delta z\approx\mathrm{d}z=f'_x(x,y)\Delta x+f'_y(x,y)\Delta y. \tag{8.6}$$

上式也可写成

$$f(x+\Delta x,y+\Delta y)\approx f(x,y)+f'_x(x,y)\Delta x+f'_y(x,y)\Delta y. \tag{8.7}$$

例 3　求 $\sqrt[3]{(2.02)^2+(1.97)^2}$ 的近似值.

解　设 $z=f(x,y)=\sqrt[3]{x^2+y^2}$，则计算 $f(2.02,1.97)$ 的近似值即可.

取 $x=2$，$\Delta x=0.02$，$y=2$，$\Delta y=-0.03$. 因为

$$\begin{aligned}dz &= f'_x(x,y)\Delta x + f'_y(x,y)\Delta y \\ &= \frac{1}{3}(x^2+y^2)^{-\frac{2}{3}}\cdot 2x\cdot\Delta x + \frac{1}{3}(x^2+y^2)^{-\frac{2}{3}}\cdot 2y\cdot\Delta y \\ &= \frac{2}{3}\frac{1}{\sqrt[3]{(x^2+y^2)^2}}(x\Delta x + y\Delta y),\end{aligned}$$

代入所取值，得

$$\begin{aligned}dz &= \frac{2}{3}\frac{1}{\sqrt[3]{(2^2+2^2)^2}}[2\times 0.02 + 2\times(-0.03)] \\ &= \frac{2}{3}\times\frac{1}{4}\times(0.04-0.06)\approx -0.00333,\end{aligned}$$

所以由(8.7)式有

$$\begin{aligned}\sqrt[3]{(2.02)^2+(1.97)^2} &\approx f(2,2)+dz \approx \sqrt[3]{2^2+2^2}+(-0.00333) \\ &= 1.99667.\end{aligned}$$

2. 误差估计

对于函数 $z=f(x,y)$，若自变量 x,y 的绝对误差分别为 δ_x,δ_y，即

$$|\Delta x|\leqslant\delta_x,\quad |\Delta y|\leqslant\delta_y,$$

则 z 的误差为

$$\begin{aligned}|\Delta z|\approx|dz| &= \left|\frac{\partial z}{\partial x}\Delta x+\frac{\partial z}{\partial y}\Delta y\right| \leqslant \left|\frac{\partial z}{\partial x}\right||\Delta x| + \left|\frac{\partial z}{\partial y}\right||\Delta y| \\ &\leqslant \left|\frac{\partial z}{\partial x}\right|\delta_x + \left|\frac{\partial z}{\partial y}\right|\delta_y,\end{aligned}$$

从而得到 z 的绝对误差

$$\delta_z = \left|\frac{\partial z}{\partial x}\right|\delta_x + \left|\frac{\partial z}{\partial y}\right|\delta_y \tag{8.8}$$

和相对误差

$$\frac{\delta_z}{|z|} = \left|\frac{\partial z}{\partial x}\right|\frac{\delta_x}{|z|} + \left|\frac{\partial z}{\partial y}\right|\frac{\delta_y}{|z|}. \tag{8.9}$$

例 4 将 x 克盐溶于 y 克水中，若称量盐时绝对误差是 δ_x 克，称量水时绝对误差是 δ_y 克，求盐水浓度 z（百分比）的绝对误差 δ_z.

解 由题意知 $z=\dfrac{x}{x+y}$，则由(8.8)式得盐水浓度 z 的绝对误差是

$$\delta_z = \left|\frac{\partial z}{\partial x}\right|\delta_x + \left|\frac{\partial z}{\partial y}\right|\delta_y = \left|\frac{y}{(x+y)^2}\right|\delta_x + \left|\frac{-x}{(x+y)^2}\right|\delta_y = \frac{y\delta_x + x\delta_y}{(x+y)^2}.$$

§8.4 多元复合函数的求导法则与隐函数的求导公式

微课视频

一、多元复合函数的求导法则

下面将一元复合函数的求导法则推广到多元复合函数的情形.

定义 1　设 $z=f(u,v)$ 是变量 u,v 的函数,且 u,v 均是自变量 x,y 的函数:

$$u=\varphi(x,y),\quad v=\psi(x,y),$$

则称函数 $z=f(\varphi(x,y),\psi(x,y))$ 为 x,y 的**复合函数**,其中 u,v 称为**中间变量**.

如何求复合函数 $z=f(\varphi(x,y),\psi(x,y))$ 的偏导数 $\frac{\partial z}{\partial x},\frac{\partial z}{\partial y}$ 呢?有下面的定理.

定理 1　若函数 $u=\varphi(x,y),v=\psi(x,y)$ 在点 $P_1(x,y)$ 处有连续偏导数 $\frac{\partial u}{\partial x},\frac{\partial u}{\partial y},\frac{\partial v}{\partial x},\frac{\partial v}{\partial y}$,且函数 $z=f(u,v)$ 在对应于点 P_1 的点 $P_2(u,v)$ 处有连续偏导数 $\frac{\partial z}{\partial u},\frac{\partial z}{\partial v}$,则复合函数 $z=f(\varphi(x,y),\psi(x,y))$ 在点 P_1 处有对 x,y 的连续偏导数,且

$$\frac{\partial z}{\partial x}=\frac{\partial z}{\partial u}\frac{\partial u}{\partial x}+\frac{\partial z}{\partial v}\frac{\partial v}{\partial x},\quad \frac{\partial z}{\partial y}=\frac{\partial z}{\partial u}\frac{\partial u}{\partial y}+\frac{\partial z}{\partial v}\frac{\partial v}{\partial y}. \tag{8.10}$$

证　假设在点 P_1 处给 x 以改变量 $\Delta x(\Delta x\neq 0)$,让 y 保持不变,则 u,v 相应地有偏增量 $\Delta_x u,\Delta_x v$,从而函数 $z=f(u,v)$ 亦相应地有偏增量 $\Delta_x z$. 因为函数 $z=f(u,v)$ 在点 P_2 处有连续偏导数,所以由 §8.3 定理 2 可知,函数 $z=f(u,v)$ 在点 P_2 处的全微分存在(即可微). 故

$$\Delta_x z=\frac{\partial z}{\partial u}\Delta_x u+\frac{\partial z}{\partial v}\Delta_x v+o(\rho), \tag{8.11}$$

其中 $\rho=\sqrt{(\Delta_x u)^2+(\Delta_x v)^2}$,且 $\lim\limits_{\rho\to 0}\frac{o(\rho)}{\rho}=0$.

将(8.11)式两边同除以 Δx,得

$$\frac{\Delta_x z}{\Delta x}=\frac{\partial z}{\partial u}\frac{\Delta_x u}{\Delta x}+\frac{\partial z}{\partial v}\frac{\Delta_x v}{\Delta x}+\frac{o(\rho)}{\Delta x}. \tag{8.12}$$

因为 $u=u(x,y),v=v(x,y)$ 在点 P_1 处有连续偏导数,所以当

$\Delta x \to 0$ 时，有 $\Delta_x u \to 0, \Delta_x v \to 0$，即 $\rho \to 0$，且有

$$\lim_{\Delta x \to 0} \frac{\Delta_x u}{\Delta x} = \frac{\partial u}{\partial x}, \quad \lim_{\Delta x \to 0} \frac{\Delta_x v}{\Delta x} = \frac{\partial v}{\partial x}.$$

因此

$$\begin{aligned}\lim_{\Delta x \to 0} \frac{o(\rho)}{\Delta x} &= \lim_{\Delta x \to 0} \frac{o(\rho)}{\rho} \frac{\rho}{\Delta x} = \lim_{\rho \to 0} \frac{o(\rho)}{\rho} \cdot \lim_{\Delta x \to 0} \frac{\sqrt{(\Delta_x u)^2 + (\Delta_x v)^2}}{\Delta x} \\ &= \lim_{\rho \to 0} \frac{o(\rho)}{\rho} \cdot \lim_{\Delta x \to 0} \sqrt{\left(\frac{\Delta_x u}{\Delta x}\right)^2 + \left(\frac{\Delta_x v}{\Delta x}\right)^2} \\ &= 0 \cdot \sqrt{\left(\frac{\partial u}{\partial x}\right)^2 + \left(\frac{\partial v}{\partial x}\right)^2} = 0.\end{aligned}$$

故当 $\Delta x \to 0$ 时，(8.12) 式右端的极限存在，于是

$$\frac{\partial z}{\partial x} = \lim_{\Delta x \to 0} \frac{\Delta_x z}{\Delta x} = \frac{\partial z}{\partial u} \frac{\partial u}{\partial x} + \frac{\partial z}{\partial v} \frac{\partial v}{\partial x}.$$

同理，可得

$$\frac{\partial z}{\partial y} = \frac{\partial z}{\partial u} \frac{\partial u}{\partial y} + \frac{\partial z}{\partial v} \frac{\partial v}{\partial y}.$$

由连续函数的积与和的连续性可知，$\frac{\partial z}{\partial x}, \frac{\partial z}{\partial y}$ 是连续的.

定理 1 的结论可推广到以下几种情形：

(1) 设函数 $z = f(u, v, x, y), u = u(x, y), v = v(x, y)$，则

$$\frac{\partial z}{\partial x} = \frac{\partial f}{\partial u} \frac{\partial u}{\partial x} + \frac{\partial f}{\partial v} \frac{\partial v}{\partial x} + \frac{\partial f}{\partial x},$$

$$\frac{\partial z}{\partial y} = \frac{\partial f}{\partial u} \frac{\partial u}{\partial y} + \frac{\partial f}{\partial v} \frac{\partial v}{\partial y} + \frac{\partial f}{\partial y}.$$

注意：这里的 $\frac{\partial z}{\partial x}$ 与 $\frac{\partial f}{\partial x}$ 含义不同，$\frac{\partial z}{\partial x}$ 是将函数 $f(u, v, x, y) = f(u(x, y), v(x, y), x, y)$ 中的 y 看成常数而对 x 的偏导数；$\frac{\partial f}{\partial x}$ 是将函数 $z = f(u, v, x, y)$ 中的 u, v 及 y 看成常数而仅对 x 的偏导数. $\frac{\partial z}{\partial y}$ 与 $\frac{\partial f}{\partial y}$ 也有类似的区别.

(2) 设函数 $z = f(u, x, y), u = u(x, y)$，则

$$\frac{\partial z}{\partial x} = \frac{\partial f}{\partial u} \frac{\partial u}{\partial x} + \frac{\partial f}{\partial x}, \quad \frac{\partial z}{\partial y} = \frac{\partial f}{\partial u} \frac{\partial u}{\partial y} + \frac{\partial f}{\partial y}.$$

(3) 设函数 $z = f(u, v), u = u(x), v = v(x)$，则

$$\frac{\mathrm{d}z}{\mathrm{d}x} = \frac{\partial z}{\partial u} \frac{\mathrm{d}u}{\mathrm{d}x} + \frac{\partial z}{\partial v} \frac{\mathrm{d}v}{\mathrm{d}x}.$$

上式中的 $\frac{\mathrm{d}z}{\mathrm{d}x}$ 称为 z 对 x 的**全导数**.

(4) 设函数 $z = f(x, y), y = y(x)$，则

$$\frac{\mathrm{d}z}{\mathrm{d}x} = \frac{\partial f}{\partial x} + \frac{\partial f}{\partial y} \frac{\mathrm{d}y}{\mathrm{d}x}.$$

例 1 已知函数 $z=f(u,v)=uv, u=x\cos y, v=x\sin y$，求 $\frac{\partial z}{\partial x},\frac{\partial z}{\partial y}$.

解 由(8.10)式得

$$\begin{aligned}\frac{\partial z}{\partial x}&=v\cos y+u\sin y=x\sin y\cos y+x\cos y\sin y\\&=2x\sin y\cos y=x\sin 2y,\\\frac{\partial z}{\partial y}&=v(-x\sin y)+ux\cos y=x\sin y(-x\sin y)+x\cos y\cdot x\cos y\\&=x^2(\cos^2 y-\sin^2 y)=x^2\cos 2y.\end{aligned}$$

例 2 已知函数 $z=f(u,v)=uv, u=\mathrm{e}^{2x}, v=\sin x$，求 $\frac{\mathrm{d}z}{\mathrm{d}x}$.

解 $$\begin{aligned}\frac{\mathrm{d}z}{\mathrm{d}x}&=v\frac{\mathrm{d}u}{\mathrm{d}x}+u\frac{\mathrm{d}v}{\mathrm{d}x}=v\cdot 2\mathrm{e}^{2x}+u\cos x=2\mathrm{e}^{2x}\sin x+\mathrm{e}^{2x}\cos x\\&=\mathrm{e}^{2x}(2\sin x+\cos x).\end{aligned}$$

例 3 已知函数 $u=f(x,y)$ 的所有二阶偏导数都连续，试将下述表达式转换为对极坐标求偏导数的形式：

(1) $\left(\frac{\partial u}{\partial x}\right)^2+\left(\frac{\partial u}{\partial y}\right)^2$；　　(2) $\frac{\partial^2 u}{\partial x^2}+\frac{\partial^2 u}{\partial y^2}$.

解 (1) 由直角坐标和极坐标间的关系式

$$x=r\cos\theta,\quad y=r\sin\theta,\quad r=\sqrt{x^2+y^2},\quad \theta=\arctan\frac{y}{x},$$

可将函数 $u=f(x,y)$ 化为极坐标形式

$$u=f(x,y)=f(r\cos\theta,r\sin\theta)\triangleq F(r,\theta).$$

因为 $u=F(r,\theta)=F\left(\sqrt{x^2+y^2},\arctan\frac{y}{x}\right)$，所以应用多元复合函数求导法则，有

$$\frac{\partial u}{\partial x}=\frac{\partial u}{\partial r}\frac{\partial r}{\partial x}+\frac{\partial u}{\partial \theta}\frac{\partial \theta}{\partial x}=\frac{\partial u}{\partial r}\frac{x}{r}-\frac{\partial u}{\partial \theta}\frac{y}{r^2}=\frac{\partial u}{\partial r}\cos\theta-\frac{\partial u}{\partial \theta}\frac{\sin\theta}{r},$$

$$\frac{\partial u}{\partial y}=\frac{\partial u}{\partial r}\frac{\partial r}{\partial y}+\frac{\partial u}{\partial \theta}\frac{\partial \theta}{\partial y}=\frac{\partial u}{\partial r}\frac{y}{r}+\frac{\partial u}{\partial \theta}\frac{x}{r^2}=\frac{\partial u}{\partial r}\sin\theta+\frac{\partial u}{\partial \theta}\frac{\cos\theta}{r}.$$

将上面两式平方后相加，有

$$\left(\frac{\partial u}{\partial x}\right)^2+\left(\frac{\partial u}{\partial y}\right)^2=\left(\frac{\partial u}{\partial r}\right)^2+\frac{1}{r^2}\left(\frac{\partial u}{\partial \theta}\right)^2.$$

(2) 求二阶偏导数，有

$$\begin{aligned}\frac{\partial^2 u}{\partial x^2}&=\frac{\partial}{\partial r}\left(\frac{\partial u}{\partial x}\right)\frac{\partial r}{\partial x}+\frac{\partial}{\partial \theta}\left(\frac{\partial u}{\partial x}\right)\frac{\partial \theta}{\partial x}\\&=\frac{\partial}{\partial r}\left(\frac{\partial u}{\partial r}\cos\theta-\frac{\partial u}{\partial \theta}\frac{\sin\theta}{r}\right)\cos\theta-\frac{\partial}{\partial \theta}\left(\frac{\partial u}{\partial r}\cos\theta-\frac{\partial u}{\partial \theta}\frac{\sin\theta}{r}\right)\frac{\sin\theta}{r}\\&=\frac{\partial^2 u}{\partial r^2}\cos^2\theta-2\frac{\partial^2 u}{\partial r\partial \theta}\frac{\sin\theta\cos\theta}{r}+\frac{\partial^2 u}{\partial \theta^2}\frac{\sin^2\theta}{r^2}+\frac{\partial u}{\partial \theta}\frac{2\sin\theta\cos\theta}{r^2}+\frac{\partial u}{\partial r}\frac{\sin^2\theta}{r}.\end{aligned}$$

同理，可得

$$\frac{\partial^2 u}{\partial y^2}=\frac{\partial^2 u}{\partial r^2}\sin^2\theta+2\frac{\partial^2 u}{\partial r\partial \theta}\frac{\sin\theta\cos\theta}{r}+\frac{\partial^2 u}{\partial \theta^2}\frac{\cos^2\theta}{r^2}-\frac{\partial u}{\partial \theta}\frac{2\sin\theta\cos\theta}{r^2}+\frac{\partial u}{\partial r}\frac{\cos^2\theta}{r}.$$

将上面两式相加，有

$$\frac{\partial^2 u}{\partial x^2}+\frac{\partial^2 u}{\partial y^2}=\frac{\partial^2 u}{\partial r^2}+\frac{1}{r}\frac{\partial u}{\partial r}+\frac{1}{r^2}\frac{\partial^2 u}{\partial \theta^2}.$$

二、隐函数的求导公式

对于由方程 $F(x,y)=0$ 所确定的函数 $y=f(x)$，求导方法有两种：一种是对于能解出 $y=f(x)$ 的函数，按照显函数求导方法来求导数；另一种是方程 $F(x,y)=0$ 两端对 x 求导数，最后解出 y'.

现研究用另一种方法，即利用多元复合函数的求导法则来求隐函数的求导.

定理 2（隐函数存在定理） 设函数 $F(x,y)$ 在点 $P_0(x_0,y_0)$ 的某个邻域内连续，且有连续偏导数 $F'_x(x,y),F'_y(x,y)$，并设 $F(x_0,y_0)=0,F'_y(x_0,y_0)\neq 0$，则方程 $F(x,y)=0$ 在点 P_0 的某个邻域内能唯一确定一个具有连续导数的隐函数 $y=f(x)$，使得 $y_0=f(x_0)$，且有

$$\frac{\mathrm{d}y}{\mathrm{d}x}=-\frac{F'_x(x,y)}{F'_y(x,y)}. \tag{8.13}$$

证明从略.

定理 3 设函数 $F(x,y,z)$ 在点 $P_0(x_0,y_0,z_0)$ 的某个邻域内具有连续偏导数，且 $F(x_0,y_0,z_0)=0,F'_z(x_0,y_0,z_0)\neq 0$，则方程 $F(x,y,z)=0$ 在点 P_0 的某个邻域内能唯一确定一个具有连续偏导数的隐函数 $z=f(x,y)$，使得 $z_0=f(x_0,y_0)$，且有

$$\frac{\partial z}{\partial x}=-\frac{F'_x(x,y,z)}{F'_z(x,y,z)},\quad \frac{\partial z}{\partial y}=-\frac{F'_y(x,y,z)}{F'_z(x,y,z)}. \tag{8.14}$$

证明从略，这里仅对公式(8.14)做如下推导：

由条件知，函数 $z=f(x,y)$ 满足 $F(x,y,f(x,y))\equiv 0$. 对此恒等式两端求偏导数，其中把 x,y 当成自变量，$z=f(x,y)$ 当成中间变量，$u=F(x,y,z)$ 当成因变量，则有

$$\frac{\partial u}{\partial x}=\frac{\partial F}{\partial z}\frac{\partial z}{\partial x}+\frac{\partial F}{\partial x}=0,\quad \frac{\partial u}{\partial y}=\frac{\partial F}{\partial z}\frac{\partial z}{\partial y}+\frac{\partial F}{\partial y}=0.$$

因为 $F'_z(x_0,y_0,z_0)\neq 0$ 且 $F'_z(x,y,z)$ 在 $P_0(x_0,y_0,z_0)$ 的某个邻域内连续，所以存在 $P_0(x_0,y_0,z_0)$ 的某个邻域，使得在该邻域内有

$$\frac{\partial F}{\partial z}=F'_z(x,y,z)\neq 0.$$

因此

$$\frac{\partial z}{\partial x}=-\frac{F'_x(x,y,z)}{F'_z(x,y,z)},\quad \frac{\partial z}{\partial y}=-\frac{F'_y(x,y,z)}{F'_z(x,y,z)}.$$

例 4 已知 $y=\arcsin(x+y)$，求$\dfrac{\mathrm{d}y}{\mathrm{d}x}$.

解 令 $F(x,y)=y-\arcsin(x+y)$，则

$$F'_x(x,y)=0-\frac{1}{\sqrt{1-(x+y)^2}}=-\frac{1}{\sqrt{1-(x+y)^2}},$$

$$F'_y(x,y)=1-\frac{1}{\sqrt{1-(x+y)^2}}.$$

因此，由定理 2 有

$$\frac{\mathrm{d}y}{\mathrm{d}x}=-\frac{F'_x(x,y)}{F'_y(x,y)}=-\frac{-\dfrac{1}{\sqrt{1-(x+y)^2}}}{1-\dfrac{1}{\sqrt{1-(x+y)^2}}}=\frac{1}{\sqrt{1-(x+y)^2}-1}.$$

例 5 已知 $x^2+\dfrac{y^2}{4}+\dfrac{z^2}{9}=1$，求$\dfrac{\partial z}{\partial x},\dfrac{\partial z}{\partial y}$.

解 令 $F(x,y,z)=x^2+\dfrac{y^2}{4}+\dfrac{z^2}{9}-1$，则

$$F'_x(x,y,z)=2x,\quad F'_y(x,y,z)=\frac{y}{2},\quad F'_z(x,y,z)=\frac{2z}{9}.$$

因此，由定理 3 有

$$\frac{\partial z}{\partial x}=-\frac{F'_x(x,y,z)}{F'_z(x,y,z)}=-\frac{2x}{\dfrac{2z}{9}}=-\frac{9x}{z},\quad \frac{\partial z}{\partial y}=-\frac{F'_y(x,y,z)}{F'_z(x,y,z)}=-\frac{\dfrac{y}{2}}{\dfrac{2z}{9}}=-\frac{9y}{4z}.$$

§8.5 偏导数的几何应用

微课视频

一、空间曲线的切线和法平面

设空间曲线 Γ 的参数方程为 $x=\varphi(t),y=\psi(t),z=\omega(t)$，且 $\varphi(t),\psi(t),\omega(t)$ 这三个函数均可导.

在曲线 Γ 上取对应于 $t=t_0$ 的点 $M_0(x_0,y_0,z_0)$ 和对应于 $t=t_0+\Delta t$ 的邻近点 $M_1(x_0+\Delta x,y_0+\Delta y,z_0+\Delta z)$. 据解析几何知识可知，曲线的割线 M_0M_1 的方程为

$$\frac{x-x_0}{\Delta x}=\frac{y-y_0}{\Delta y}=\frac{z-z_0}{\Delta z}. \tag{8.15}$$

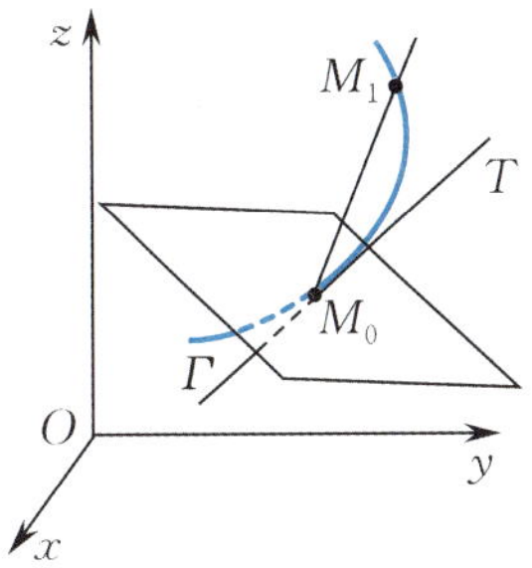

图 8.4

定义 1 如图 8.4 所示，当点 M_1 沿曲线 Γ 趋近于点 M_0 时，割

动画视频

线 M_0M_1 的极限位置 M_0T 称为曲线 Γ 在点 M_0 处的**切线**.

若用 Δt 除(8.15)式的各分母,则有

$$\frac{x-x_0}{\frac{\Delta x}{\Delta t}}=\frac{y-y_0}{\frac{\Delta y}{\Delta t}}=\frac{z-z_0}{\frac{\Delta z}{\Delta t}}.$$

再令 $M_1\to M_0$（这时有 $\Delta t\to 0$）,则曲线 Γ 在点 M_0 处的切线方程为

$$\frac{x-x_0}{\varphi'(t_0)}=\frac{y-y_0}{\psi'(t_0)}=\frac{z-z_0}{\omega'(t_0)}. \tag{8.16}$$

说明　(8.16)式中的分母不能同时为 0,若个别为 0,则按空间解析几何中直线的点向式方程来处理.

定义 2　如图 8.4 所示,过曲线 Γ 上某一点 M_0 且与该点处切线垂直的平面称为曲线 Γ 在点 M_0 处的**法平面**.

利用空间解析几何知识可知,上述曲线 Γ 在点 M_0 处的法平面方程为

$$\varphi'(t_0)(x-x_0)+\psi'(t_0)(y-y_0)+\omega'(t_0)(z-z_0)=0. \tag{8.17}$$

例 1　求曲线 $\Gamma: x=t, y=t^2, z=t^3$ 在点 $M_0(1,1,1)$ 处的切线方程和法平面方程.

解　因为 $x'=1, y'=2t, z'=3t^2$,点 M_0 对应参数 $t=1$,所以

$$x'\Big|_{M_0}=1,\quad y'\Big|_{M_0}=2,\quad z'\Big|_{M_0}=3.$$

这时,所求切线方程为

$$\frac{x-1}{1}=\frac{y-1}{2}=\frac{z-1}{3},$$

所求法平面方程为

$$(x-1)+2(y-1)+3(z-1)=0,$$

即

$$x+2y+3z-6=0.$$

二、空间曲面的切平面和法线

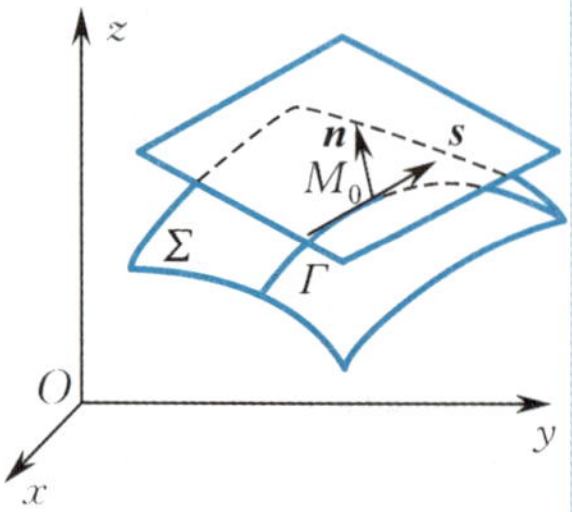

图 8.5

已知空间曲面 Σ 由方程 $F(x,y,z)=0$ 给出(见图 8.5),$M_0(x_0,y_0,z_0)$ 是曲面 Σ 上的一点.设函数 $F(x,y,z)$ 的三个偏导数在点 M_0 处均连续,且不同时为 0.在曲面 Σ 上过点 M_0 引任意一条曲线 Γ,设曲线 Γ 的参数方程为 $x=\varphi(t), y=\psi(t), z=\omega(t)$,$t=t_0$ 对应于点 M_0,且这三个函数的导数不全是 0,则曲线 Γ 在点 M_0 处的切线方程为

$$\frac{x-x_0}{\varphi'(t_0)}=\frac{y-y_0}{\psi'(t_0)}=\frac{z-z_0}{\omega'(t_0)}.$$

下面证明：曲面 Σ 上过点 M_0 的任何曲线的切线均在同一平面上.

事实上，因为曲线 Γ 在曲面 Σ 上，所以有

$$F(\varphi(t),\psi(t),\omega(t))\equiv 0.$$

又因为函数 $F(x,y,z)$ 在点 M_0 处有连续的偏导数，且 $\varphi'(t_0)$，$\psi'(t_0)$，$\omega'(t_0)$ 存在，所以上式左边的复合函数 $F(\varphi(t),\psi(t),\omega(t))$ 在 $t=t_0$ 时有全导数$\frac{\mathrm{d}F}{\mathrm{d}t}$. 于是$\left.\frac{\mathrm{d}F}{\mathrm{d}t}\right|_{t=t_0}=0$，即

$$F'_x(x_0,y_0,z_0)\varphi'(t_0)+F'_y(x_0,y_0,z_0)\psi'(t_0)+F'_z(x_0,y_0,z_0)\omega'(t_0)=0.$$

上式表明，向量 $\boldsymbol{n}=(F'_x(x_0,y_0,z_0),F'_y(x_0,y_0,z_0),F'_z(x_0,y_0,z_0))$ 与曲线 Γ 的切线的方向向量 $\boldsymbol{s}=(\varphi'(t_0),\psi'(t_0),\omega'(t_0))$ 垂直. 因为曲线 Γ 是曲面 Σ 上过点 M_0 的任意一条曲线，其在点 M_0 处的切线的方向向量均和同一向量 $\boldsymbol{n}$ 垂直，所以曲面 Σ 上过点 M_0 的任何曲线的切线均在同一平面上.

定义 3　上述曲面 Σ 上过点 M_0 的任意曲线在点 M_0 处的切线所在的平面称为曲面 Σ 在点 M_0 处的**切平面**.

上述曲面 Σ 在点 M_0 处的切平面方程是

$$F'_x(x_0,y_0,z_0)(x-x_0)+F'_y(x_0,y_0,z_0)(y-y_0)+F'_z(x_0,y_0,z_0)(z-z_0)=0.\tag{8.18}$$

定义 4　过点 M_0 且垂直于切平面(8.18)的直线称为曲面 Σ 在点 M_0 处的**法线**.

上述曲面 Σ 在点 M_0 处的法线方程是

$$\frac{x-x_0}{F'_x(x_0,y_0,z_0)}=\frac{y-y_0}{F'_y(x_0,y_0,z_0)}=\frac{z-z_0}{F'_z(x_0,y_0,z_0)}.\tag{8.19}$$

现来研究空间曲面 $\Sigma_1: z=f(x,y)$ 的切平面方程和法线方程.

令 $F(x,y,z)=f(x,y)-z$，则

$$F'_x(x,y,z)=f'_x(x,y),$$
$$F'_y(x,y,z)=f'_y(x,y),$$
$$F'_z(x,y,z)=-1.$$

因此，当函数 $f(x,y)$ 的偏导数 $f'_x(x,y)$，$f'_y(x,y)$ 在点 (x_0,y_0) 处连续时，曲面 Σ_1 在点 $M_0(x_0,y_0,z_0)$ 处的切平面方程是

$$z-z_0=f'_x(x_0,y_0)(x-x_0)+f'_y(x_0,y_0)(y-y_0),$$

法线方程是

$$\frac{x-x_0}{f'_x(x_0,y_0)}=\frac{y-y_0}{f'_y(x_0,y_0)}=\frac{z-z_0}{-1}.$$

例 2 求椭圆球面 $x^2+\frac{y^2}{4}+\frac{z^2}{9}=1$ 在点 $M_0(1,2,3)$ 处的切平面方程和法线方程.

解 令 $F(x,y,z)=x^2+\frac{y^2}{4}+\frac{z^2}{9}-1$,则

$$F'_x(x,y,z)=2x,\quad F'_y(x,y,z)=\frac{y}{2},\quad F'_z(x,y,z)=\frac{2z}{9},$$

故

$$F'_x(1,2,3)=2,\quad F'_y(1,2,3)=1,\quad F'_z(1,2,3)=\frac{2}{3}.$$

因此,该椭圆球面在点 M_0 处的切平面方程是

$$2(x-1)+(y-2)+\frac{2}{3}(z-3)=0,$$

即

$$2x+y+\frac{2}{3}z=6,$$

法线方程是

$$\frac{x-1}{2}=\frac{y-2}{1}=\frac{z-3}{\frac{2}{3}}.$$

例 3 求曲面 $z=x^2+y^2-1$ 在点 $M_0(1,2,3)$ 处的切平面方程和法线方程.

解 令 $f(x,y)=x^2+y^2-1$,则

$$f'_x(x,y)=2x,\quad f'_y(x,y)=2y,\quad f'_x(1,2)=2,\quad f'_y(1,2)=4.$$

故该曲面在点 M_0 处的切平面方程是

$$2(x-1)+4(y-2)-(z-3)=0,$$

即

$$2x+4y-z=7,$$

法线方程是

$$\frac{x-1}{2}=\frac{y-2}{4}=\frac{z-3}{-1}.$$

§ 8.6 方向导数和梯度

微课视频

一、方向导数

现来研究函数 $u=f(x,y,z)$ 在某一点 $M_1(x,y,z)$ 处沿任何方向的变化率问题.

定义 1　已知函数 $u=f(x,y,z)$ 在点 $M_1(x,y,z)$ 的某个邻域内有定义，从点 M_1 处引一条有向直线 $\boldsymbol{l}$. 设 α,β,γ 是 $\boldsymbol{l}$ 的方向角，$M_2(x+\Delta x,y+\Delta y,z+\Delta z)$ 为 $\boldsymbol{l}$ 上的另一点，若当点 M_2 沿着 $\boldsymbol{l}$ 趋近于点 M_1 时，函数 $u=f(x,y,z)$ 的改变量

$$\Delta u=f(x+\Delta x,y+\Delta y,z+\Delta z)-f(x,y,z)$$

和

$$\rho=|M_1M_2|=\sqrt{(\Delta x)^2+(\Delta y)^2+(\Delta z)^2}$$

的比值 $\dfrac{\Delta u}{\rho}$ 的极限存在，则称此极限值为函数 $u=f(x,y,z)$ 在点 M_1 处沿着方向 $\boldsymbol{l}$ 的**方向导数**，记作 $\dfrac{\partial f}{\partial \boldsymbol{l}}$，即

$$\frac{\partial f}{\partial \boldsymbol{l}}=\lim_{\rho\to 0}\frac{\Delta u}{\rho}=\lim_{\rho\to 0}\frac{f(x+\Delta x,y+\Delta y,z+\Delta z)-f(x,y,z)}{\rho}.$$

关于方向导数的存在性及计算有下面的定理.

定理 1　若函数 $u=f(x,y,z)$ 在点 $M_1(x,y,z)$ 处可微，则函数 $u=f(x,y,z)$ 在该点处沿任一方向 $\boldsymbol{l}$ 的方向导数均存在，且

$$\frac{\partial f}{\partial \boldsymbol{l}}=\frac{\partial f}{\partial x}\cos\alpha+\frac{\partial f}{\partial y}\cos\beta+\frac{\partial f}{\partial z}\cos\gamma, \tag{8.20}$$

其中 α,β,γ 是 $\boldsymbol{l}$ 的方向角.

证　由函数 $u=f(x,y,z)$ 在点 $M_1(x,y,z)$ 处可微的假定，得函数 $u=f(x,y,z)$ 的改变量为

$$\begin{aligned}\Delta u&=f(x+\Delta x,y+\Delta y,z+\Delta z)-f(x,y,z)\\&=\frac{\partial f}{\partial x}\Delta x+\frac{\partial f}{\partial y}\Delta y+\frac{\partial f}{\partial z}\Delta z+o(\rho).\end{aligned}$$

于是

$$\frac{\Delta u}{\rho}=\frac{\partial f}{\partial x}\frac{\Delta x}{\rho}+\frac{\partial f}{\partial y}\frac{\Delta y}{\rho}+\frac{\partial f}{\partial z}\frac{\Delta z}{\rho}+\frac{o(\rho)}{\rho}.$$

因为

$$\frac{\Delta x}{\rho}=\cos\alpha,\quad \frac{\Delta y}{\rho}=\cos\beta,\quad \frac{\Delta z}{\rho}=\cos\gamma,$$

所以令 $\rho\to 0$，有

$$\begin{aligned}\lim_{\rho\to 0}\frac{\Delta u}{\rho}&=\lim_{\rho\to 0}\frac{f(x+\Delta x,y+\Delta y,z+\Delta z)-f(x,y,z)}{\rho}\\&=\frac{\partial f}{\partial x}\cos\alpha+\frac{\partial f}{\partial y}\cos\beta+\frac{\partial f}{\partial z}\cos\gamma.\end{aligned}$$

二元函数 $z=f(x,y)$ 在点 $M_1(x,y)$ 处沿任给方向 $\boldsymbol{l}$ 的方向导数可看作上述情形的特例.

定理 2　函数 $z=f(x,y)$ 在点 $M_1(x,y)$ 处沿方向 $\boldsymbol{l}$(设 $\boldsymbol{l}$ 的方向角是 α,β) 的方向导数是

$$\frac{\partial f}{\partial \boldsymbol{l}}=\lim_{\rho\to 0}\frac{f(x+\Delta x,y+\Delta y)-f(x,y)}{\rho}=\frac{\partial f}{\partial x}\cos\alpha+\frac{\partial f}{\partial y}\cos\beta,\tag{8.21}$$

其中

$$\rho=\sqrt{(\Delta x)^2+(\Delta y)^2},\quad \frac{\Delta x}{\rho}=\cos\alpha,\quad \frac{\Delta y}{\rho}=\cos\beta.$$

定理 2 的证明与定理 1 类似.

例 1 已知由原点 O 到点 $M(x,y)$ 的向径 $\boldsymbol{r}$ 与 x 轴正向的夹角为 θ，有向直线 $\boldsymbol{l}$ 和 x 轴正向的夹角为 α，$r=|\boldsymbol{r}|=\sqrt{x^2+y^2}$，求 $\frac{\partial r}{\partial \boldsymbol{l}}$.

解 由于

$$\frac{\partial r}{\partial x}=\frac{x}{\sqrt{x^2+y^2}}=\frac{x}{r}=\cos\theta,\quad \frac{\partial r}{\partial y}=\frac{y}{\sqrt{x^2+y^2}}=\frac{y}{r}=\sin\theta,$$

因此

$$\frac{\partial r}{\partial \boldsymbol{l}}=\cos\theta\cos\alpha+\sin\theta\sin\alpha=\cos(\theta-\alpha).$$

说明 由例 1 可知，当 $\alpha=\theta$ 时，$\frac{\partial r}{\partial \boldsymbol{l}}=1$，即沿着向径本身方向的方向导数是 1；当 $\alpha=\theta\pm\frac{\pi}{2}$ 时，$\frac{\partial r}{\partial \boldsymbol{l}}=0$，即沿着与向径垂直方向的方向导数为 0.

二、梯度

定义 2 已知函数 $u=f(x,y,z)$ 在空间区域 Ω 有一阶连续偏导数，则对区域 Ω 中的每一点 $M(x,y,z)$，可定出一个向量 $\frac{\partial f}{\partial x}\boldsymbol{i}+\frac{\partial f}{\partial y}\boldsymbol{j}+\frac{\partial f}{\partial z}\boldsymbol{k}$，称之为函数 $u=f(x,y,z)$ 在点 M 处的**梯度**，记作 $\mathbf{grad}\, f(x,y,z)$，即

$$\mathbf{grad}\, f(x,y,z)=\frac{\partial f}{\partial x}\boldsymbol{i}+\frac{\partial f}{\partial y}\boldsymbol{j}+\frac{\partial f}{\partial z}\boldsymbol{k}.$$

梯度的模是

$$|\mathbf{grad}\, f(x,y,z)|=\sqrt{\left(\frac{\partial f}{\partial x}\right)^2+\left(\frac{\partial f}{\partial y}\right)^2+\left(\frac{\partial f}{\partial z}\right)^2}.$$

设 $\boldsymbol{e}=\cos\alpha\boldsymbol{i}+\cos\beta\boldsymbol{j}+\cos\gamma\boldsymbol{k}$ 是方向 $\boldsymbol{l}$ 上的单位向量，则

$$\begin{aligned}\frac{\partial f}{\partial \boldsymbol{l}}&=\frac{\partial f}{\partial x}\cos\alpha+\frac{\partial f}{\partial y}\cos\beta+\frac{\partial f}{\partial z}\cos\gamma\\&=\left(\frac{\partial f}{\partial x},\frac{\partial f}{\partial y},\frac{\partial f}{\partial z}\right)\cdot(\cos\alpha,\cos\beta,\cos\gamma)\end{aligned}$$

$$= \mathbf{grad}\, f(x,y,z) \cdot \boldsymbol{e}$$
$$= |\mathbf{grad}\, f(x,y,z)| \cos(\mathbf{grad}\, f(x,y,z), \boldsymbol{e}),$$

其中$(\mathbf{grad}\, f(x,y,z), \boldsymbol{e})$为向量$\mathbf{grad}\, f(x,y,z)$与$\boldsymbol{e}$的夹角. 由此可见,当方向$\boldsymbol{l}$与梯度方向一致时,有$\cos(\mathbf{grad}\, f(x,y,z), \boldsymbol{e}) = 1$,此时$\frac{\partial f}{\partial \boldsymbol{l}}$有最大值. 于是,可得如下结果:

函数$f(x,y,z)$在某点的梯度是这样一个向量,其方向与取得最大方向导数时的方向一致,而它的模为方向导数的最大值.

通常称曲面$f(x,y,z) = C$(C为常数)为函数$u = f(x,y,z)$的**等量面**. 由上面的讨论可知,函数$u = f(x,y,z)$在点$M(x,y,z)$处的梯度方向与过点M的等量面$f(x,y,z) = C$在该点处的法线方向相同,且从数值较低的等量面指向数值较高的等量面,而梯度的模等于函数$u = f(x,y,z)$沿此法线方向的方向导数.

一般来说,二元函数$z = f(x,y)$在几何上表示一个曲面Σ,则曲面Σ被平面$z = C$(C为常数)所截得的曲线L_1的方程为$\begin{cases} z = f(x,y), \\ z = C, \end{cases}$且曲线$L_1$在$xOy$面上的投影为一条平面曲线$L_2$,它在$xOy$平面直角坐标系中的方程为$f(x,y) = C$,即对于$L_2$上的一切点,函数$z = f(x,y)$的函数值都是$C$.

我们称曲线L_2为函数$z = f(x,y)$的**等高线**. 同样地,函数$z = f(x,y)$在点$M(x,y)$处的梯度方向与过点M的等高线$f(x,y) = C$在该点处的法线方向相同,且从数值较低的等高线指向数值较高的等高线,而梯度的模等于函数$z = f(x,y)$沿此法线方向的方向导数.

例 2 已知函数$f(x,y,z) = x^2 + \frac{y^2}{4} + \frac{z^2}{9}$,求$\mathbf{grad}\, f(1,2,3)$.

解 因为

$$f'_x(x,y,z) = 2x, \quad f'_y(x,y,z) = \frac{y}{2}, \quad f'_z(x,y,z) = \frac{2z}{9},$$

则在点$M(1,2,3)$处,有

$$f'_x(1,2,3) = 2, \quad f'_y(1,2,3) = 1, \quad f'_z(1,2,3) = \frac{6}{9} = \frac{2}{3},$$

所以

$$\mathbf{grad}\, f(1,2,3) = 2\boldsymbol{i} + \boldsymbol{j} + \frac{2}{3}\boldsymbol{k}.$$

例 3 已知函数$f(x,y) = x^2 + y^2$,求$\mathbf{grad}\, f(x,y)$.

解 因为

$$\frac{\partial f}{\partial x}=2x,\quad \frac{\partial f}{\partial y}=2y,$$

所以

$$\mathbf{grad}\, f(x,y)=2x\boldsymbol{i}+2y\boldsymbol{j}.$$

§8.7 多元函数的极值和最值

微课视频

一、多元函数的极值

讨论多元函数的极值问题是偏导数的另一应用. 下面我们着重讨论二元函数的情形.

定义 1　设函数 $f(x,y)$ 在平面区域 D 内有定义，$M_0(x_0,y_0)\in D$. 若存在点 M_0 的某个邻域，使得对于此邻域内异于 M_0 的任一点 (x,y)，恒有

$$f(x_0,y_0)>f(x,y),$$

则称 $f(x_0,y_0)$ 是函数 $f(x,y)$ 的一个**极大值**，并称点 M_0 为**极大值点**；若恒有

$$f(x_0,y_0)<f(x,y),$$

则称 $f(x_0,y_0)$ 是函数 $f(x,y)$ 的一个**极小值**，并称点 M_0 为**极小值点**.

极大值和极小值统称为**极值**，极大值点和极小值点统称为**极值点**.

例 1　函数 $z=4x^2+5y^2$ 在点 $O(0,0)$ 处取极小值，点 O 为极小值点.

例 2　函数 $z=-\sqrt{x^2+y^2}$ 在点 $O(0,0)$ 处取极大值，点 O 为极大值点.

例 3　函数 $z=xy$ 在点 $O(0,0)$ 处不取极值，点 O 不是极值点.

定理 1（必要条件）　若函数 $z=f(x,y)$ 在点 $M_0(x_0,y_0)$ 处具有偏导数，且在点 (x_0,y_0) 处有极值，则有

$$f'_x(x_0,y_0)=0,\quad f'_y(x_0,y_0)=0.$$

证　以极大值为例来证明. 设 $f(x_0,y_0)$ 为极大值，则存在点 M_0 的一个邻域，使得对此邻域内异于 M_0 的任一点 (x,y)，都有

$$f(x,y)<f(x_0,y_0).$$

取 $y=y_0$，$x\neq x_0$ 的点，则有 $f(x,y_0)<f(x_0,y_0)$. 若把 $f(x,y_0)$

看成 x 的一元函数,则其在 $x=x_0$ 处有极大值,故在此点处的一阶导数为 0,即 $f'_x(x_0,y_0)=0$.

类似地,可证得 $f'_y(x_0,y_0)=0$. 证毕.

函数 $z=f(x,y)$ 的极值的几何意义是:曲面 $z=f(x,y)$ 在极值点 $M_0(x_0,y_0)$ 处有平行于 xOy 面的切平面,其方程是

$$\begin{aligned} z-z_0 &= f'_x(x_0,y_0)(x-x_0)+f'_y(x_0,y_0)(y-y_0) \\ &= 0+0=0, \end{aligned}$$

即 $z=z_0$ 是该曲面在点 M_0 处的切平面.

定义 2　使得 $f'_x(x_0,y_0)=0$, $f'_y(x_0,y_0)=0$ 的点 $M_0(x_0,y_0)$,称为函数 $z=f(x,y)$ 的**驻点**.

说明　(1) 若二元函数在极值点处的两个一阶偏导数存在,则此点必是驻点;

(2) 驻点不一定是极值点;

(3) 极值点也不一定是驻点,它还可能是一阶偏导数不存在的点.

例 4　求函数 $z=f(x,y)=\sqrt{1-\dfrac{x^2}{4}-\dfrac{y^2}{9}}$ 的极值.

解　令

$$z'_x=\frac{-\dfrac{x}{2}}{2\sqrt{1-\dfrac{x^2}{4}-\dfrac{y^2}{9}}}=\frac{-x}{4\sqrt{1-\dfrac{x^2}{4}-\dfrac{y^2}{9}}}=0,$$

$$z'_y=\frac{-\dfrac{2y}{9}}{2\sqrt{1-\dfrac{x^2}{4}-\dfrac{y^2}{9}}}=\frac{-y}{9\sqrt{1-\dfrac{x^2}{4}-\dfrac{y^2}{9}}}=0,$$

联立上面两式,求得驻点 $x_0=0$, $y_0=0$,这时 $f(0,0)=1$.

因为对点 $O(0,0)$ 的某个邻域内异于点 O 的任一点 $M(x,y)$,恒有 $z<1$,即 $f(x,y)<f(0,0)$,所以 $f(0,0)=1$ 是函数 $z=f(x,y)$ 的极大值,点 O 为极大值点.

例 5　求函数 $f(x,y)=x^2-y^2$ 的极值.

解　令

$$f'_x(x,y)=2x=0,\quad f'_y(x,y)=-2y=0,$$

联立上面两式,求得驻点 $x_0=0$, $y_0=0$,这时 $f(0,0)=0$.

而对点 $O(0,0)$ 的某个邻域内异于点 O 的任一点 $(0,y)$,恒有 $f(0,y)<0$;对点 O 的某个邻域内异于点 O 的任一点 $(x,0)$,恒有 $f(x,0)>0$,故 $f(0,0)$ 不是极值. 又知 $f(x,y)$ 无偏导数不存在的点. 所以函数 $f(x,y)$ 无极值.

说明　例 5 中的点 $O(0,0)$ 也称为鞍点.

例 6　求函数 $f(x,y)=5+\sqrt{x^2+y^2}$ 的极值.

解　已知

$$f'_x(x,y)=\frac{x}{\sqrt{x^2+y^2}},\quad f'_y(x,y)=\frac{y}{\sqrt{x^2+y^2}},$$

令它们为 0，由于在实数范围内无解，因此该函数无驻点. 而 $f'_x(0,0)$，$f'_y(0,0)$ 不存在，故点 $O(0,0)$ 是偏导数不存在的点.

因为对点 $O(0,0)$ 的某个邻域内异于点 O 的任一点 $M(x,y)$，恒有

$$f(x,y)=5+\sqrt{x^2+y^2}>5,$$

即 $f(x,y)>f(0,0)$，所以 $f(0,0)=5$ 是极小值，点 $O(0,0)$ 是极小值点.

定理 2（充分条件） 若函数 $z=f(x,y)$ 在点 $M_0(x_0,y_0)$ 的某个邻域内有连续的二阶偏导数，且 M_0 为驻点. 记

$$P=[f''_{xy}(x_0,y_0)]^2-f''_{xx}(x_0,y_0)f''_{yy}(x_0,y_0),$$

则

（1）当 $P<0$ 且 $f''_{xx}(x_0,y_0)<0$ 时，$f(x_0,y_0)$ 是极大值；

（2）当 $P<0$ 且 $f''_{xx}(x_0,y_0)>0$ 时，$f(x_0,y_0)$ 是极小值；

（3）当 $P>0$ 时，$f(x_0,y_0)$ 不是极值；

（4）当 $P=0$ 时，$f(x_0,y_0)$ 可能是极值，也可能不是极值.

证明从略.

利用定理 1 和定理 2，则具有二阶连续偏导数的函数 $f(x,y)$ 的极值求法可叙述如下：

（1）解方程组 $f'_x(x,y)=0$，$f'_y(x,y)=0$，即求驻点；

（2）对每一个驻点 $M_0(x_0,y_0)$，求 P 的值；

（3）定出 P 的符号，由定理 2 判定 $f(x_0,y_0)$ 是不是极值，以及是极大值还是极小值.

例 7 求函数 $f(x,y)=x^3-y^3+3x^2+3y^2-9x$ 的极值.

解 令 $f'_x(x,y)=3x^2+6x-9=0$，$f'_y(x,y)=-3y^2+6y=0$，联立求解，得如下驻点：

$$(1,2),\quad(-3,0),\quad(1,0),\quad(-3,2).$$

计算 $f(x,y)$ 的二阶偏导数，得

$$f''_{xx}(x,y)=6x+6,\quad f''_{xy}(x,y)=0,\quad f''_{yy}(x,y)=-6y+6,$$

故

$$\begin{aligned}P&=(f''_{xy}(x,y))^2-f''_{xx}(x,y)f''_{yy}(x,y)=0-(6x+6)(-6y+6)\\&=-36(x+1)(-y+1).\end{aligned}$$

因此，在点 $(1,2)$ 处，有 $P=72>0$，故 $f(1,2)$ 不是极值；

在点 $(-3,0)$ 处，有 $P=72>0$，故 $f(-3,0)$ 不是极值；

在点 $(1,0)$ 处，有 $P=-72<0$，$f''_{xx}(1,0)=12>0$，故 $f(1,0)=-5$ 是极小值；

在点 $(-3,2)$ 处，有 $P=-72<0$，$f''_{xx}(-3,2)=-12<0$，故 $f(-3,2)=31$ 是极大值.

二、多元函数的最值

与一元函数一样，可用求二元函数极值的方法来解决最值问题. 前面曾讲过：若函数 $f(x,y)$ 在有界闭区域 D 上连续，则函数 $f(x,y)$ 在 D 上可取得最值.

求最值的方法是：首先把函数 $f(x,y)$ 在 D 内的驻点及一阶偏导数不存在点的函数值求出，再与 D 的边界上的最值比较，即可求得函数 $f(x,y)$ 在 D 上的最值.

上述方法有时相当烦琐. 不过，在实际问题中，由所给问题往往可知函数 $f(x,y)$ 在区域 D 内有最值. 因此，在这种情况下，若函数 $f(x,y)$ 在 D 内只有一个驻点（或一阶偏导数不存在的点），则在此点处的函数值必是该函数在 D 上的最值.

例 8 在半径为 R 的半球内接一长方体，问：当边长为多少时该长方体的体积最大？

解 已知球面方程是 $x^2+y^2+z^2=R^2$，设内接长方体的长、宽、高为 $2x,2y,z$，则该长方体的体积为 $V=4xyz$. 令

$$U=V^2=16x^2y^2z^2=16x^2y^2(R^2-x^2-y^2)$$
$$=16(R^2x^2y^2-x^4y^2-x^2y^4)\quad (x>0,y>0,x^2+y^2<R^2),$$

再求出此函数 U 的两个一阶偏导数，并令它们等于 0，即

$$\begin{cases}\dfrac{\partial U}{\partial x}=16(2R^2xy^2-4x^3y^2-2xy^4)=0,\\[2ex]\dfrac{\partial U}{\partial y}=16(2R^2x^2y-2x^4y-4x^2y^3)=0,\end{cases}$$

解得驻点 $\left(\dfrac{\sqrt{3}R}{3},\dfrac{\sqrt{3}R}{3}\right)$.

因为驻点只有一个，而 V 一定有最大值，从而 U 有最大值，所以此驻点为函数 U 的最大值点，也是 V 的最大值点. 因此，当长方体的长、宽、高分别是 $\dfrac{2\sqrt{3}R}{3},\dfrac{2\sqrt{3}R}{3},\dfrac{\sqrt{3}R}{3}$ 时，V 的体积最大，最大值是

$$V_{\max}=4\cdot\frac{\sqrt{3}R}{3}\cdot\frac{\sqrt{3}R}{3}\cdot\frac{\sqrt{3}R}{3}=\frac{4\sqrt{3}R^3}{9}.$$

三、条件极值

对于上面所讨论的极值问题，除了限制函数的自变量在定义域内以外，并无其他的约束条件. 我们称此类极值问题为**无条件极值**问题. 若附加一定的约束条件，则称相应的极值问题为**条件极值**问题.

例如，例 8 原是条件极值问题，可化为求

$$U = V^2 = 16x^2y^2(R^2 - x^2 - y^2)$$
$$= 16(R^2x^2y^2 - x^4y^2 - x^2y^4)$$

的极值.这是无条件极值问题.可见,这两种极值问题不能截然分开.

下面以求目标函数 $f(x,y,z)$ 在约束条件 $g(x,y,z)=0$ 下的极值为例介绍求条件极值的常用方法——**拉格朗日乘数法**,其具体步骤如下:

(1) 作拉格朗日函数

$$F(x,y,z,\lambda) = f(x,y,z) + \lambda g(x,y,z),$$

其中 λ 称为**拉格朗日乘数**;

(2) 求 $F(x,y,z,\lambda)$ 的一阶偏导数,并令它们等于 0,即

$$\frac{\partial F}{\partial x} = f'_x(x,y,z) + \lambda g'_x(x,y,z) = 0,$$

$$\frac{\partial F}{\partial y} = f'_y(x,y,z) + \lambda g'_y(x,y,z) = 0,$$

$$\frac{\partial F}{\partial z} = f'_z(x,y,z) + \lambda g'_z(x,y,z) = 0,$$

$$\frac{\partial F}{\partial \lambda} = g(x,y,z) = 0,$$

再联立求解,得出 x,y,z(λ 可不必求),则这样得到的点(x,y,z) 就是函数 $f(x,y,z)$ 的可能极值点;

(3) 根据所给的实际问题,判定点(x,y,z) 是否为极值点.

说明 用此方法可求 n 元函数在 m 个约束条件(其中 $m<n$)下的极值.

例 9 在半径为 R 的半球内接一长方体,问:边长为多少时该长方体的体积最大?

解 由例 8 得 $U = V^2 = 16x^2y^2z^2$,作

$$F(x,y,z,\lambda) = 16x^2y^2z^2 + \lambda(x^2+y^2+z^2-R^2),$$

求出 $F(x,y,z,\lambda)$ 的一阶偏导数,并令其等于 0,即

$$\frac{\partial F}{\partial x} = 32xy^2z^2 + 2\lambda x = 2(16xy^2z^2 + \lambda x) = 0,$$

$$\frac{\partial F}{\partial y} = 32x^2yz^2 + 2\lambda y = 2(16x^2yz^2 + \lambda y) = 0,$$

$$\frac{\partial F}{\partial z} = 32x^2y^2z + 2\lambda z = 2(16x^2y^2z + \lambda z) = 0,$$

$$\frac{\partial F}{\partial \lambda} = x^2+y^2+z^2-R^2 = 0. \tag{8.22}$$

联立求解,得

$$x = y = z.$$

将 $x=y=z$ 代入(8.22)式,得

$$x=y=z=\frac{\sqrt{3}R}{3}.$$

这是唯一可能的极值点.因为此问题的最大值必存在,所以唯一可能的极值点就是最大值点.故当长、宽、高分别是$\frac{2\sqrt{3}R}{3},\frac{2\sqrt{3}R}{3},\frac{\sqrt{3}R}{3}$时,长方体的体积$V$最大,最大值为

$$V_{\max}=\frac{4\sqrt{3}R^3}{9}.$$

例 10 已知抛物面$x^2+y^2-z=0$被平面$x+y+z-1=0$截得一椭圆,求原点到此椭圆上的点的最短距离和最长距离.

解　设点$M(x,y,z)$是椭圆上的一点,则原点到点M的距离是

$$d=\sqrt{x^2+y^2+z^2}\quad(\text{这是目标函数}).$$

令$s=d^2=x^2+y^2+z^2$,作

$$F(x,y,z,\lambda_1,\lambda_2)=(x^2+y^2+z^2)+\lambda_1(x^2+y^2-z)+\lambda_2(x+y+z-1),$$

求出$F(x,y,z,\lambda_1,\lambda_2)$的一阶偏导数,并令其等于0,即

$$\frac{\partial F}{\partial x}=2x+2\lambda_1x+\lambda_2=0,\tag{8.23}$$

$$\frac{\partial F}{\partial y}=2y+2\lambda_1y+\lambda_2=0,\tag{8.24}$$

$$\frac{\partial F}{\partial z}=2z-\lambda_1+\lambda_2=0,\tag{8.25}$$

$$\frac{\partial F}{\partial \lambda_1}=x^2+y^2-z=0,\tag{8.26}$$

$$\frac{\partial F}{\partial \lambda_2}=x+y+z-1=0.\tag{8.27}$$

由(8.23),(8.25)两式消去λ_2,得

$$2x+2\lambda_1x=2z-\lambda_1,$$

即

$$(2x+1)\lambda_1=2(z-x).\tag{8.28}$$

由(8.24),(8.25)两式消去λ_2,得

$$(2y+1)\lambda_1=2(z-y).\tag{8.29}$$

由(8.28),(8.29)两式联立求解,消去λ_1,得

$$x=y.$$

将$x=y$代入(8.26),(8.27)两式,得

$$\begin{cases}2x^2-z=0,\\2x+z-1=0.\end{cases}\tag{8.30}$$

方程组(8.30)中两式相加消去z,得x的二次方程

$$2x^2+2x-1=0,\quad 即\quad x=\frac{-1\pm\sqrt{3}}{2}=y.$$

再将$x=\frac{-1\pm\sqrt{3}}{2}$代入方程组(8.30)的第二式,得

$$z = 2 \mp \sqrt{3}.$$

此时，有

$$s = d^2 = x^2 + y^2 + z^2 = 9 \mp 5\sqrt{3},$$

即

$$d_1 = \sqrt{9 + 5\sqrt{3}}, \quad d_2 = \sqrt{9 - 5\sqrt{3}}.$$

由实际问题可知，最值必存在，故最短距离是 $d_2 = \sqrt{9 - 5\sqrt{3}}$，最长距离是 $d_1 = \sqrt{9 + 5\sqrt{3}}$.

习题八

1. 求下列函数的定义域：

(1) $z = 2(\sqrt{x} + y)$；　　(2) $z = \sqrt{1 - \dfrac{x^2}{4} - \dfrac{y^2}{9}}$；

(3) $z = 2\ln(x + y)$；　　(4) $z = 3(\sqrt{1 - x^2} + \sqrt{y^2 - 1})$；

(5) $u = 4\ln(4 - x^2 - y^2 - z^2)$.

2. 求下列极限：

(1) $\lim\limits_{\substack{x \to 0 \\ y \to 1}} \dfrac{2(1 - xy)}{x^2 + y^2}$；　　(2) $\lim\limits_{\substack{x \to +\infty \\ y \to +\infty}} \dfrac{3}{x^2 + y^2}$；

(3) $\lim\limits_{\substack{x \to 0 \\ y \to 0}} \dfrac{3 - \sqrt{xy + 9}}{xy}$.

3. 函数 $z = \dfrac{y^2 + 2x}{y^2 - 2x}$ 在何处间断？

4. 求下列函数的偏导数：

(1) $z = 5x^2y^2$；　　(2) $z = \mathrm{e}^{xy}$；

(3) $z = 2(\ln y - \ln x)$；　　(4) $z = \dfrac{3y}{\sqrt{x^2 + y^2}}$；

(5) $z = 4\mathrm{e}^{\sin x}\cos y$.

5. 已知 $T = 2\pi\sqrt{\dfrac{l}{g}}$，求证：$l\dfrac{\partial T}{\partial l} + g\dfrac{\partial T}{\partial g} = 0$.

6. 空间曲线 $\begin{cases} z = \dfrac{1}{4}(x^2 + y^2), \\ y = 4 \end{cases}$ 在点 $M(2,4,5)$ 处的切线与 x 轴正向所成倾角是多少？

7. 求下列函数的高阶偏导数：

(1) $z=2y^{\ln x}$，求$\dfrac{\partial^2 z}{\partial x^2},\dfrac{\partial^2 z}{\partial x\partial y},\dfrac{\partial^2 z}{\partial y^2}$；

(2) $u=3\mathrm{e}^{xyz}$，求$\dfrac{\partial^3 u}{\partial x\partial y\partial z}$.

8. 已知函数 $f(x,y,z)=xy^2+yz^2+zx^2$，求 $f'''_{zzx}(2,0,1)$.

9. 已知函数 $z=\ln\sqrt{(x-1)^2+(y-2)^2}$，求证：$\dfrac{\partial^2 z}{\partial x^2}+\dfrac{\partial^2 z}{\partial y^2}=0$.

10. 求下列函数的全微分：

(1) $z=2\sqrt{\dfrac{x}{y}}$；　　(2) $z=3\arcsin\dfrac{x}{y}$.

11. 求当 $x=2,y=1,\Delta x=0.01,\Delta y=0.03$ 时，函数 $z=\dfrac{xy}{x^2-y^2}$ 的全微分.

12. 求 $\ln(\sqrt[3]{1.03}+\sqrt[4]{0.98}-1)$ 的近似值.

13. 有一用水泥做成的无盖长方形水池，其长为 6 m，宽为 4 m，高为 3 m，它的四周和底的厚度均为 20 cm. 用全微分求做成此水池所用水泥量的近似值.

14. 利用单摆摆动测定重力加速度 g 的公式为 $g=\dfrac{4\pi^2 l}{T^2}$. 现测得单摆摆长 l 和振动周期 T 分别是 $l=100\pm 0.1$ cm，$T=2\pm 0.004$ s，问：由于测量 l 和 T 的误差而引起 g 的绝对误差和相对误差各为多少(最终结果保留 π)？

15. 求下列复合函数的导数：

(1) $z=2u^2v-2uv^2$，而 $u=x\cos y,v=x\sin y$，求$\dfrac{\partial z}{\partial x},\dfrac{\partial z}{\partial y}$；

(2) $z=3u^y$，而 $u=1+xy$，求$\dfrac{\partial z}{\partial x},\dfrac{\partial z}{\partial y}$；

(3) $z=4v\ln(u+x)$，而 $u=\mathrm{e}^{xy},v=x+y$，求$\dfrac{\partial z}{\partial x},\dfrac{\partial z}{\partial y}$；

(4) $z=5\mathrm{e}^{u-2v}$，而 $u=\sin x,v=x^3$，求$\dfrac{\mathrm{d}z}{\mathrm{d}x}$.

16. 求由下列方程所确定的隐函数的导数或偏导数：

(1) $\sin y+\mathrm{e}^x-xy^2=0$，求$\dfrac{\mathrm{d}y}{\mathrm{d}x}$；

(2) $2x+3y+2z-2\sqrt{xyz}=0$，求$\dfrac{\partial z}{\partial x},\dfrac{\partial z}{\partial y}$；

(3) $\mathrm{e}^{xyzu}-xyzu=0$，求$\dfrac{\partial u}{\partial x},\dfrac{\partial u}{\partial y},\dfrac{\partial u}{\partial z}$.

17. 求空间曲线 Γ：$x=\dfrac{t}{1+t},y=\dfrac{1+t}{t},z=t^2$ 在对应于 $t=1$ 的点 $M_0(x_0,y_0,z_0)$ 处的切线方程和法平面方程.

18. 求空间曲线 Γ：$y^2=2Lx,z^2=L-x$（L 是常数）在点 $M_0(x_0,y_0,z_0)$ 处的切线方程和法平面方程.

19. 求曲面 $3x^2+y^2-z^2=27$ 在点 $M_0(3,1,1)$ 处的切平面方程和法线方程.

20. 求证：曲面$\sqrt{x}+\sqrt{y}+\sqrt{z}=\sqrt{a}\,(a>0)$上任意点$M$处的切平面在各坐标轴上截距之和等于$a$.

21. 求函数$u=xyz$在点$M(2,3,4)$处沿点$M(2,3,4)$到点$N(3,4,5)$方向的方向导数.

22. 求函数$z=2x^2+3y^2$在点$M(2,3)$处沿点$M(2,3)$到点$N(4,5)$方向的方向导数.

23. 已知函数$f(x,y,z)=2x^2+3y^2+4z^2+2x+3y+4z$，求$\mathbf{grad}\,f(2,3,4)$.

24. 求下列函数的极值：

(1) $z=x^2+y^2-2x+2y$；　　(2) $z=xy(3-x-y)$.

25. 把 90 分成三个正数x,y,z之和，试问：如何分才能使它们的乘积最大？

26. 假设需要用钢板建造一个体积为 4 m^3 的无盖长方形水池，问：当长方形水池的长、宽、高分别是多少时，使钢板最省？

27. 试用拉格朗日乘数法求第 25 题.

知识框图

第九章 重积分

重积分的概念是定积分概念的推广．本章和下一章是多元函数积分学的内容，本章介绍重积分（主要是二重积分和三重积分）的概念、计算方法和它的一些应用，下一章介绍曲线积分和曲面积分．

§9.1　二重积分的概念与性质

微课视频

动画视频

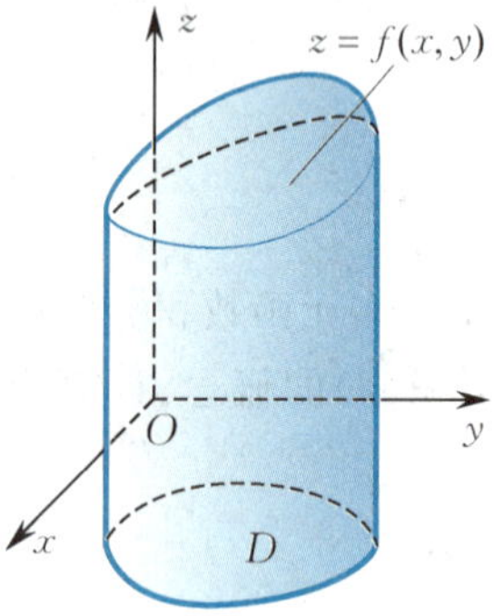

图 9.1

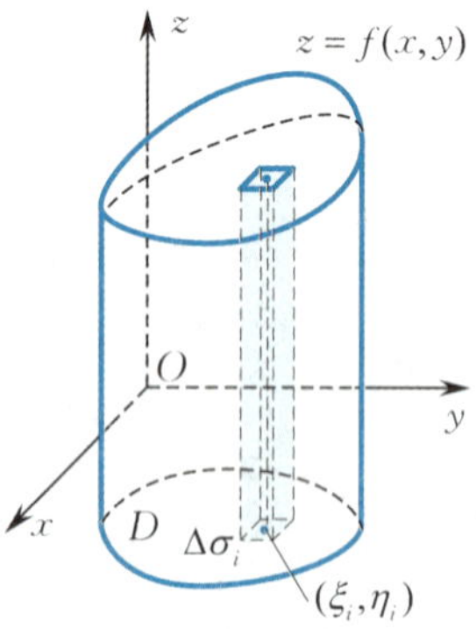

图 9.2

一、二重积分的概念

1. 曲顶柱体的体积

定义 1　设一立体以曲面 $z=f(x,y)$（$f(x,y)\geqslant 0$，且 $f(x,y)$ 在有界闭区域 D 上连续）为顶，以 xOy 面上的区域 D 为底，侧面是以区域 D 的边界曲线为准线而母线平行于 z 轴的柱面（见图 9.1），则称此立体为**曲顶柱体**.

现在的问题是如何求上述曲顶柱体的体积.

仿照求曲边梯形面积的方法去求该曲顶柱体的体积. 如图 9.2 所示，将区域 D 分成 n 个小区域（用有限条曲线）$\Delta\sigma_1,\Delta\sigma_2,\cdots,\Delta\sigma_n$，同样以 $\Delta\sigma_i(i=1,2,\cdots,n)$ 表示第 i 个小区域的面积，以这些小区域的边界曲线为准线作母线平行于 z 轴的柱面，则得到 n 个小曲顶柱体. 当这些小区域的直径 d_i（区域中任意两点间距离的最大值称为**区域的直径**）很小时，由于 $f(x,y)$ 连续，因此对同一个小区域来说，$f(x,y)$ 的变化很小，这时小曲顶柱体可近似看作平顶柱体. 我们在每个 $\Delta\sigma_i$ 中任取一点 (ξ_i,η_i)，那么以 $f(\xi_i,\eta_i)$ 为高而底为 $\Delta\sigma_i$ 的平顶柱体的体积为

$$f(\xi_i,\eta_i)\Delta\sigma_i\quad(i=1,2,\cdots,n).$$

于是，这 n 个小平顶柱体体积之和可以认为是整个曲顶柱体体积的近似值，即

$$V\approx f(\xi_1,\eta_1)\Delta\sigma_1+f(\xi_2,\eta_2)\Delta\sigma_2+\cdots+f(\xi_n,\eta_n)\Delta\sigma_n$$
$$=\sum_{i=1}^{n}f(\xi_i,\eta_i)\Delta\sigma_i.$$

当区域 D 分得越来越细，即 n 个小区域 $\Delta\sigma_i$ 中最大直径 $d=\max\limits_{1\leqslant i\leqslant n}\{d_i\}\to 0$ 时，这 n 个小平顶柱体体积之和的极限值就是该曲顶柱体的体积，即

$$V=\lim_{d\to 0}\sum_{i=1}^{n}f(\xi_i,\eta_i)\Delta\sigma_i.$$

这就解决了求曲顶柱体体积的问题.

2. 平面薄片的质量

设有一平面薄片占据 xOy 面上的区域 D，它在点 $M(x,y)$ 处的

面密度是 $\rho(x,y)$，其中 $\rho(x,y)>0$，且在 D 上连续．现计算该平面薄片的质量 M.

因为 $\rho(x,y)$ 连续，所以将薄片 D 分成 n 小块，只要小块所占的小区域 $\Delta\sigma_i$ 的直径很小，这些小块就可以近似看作均匀薄片．在 $\Delta\sigma_i$ 上任取一点 (ξ_i,η_i)（见图 9.3），则 $\rho(\xi_i,\eta_i)\Delta\sigma_i(i=1,2,\cdots,n)$ 可看作第 i 小块质量的近似值．通过求和、取极限，就得到该平面薄片的质量为

$$M=\lim_{d\to 0}\sum_{i=1}^{n}\rho(\xi_i,\eta_i)\Delta\sigma_i.$$

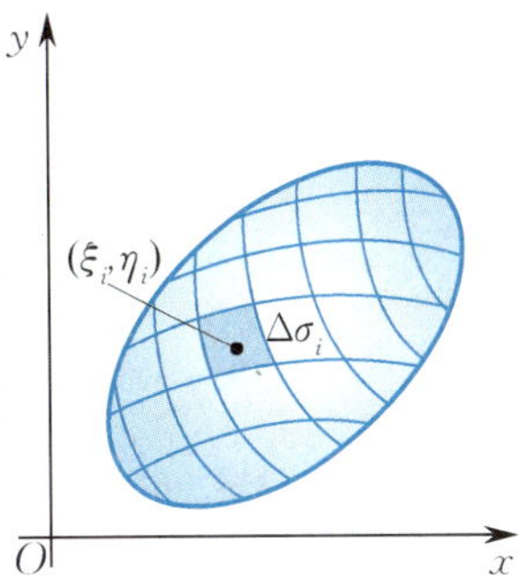

图 9.3

虽然上述两问题的实际意义不同，但所求量都可归结为同一形式和的极限．下面我们要一般地研究这种和的极限，于是抽象出下述定义．

定义 2　设函数 $z=f(x,y)$ 在有界闭区域 D 上有定义．将 D 分成 n 个小区域 $\Delta\sigma_1,\Delta\sigma_2,\cdots,\Delta\sigma_n$，其中 $\Delta\sigma_i$ 表示第 i 个小区域，也表示它的面积．在每个 $\Delta\sigma_i$ 上任取一点 (ξ_i,η_i)，做乘积 $f(\xi_i,\eta_i)\Delta\sigma_i$ $(i=1,2,\cdots,n)$，并做和 $\sum\limits_{i=1}^{n}f(\xi_i,\eta_i)\Delta\sigma_i$．若当小区域直径中的最大值 $d\to 0$ 时，该和的极限存在，且与对区域 D 的分法及点 (ξ_i,η_i) 的取法无关，则称此极限值为函数 $z=f(x,y)$ 在区域 D 上的**二重积分**，记作 $\iint\limits_D f(x,y)\mathrm{d}\sigma$，即

$$\iint\limits_D f(x,y)\mathrm{d}\sigma=\lim_{d\to 0}\sum_{i=1}^{n}f(\xi_i,\eta_i)\Delta\sigma_i, \tag{9.1}$$

其中 $f(x,y)$ 称为**被积函数**，$f(x,y)\mathrm{d}\sigma$ 称为**被积表达式**，$\mathrm{d}\sigma$ 称为**面积元素**，D 称为**积分区域**，x,y 称为**积分变量**，$\sum\limits_{i=1}^{n}f(\xi_i,\eta_i)\Delta\sigma_i$ 称为**积分和**．这时也称函数 $f(x,y)$ 在区域 D 上**可积**．

由二重积分的定义可知，前面所述曲顶柱体的体积是函数 $z=f(x,y)$ 在区域 D 上的二重积分，即

$$V=\iint\limits_D f(x,y)\mathrm{d}\sigma;$$

平面薄片的质量是它的面密度 $\rho(x,y)$ 在 D（薄片所占的区域）上的二重积分，即

$$M=\iint\limits_D \rho(x,y)\mathrm{d}\sigma.$$

在直角坐标系中，如果用平行于坐标轴的直线段来划分区域 D，那么除了包含边界曲线的一些小区域外，其余的小区域都是矩形区域．设矩形小区域 $\Delta\sigma_i$ 的边长为 Δx_j 和 Δy_k，则 $\Delta\sigma_i=\Delta x_j\Delta y_k$．因此，在直角坐标系中，面积元素 $\mathrm{d}\sigma$ 也可记作 $\mathrm{d}x\mathrm{d}y$，这时二重积分

记作

$$\iint_D f(x,y)\mathrm{d}x\mathrm{d}y, \tag{9.2}$$

其中 $\mathrm{d}x\mathrm{d}y$ 称为**直角坐标系中的面积元素**.

二重积分(9.2)的几何意义是：在区域 D 上，若 $f(x,y)\geqslant 0$，即曲顶在 xOy 面的上方，则二重积分(9.2)是该曲顶柱体的体积；若 $f(x,y)<0$，即曲顶在 xOy 面的下方，则二重积分(9.2)为负值，其绝对值仍等于该曲顶柱体的体积；若 $f(x,y)$ 在 D 的部分区域上是正的，而在其余部分区域上是负的，则二重积分(9.2)等于各部分区域相应曲顶柱体体积的代数和（当曲顶位于 xOy 面上方时，体积取正值；当曲顶位于 xOy 面下方时，体积取负值）.

定理 1　*若函数 $f(x,y)$ 在有界闭区域 D 上连续，则函数 $f(x,y)$ 在 D 上的二重积分必存在.*

二、二重积分的性质

二重积分与定积分有类似的性质，现分别叙述如下（假设所涉及的二重积分存在）：

(1) 常数因子可提到二重积分号外，即

$$\iint_D kf(x,y)\mathrm{d}\sigma = k\iint_D f(x,y)\mathrm{d}\sigma \quad (k \text{ 为常数}).$$

(2) 两函数代数和的二重积分等于两函数二重积分的代数和，即

$$\iint_D [f(x,y)\pm g(x,y)]\mathrm{d}\sigma = \iint_D f(x,y)\mathrm{d}\sigma \pm \iint_D g(x,y)\mathrm{d}\sigma.$$

此性质可推广到三个及三个以上函数的情形.

(3) 若区域 D 被分为有限个部分区域，则在 D 上的二重积分等于各部分区域上的二重积分之和，即

$$\iint_D f(x,y)\mathrm{d}\sigma = \iint_{D_1} f(x,y)\mathrm{d}\sigma + \iint_{D_2} f(x,y)\mathrm{d}\sigma + \cdots + \iint_{D_n} f(x,y)\mathrm{d}\sigma,$$

其中 $D = D_1 \cup D_2 \cup \cdots \cup D_n$，且 $D_1, D_2, \cdots, D_n$ 除边界外互不相交.

此性质表示二重积分对积分区域具有**可加性**.

(4) 若在 D 上有 $f(x,y)\equiv 1$，D 的面积为 σ，则

$$\sigma = \iint_D 1\mathrm{d}\sigma = \iint_D \mathrm{d}\sigma.$$

此性质的几何意义很明显，因为高为 1 的平顶柱体的体积在数值上等于该柱体的底面积.

(5) 若在 D 上有 $f(x,y)\leqslant g(x,y)$，则

$$\iint\limits_D f(x,y)\mathrm{d}\sigma \leqslant \iint\limits_D g(x,y)\mathrm{d}\sigma.$$

特别地,由

$$-|f(x,y)| \leqslant f(x,y) \leqslant |f(x,y)|$$

得

$$\left|\iint\limits_D f(x,y)\mathrm{d}\sigma\right| \leqslant \iint\limits_D |f(x,y)|\mathrm{d}\sigma.$$

(6) 设 M,m 分别是函数 $f(x,y)$ 在有界闭区域 D 上的最大值和最小值,σ 是 D 的面积,则有如下**估值不等式**:

$$m\sigma \leqslant \iint\limits_D f(x,y)\mathrm{d}\sigma \leqslant M\sigma. \tag{9.3}$$

(7)(**二重积分的中值定理**) 设函数 $f(x,y)$ 在有界闭区域 D 上连续,σ 是 D 的面积,则在 D 上至少存在一点(ξ,η),使得

$$\iint\limits_D f(x,y)\mathrm{d}\sigma = f(\xi,\eta)\sigma. \tag{9.4}$$

以性质(7) 为例来证明.

证 由于函数 $f(x,y)$ 在有界闭区域 D 上连续,因此 $f(x,y)$ 在 D 上有最大值 M 和最小值 m. 于是,由性质(6) 有(9.3) 式成立. 将(9.3) 式两边同除以 σ,有

$$m \leqslant \frac{1}{\sigma}\iint\limits_D f(x,y)\mathrm{d}\sigma \leqslant M,$$

即确定的数值 $\frac{1}{\sigma}\iint\limits_D f(x,y)\mathrm{d}\sigma$ 是介于 $f(x,y)$ 的最大值 M 与最小值 m 两者之间的. 由连续函数的介值定理可知,在 D 上至少存在一点(ξ,η),使得 $f(x,y)$ 在该点处的函数值与此确定的数值相等,即

$$\frac{1}{\sigma}\iint\limits_D f(x,y)\mathrm{d}\sigma = f(\xi,\eta).$$

上式两边同乘以 σ,即得(9.4) 式. 证毕.

§9.2 二重积分的计算

一、直角坐标系下二重积分的计算

微课视频

定积分也称为**单积分**. 我们可将二重积分化为两次单积分来计算. 设函数 $f(x,y)$ 在有界闭区域 D 上连续,D 由两条平行于 y 轴

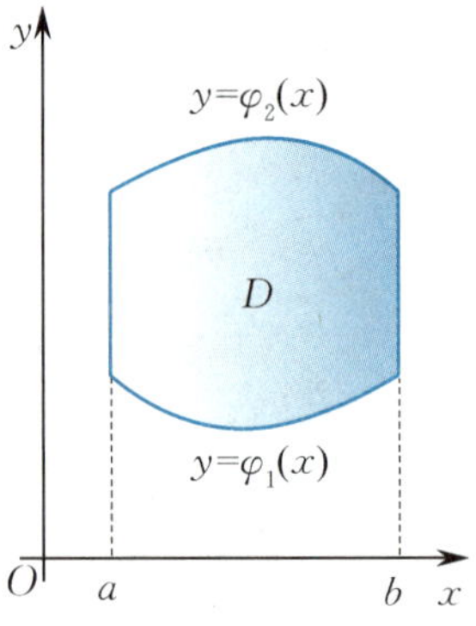

图 9.4

的直线 $x=a, x=b$ 与两条曲线 $y=\varphi_1(x), y=\varphi_2(x)$ 所围成，且 $\varphi_1(x)\leqslant\varphi_2(x)(a\leqslant x\leqslant b)$（见图 9.4），则 $f(x,y)$ 在 D 上的二重积分可按下式计算：

$$\iint_D f(x,y)\mathrm{d}\sigma=\int_a^b\left[\int_{\varphi_1(x)}^{\varphi_2(x)}f(x,y)\mathrm{d}y\right]\mathrm{d}x$$

$$\triangleq\int_a^b\mathrm{d}x\int_{\varphi_1(x)}^{\varphi_2(x)}f(x,y)\mathrm{d}y. \tag{9.5}$$

下面对公式(9.5)做简单的推导. 按照二重积分的几何意义，$\iint_D f(x,y)\mathrm{d}\sigma$ 的值等于以 D 为底、曲面 $z=f(x,y)$ 为顶($f(x,y)\geqslant 0$)的曲顶柱体的体积(见图 9.5). (9.5) 式右端的二次单积分也代表同一个曲顶柱体的体积，因为第一次单积分

$$\int_{\varphi_1(x)}^{\varphi_2(x)}f(x,y)\mathrm{d}y\triangleq S(x)$$

代表该曲顶柱体的截面面积，利用此平行截面面积 $S(x)$，求得该曲顶柱体的体积为

$$V=\int_a^b S(x)\mathrm{d}x=\int_a^b\left[\int_{\varphi_1(x)}^{\varphi_2(x)}f(x,y)\mathrm{d}y\right]\mathrm{d}x$$

$$=\int_a^b\mathrm{d}x\int_{\varphi_1(x)}^{\varphi_2(x)}f(x,y)\mathrm{d}y.$$

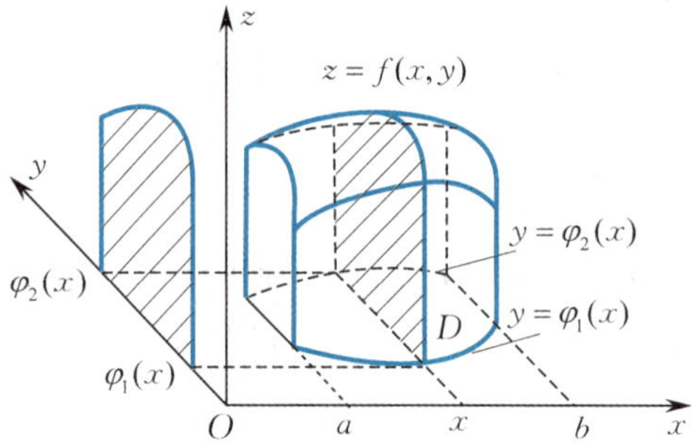

图 9.5

(9.5) 式右端的含义是：先把 $f(x,y)$ 中的 x 看成常数，y 看成积分变量，对 y 求单积分，其中积分下限为 $\varphi_1(x)$，上限为 $\varphi_2(x)$，积分后消去变量 y，结果为 x 的一元函数；再对 x 从 a 到 b 求单积分，所得到的值即为二重积分的值.

在上述讨论中，假定了 $f(x,y)\geqslant 0$. 事实上，没有这个条件，上面的公式仍成立.

类似地，若区域 D 由两条平行于 x 轴的直线 $y=c, y=d$ 与两条曲线 $x=\psi_1(y), x=\psi_2(y)$ 所围成，且 $\psi_1(y)\leqslant\psi_2(y)(c\leqslant y\leqslant d)$（见图 9.6），则 $f(x,y)$ 在 D 上的二重积分可按下式计算：

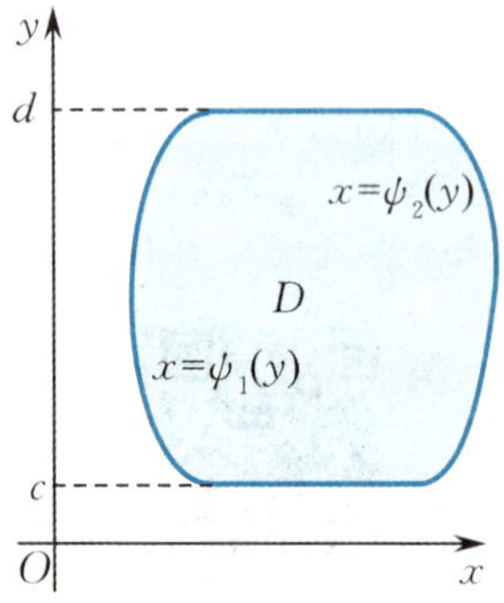

图 9.6

$$\iint_D f(x,y)\mathrm{d}\sigma=\int_c^d\left[\int_{\psi_1(y)}^{\psi_2(y)}f(x,y)\mathrm{d}x\right]\mathrm{d}y$$

$$\triangleq \int_c^d \mathrm{d}y \int_{\psi_1(y)}^{\psi_2(y)} f(x,y)\mathrm{d}x. \quad (9.6)$$

(9.6) 式右端的含义是：先把 $f(x,y)$ 中的 y 看成常数，x 看成积分变量，对 x 求单积分，其中积分下限为 $\psi_1(y)$，上限为 $\psi_2(y)$，积分后消去变量 x，结果为 y 的一元函数；再对 y 从 c 到 d 求单积分，所得到的值即为二重积分的值.

在应用以上公式计算二重积分时，积分区域 D 应满足条件：平行于 x 轴或 y 轴且穿过 D 内部的直线与 D 的边界曲线的交点不多于两点. 若 D 不满足此条件，则可将 D 分成几部分，使每一部分都满足此条件(见图 9.7)，再利用二重积分的性质(3) 来计算.

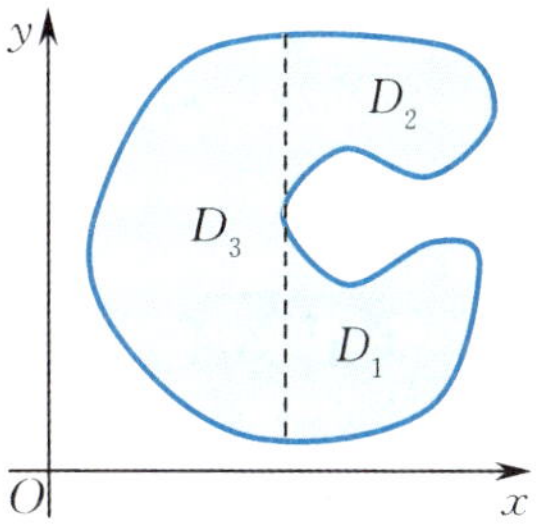

图 9.7

说明 二重积分化为二次单积分时，确定积分限是一个关键.

例 1 计算 $I=\iint\limits_D 2y\mathrm{d}\sigma$，其中 D 是由直线 $x=0$，$x=1$ 和 $y=x$ 所围成的闭区域.

解 画出 D 的图形(见图 9.8)，套用公式(9.5)，这时 $a=0$，$b=1$，$\varphi_1(x)=0$，$\varphi_2(x)=x$，故

$$I=\iint\limits_D 2y\mathrm{d}x\mathrm{d}y=\int_0^1 \mathrm{d}x\int_0^x 2y\mathrm{d}y=\int_0^1 y^2\Big|_0^x \mathrm{d}x$$

$$=\int_0^1 x^2\mathrm{d}x=\frac{x^3}{3}\Big|_0^1=\frac{1}{3}.$$

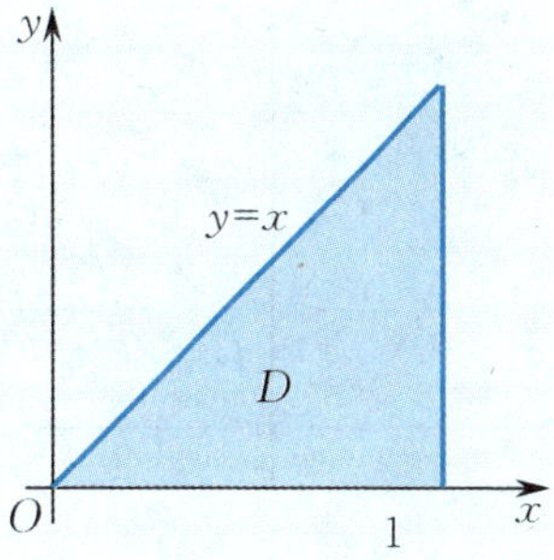

图 9.8

例 2 计算 $I=\iint\limits_D 3xy^2\mathrm{d}\sigma$，其中 D 是圆形区域 $\{(x,y)\mid x^2+y^2\leqslant 1\}$ 在第一象限的部分.

解 套用公式(9.6)，这时 $c=0$，$d=1$，$\psi_1(y)=0$，$\psi_2(y)=\sqrt{1-y^2}$，故

$$I=\iint\limits_D 3xy^2\mathrm{d}x\mathrm{d}y=\int_0^1 \mathrm{d}y\int_0^{\sqrt{1-y^2}} 3xy^2\mathrm{d}x=\int_0^1 \frac{3}{2}y^2\cdot x^2\Big|_0^{\sqrt{1-y^2}}\mathrm{d}y$$

$$=\frac{3}{2}\int_0^1 y^2(1-y^2)\mathrm{d}y=\frac{3}{2}\int_0^1 (y^2-y^4)\mathrm{d}y$$

$$=\frac{3}{2}\left(\frac{y^3}{3}-\frac{y^5}{5}\right)\Big|_0^1=\frac{1}{5}.$$

例 3 求平面区域 D 的面积(用二重积分)，其中 D 是由直线 $y=1$，$2x-y+3=0$ 和 $x+y-3=0$ 所围成的闭区域.

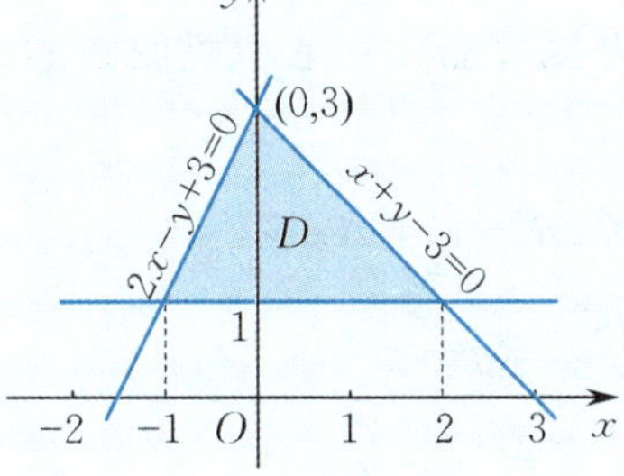

图 9.9

解 画出 D 的图形(见图 9.9). 设 S 是 D 的面积，则由二重积分的性质(4) 得

$$S=\iint\limits_D \mathrm{d}x\mathrm{d}y.$$

利用公式(9.6)来计算$\iint\limits_D \mathrm{d}x\mathrm{d}y$，这时$c=1,d=3,\psi_1(y)=\frac{1}{2}(y-3),\psi_2(y)=3-y$，故

$$\begin{aligned}S&=\int_1^3 \mathrm{d}y\int_{\frac{1}{2}(y-3)}^{3-y}\mathrm{d}x=\int_1^3\left[(3-y)-\frac{1}{2}(y-3)\right]\mathrm{d}y\\&=\int_1^3\left(\frac{9}{2}-\frac{3}{2}y\right)\mathrm{d}y=\left(\frac{9}{2}y-\frac{3}{4}y^2\right)\Big|_1^3\\&=\frac{27}{2}-\frac{27}{4}-\frac{9}{2}+\frac{3}{4}=3.\end{aligned}$$

例 4 求由曲面$z=x^2+y^2$，$y=x^2$和平面$z=0$，$y=1$所围成的立体体积.

解 易知，此立体的顶是曲面$z=x^2+y^2$，底是xOy面上的区域D(见图9.10)，则所围成的立体体积为

$$V=\iint\limits_D(x^2+y^2)\mathrm{d}x\mathrm{d}y.$$

套用公式(9.5)，这时$a=-1,b=1,\varphi_1(x)=x^2,\varphi_2(x)=1$，故

$$\begin{aligned}V&=\int_{-1}^1\mathrm{d}x\int_{x^2}^1(x^2+y^2)\mathrm{d}y=\int_{-1}^1\left(x^2y+\frac{1}{3}y^3\right)\Big|_{x^2}^1\mathrm{d}x\\&=\int_{-1}^1\left(x^2+\frac{1}{3}-x^4-\frac{1}{3}x^6\right)\mathrm{d}x\\&=2\int_0^1\left(\frac{1}{3}+x^2-x^4-\frac{1}{3}x^6\right)\mathrm{d}x\\&=2\left(\frac{1}{3}x+\frac{1}{3}x^3-\frac{1}{5}x^5-\frac{1}{21}x^7\right)\Big|_0^1\\&=2\left(\frac{1}{3}+\frac{1}{3}-\frac{1}{5}-\frac{1}{21}\right)=\frac{88}{105}.\end{aligned}$$

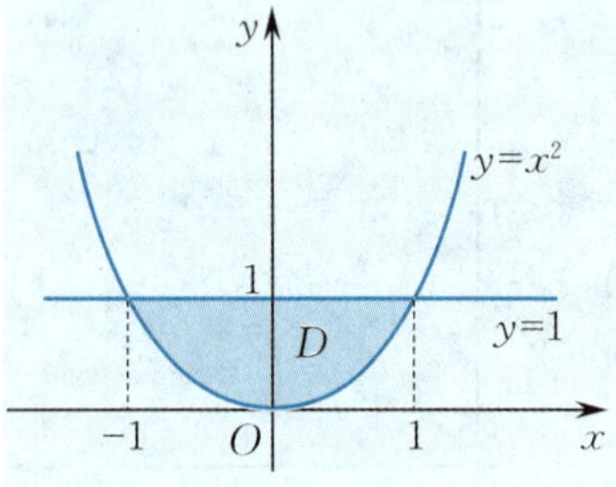

图 9.10

二、极坐标系下二重积分的计算

利用极坐标，有时可以简化二重积分的计算. 下面先介绍如何将二重积分$\iint\limits_D f(x,y)\mathrm{d}x\mathrm{d}y$转化为极坐标系下的二重积分.

设过原点的射线与积分区域D的边界曲线的交点不多于两点. 在极坐标系中，用一族同心圆$r=$常数和一族过极点O的射线$\theta=$常数，将区域D分成n个小区域$\Delta\sigma_1,\Delta\sigma_2,\cdots,\Delta\sigma_n$(见图9.11)，则第$i$个小区域的面积是

$$\begin{aligned}\Delta\sigma_i&=\frac{1}{2}(r_i+\Delta r_i)^2\Delta\theta_i-\frac{1}{2}r_i^2\Delta\theta_i\\&=r_i\Delta r_i\Delta\theta_i+\frac{1}{2}\Delta r_i^2\Delta\theta_i\\&\approx r_i\Delta r_i\Delta\theta_i,\end{aligned}$$

即在极坐标系中的面积元素为

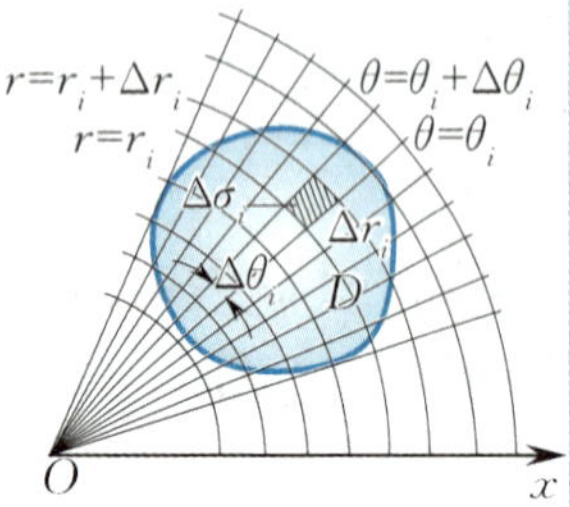

图 9.11

$$d\sigma = r\Delta r\Delta\theta = r\mathrm{d}r\mathrm{d}\theta.$$

把被积函数 $f(x,y)$ 中的 x 换成 $r\cos\theta$，y 换成 $r\sin\theta$，则直角坐标系下的二重积分可化为极坐标系下的二重积分，即

$$\iint_D f(x,y)\mathrm{d}x\mathrm{d}y = \iint_D f(r\cos\theta, r\sin\theta)r\mathrm{d}r\mathrm{d}\theta. \tag{9.7}$$

对于极坐标系下的二重积分，同样也可以化为二次单积分来计算. 下面分两种情况讨论：

1. 极点 O 不在 D 的内部

设积分区域 D 的边界上有两点 M,N，其极角分别是 α,β(见图 9.12)，这两点把 D 的边界曲线分成两部分：一部分的方程是 $r=r_1(\theta)$，另一部分的方程是 $r=r_2(\theta)$，且 $r_1(\theta)\leqslant r_2(\theta)(\alpha\leqslant\theta\leqslant\beta)$，这时有

$$\iint_D f(x,y)\mathrm{d}x\mathrm{d}y = \int_\alpha^\beta \mathrm{d}\theta\int_{r_1(\theta)}^{r_2(\theta)} f(r\cos\theta, r\sin\theta)r\mathrm{d}r. \tag{9.8}$$

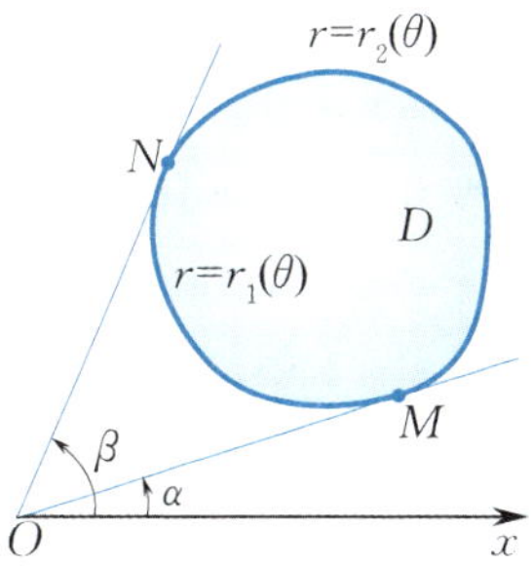

图 9.12

2. 极点 O 在 D 的内部

设积分区域 D 的边界曲线方程是 $r=r(\theta)(0\leqslant\theta\leqslant2\pi)$(见图 9.13)，这时有

$$\iint_D f(x,y)\mathrm{d}x\mathrm{d}y = \int_0^{2\pi}\mathrm{d}\theta\int_0^{r(\theta)} f(r\cos\theta, r\sin\theta)r\mathrm{d}r. \tag{9.9}$$

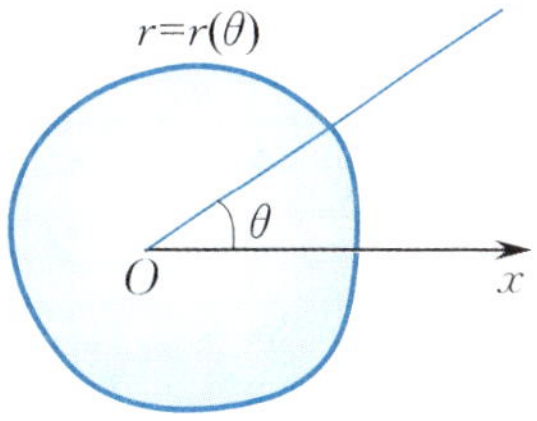

图 9.13

说明 (1) 在极坐标系中，把二重积分化为二次单积分时，总先对 r 再对 θ 积分；

(2) 在极坐标系中计算二重积分，一般适用于积分区域 D 是圆形区域或部分圆形区域，D 的边界曲线化为极坐标方程较简单，或者被积函数形如 $f(x^2+y^2)$，$f\left(\frac{y}{x}\right)$，$f\left(\frac{x}{y}\right)$ 的情形.

例 5 计算 $\iint_D \frac{2\mathrm{d}x\mathrm{d}y}{1+x^2+y^2}$，其中 D 是圆形区域 $\{(x,y)\mid x^2+y^2\leqslant1\}$.

解 显然，被积函数是 $f(x^2+y^2)$ 的形式，D 的边界曲线在极坐标系下表示为 $r=1$(将圆的方程 $x^2+y^2=1$ 中的 x 用 $r\cos\theta$ 代入，y 用 $r\sin\theta$ 代入，有 $r^2\cos^2\theta+r^2\sin^2\theta=1$，即 $r=1$).

由于极点 O 在 D 的内部，因此套用公式(9.9)有

$$\begin{aligned}\iint_D \frac{2\mathrm{d}x\mathrm{d}y}{1+x^2+y^2} &= \int_0^{2\pi}\mathrm{d}\theta\int_0^1\frac{2r\mathrm{d}r}{1+r^2} = \int_0^{2\pi}\left[\int_0^1\frac{\mathrm{d}(1+r^2)}{1+r^2}\right]\mathrm{d}\theta \\ &= \int_0^{2\pi}\ln(1+r^2)\Big|_0^1\mathrm{d}\theta = \int_0^{2\pi}\ln 2\mathrm{d}\theta = 2\pi\ln 2.\end{aligned}$$

例 6 求以 xOy 面上的区域 D 为底、曲面 $z=x^2+y^2$ 为顶的曲顶柱体体积，其中 D 是圆 $x^2+y^2=2x$ 与 $x^2+y^2=x$ 所围成的闭区域.

解 易知，大圆 $x^2+y^2=2x$ 可化为

$$(r\cos\theta)^2+(r\sin\theta)^2=2r\cos\theta,$$

即

$$r=2\cos\theta;$$

小圆 $x^2+y^2=x$ 可化为

$$(r\cos\theta)^2+(r\sin\theta)^2=r\cos\theta,$$

即

$$r=\cos\theta.$$

显然，极点 O 不在 D 的内部，D 中的极径 r 从 $r_1=\cos\theta$ 变化到 $r_2=2\cos\theta$，极角 θ 从 $-\dfrac{\pi}{2}$ 变化到 $\dfrac{\pi}{2}$，故套用公式(9.8)有

$$\begin{aligned}V&=\iint\limits_D(x^2+y^2)\mathrm{d}x\mathrm{d}y=\iint\limits_D r^2\cdot r\mathrm{d}r\mathrm{d}\theta=\int_{-\frac{\pi}{2}}^{\frac{\pi}{2}}\mathrm{d}\theta\int_{\cos\theta}^{2\cos\theta}r^3\mathrm{d}r\\&=\int_{-\frac{\pi}{2}}^{\frac{\pi}{2}}\frac{r^4}{4}\Bigg|_{\cos\theta}^{2\cos\theta}\mathrm{d}\theta=\frac{1}{4}\int_{-\frac{\pi}{2}}^{\frac{\pi}{2}}(16\cos^4\theta-\cos^4\theta)\mathrm{d}\theta\\&=\frac{15}{4}\int_{-\frac{\pi}{2}}^{\frac{\pi}{2}}\cos^4\theta\mathrm{d}\theta=\frac{15}{32}\int_{-\frac{\pi}{2}}^{\frac{\pi}{2}}(\cos4\theta+3+4\cos2\theta)\mathrm{d}\theta=\frac{45}{32}\pi.\end{aligned}$$

§9.3 二重积分的应用

由第六章可见，计算总量时可用定积分的元素法去处理. 这种元素法可推广到二重积分的应用中.

假设需计算的总量 U 对区域 D 具有可加性. 在区域 D 内任取一个直径很小的区域 $\mathrm{d}\sigma$，同时用 $\mathrm{d}\sigma$ 表示 $\mathrm{d}\sigma$ 的面积. 如果 $\mathrm{d}\sigma$ 对应的 U 的部分量 ΔU 可近似表示为 $f(x,y)\mathrm{d}\sigma$，其中点 (x,y) 在 $\mathrm{d}\sigma$ 内，那么有总量 U 的积分表达式

$$U=\iint\limits_D f(x,y)\mathrm{d}\sigma,$$

其中 $f(x,y)\mathrm{d}\sigma$ 称为**总量 U 的元素**，记作 $\mathrm{d}U$.

一、曲面的面积

设曲面 Σ 由方程 $z=f(x,y)$ 给定，D 是曲面 Σ 在 xOy 面上的投影区域，函数 $f(x,y)$ 在 D 上有连续偏导数 $f'_x(x,y)$ 和 $f'_y(x,y)$. 现计算曲面 Σ 的面积 A.

在 D 上任取一直径很小的区域 $\mathrm{d}\sigma$(该小区域的面积也记作 $\mathrm{d}\sigma$)，再在 $\mathrm{d}\sigma$ 上任取一点 $P(x,y)$，则曲面 Σ 上对应地有一点 $M(x,y,f(x,y))$，即点 M 在 xOy 面上的投影为点 P. 设曲面 Σ 在点 M 处的切平面为 T(见图 9.14)，以 $\mathrm{d}\sigma$ 的边界为准线作母线平行于 z 轴的柱面，则该柱面在曲面 Σ 上截得一小片曲面，在切平面 T 上截得一小片平面. 因为 $\mathrm{d}\sigma$ 的直径很小，所以可用切平面 T 上的那一小片平面的面积 $\mathrm{d}A$ 近似代替曲面 Σ 上那一小片曲面的面积. 若设点 M 在曲面 Σ 上的法线(指向朝上)与 z 轴所成的角是 γ，那么有

$$\mathrm{d}A=\frac{\mathrm{d}\sigma}{\cos\gamma}.$$

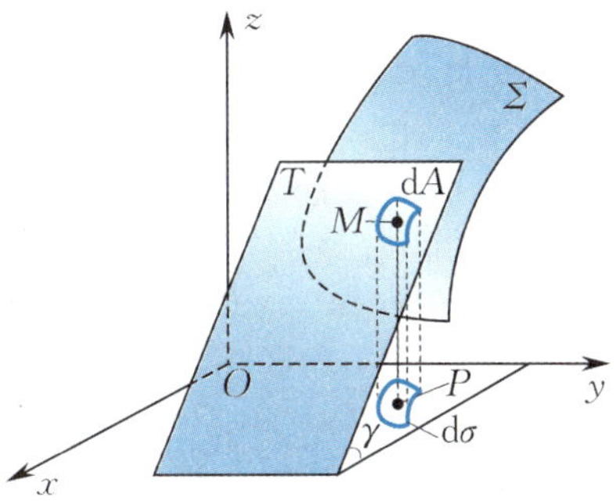

图 9.14

动画视频

又因为

$$\cos\gamma=\frac{1}{\sqrt{1+f_x'^2(x,y)+f_y'^2(x,y)}},$$

所以

$$\mathrm{d}A=\sqrt{1+f_x'^2(x,y)+f_y'^2(x,y)}\,\mathrm{d}\sigma.$$

因此，曲面 Σ 的面积为

$$\begin{aligned}A&=\iint\limits_D\sqrt{1+f_x'^2(x,y)+f_y'^2(x,y)}\,\mathrm{d}\sigma\\&=\iint\limits_D\sqrt{1+\left(\frac{\partial z}{\partial x}\right)^2+\left(\frac{\partial z}{\partial y}\right)^2}\,\mathrm{d}x\mathrm{d}y.\end{aligned}\qquad(9.10)$$

此为计算曲面面积的公式.

说明 设曲面 Σ 的方程为 $x=x(y,z)$ 或 $y=y(z,x)$，把曲面 Σ 投影到 yOz 面上(投影区域记作 D_{yz})或 zOx 面上(投影区域记作 D_{zx})，同理可得如下计算曲面面积的公式：

$$A=\iint\limits_{D_{yz}}\sqrt{1+\left(\frac{\partial x}{\partial y}\right)^2+\left(\frac{\partial x}{\partial z}\right)^2}\,\mathrm{d}y\mathrm{d}z\qquad(9.11)$$

或

$$A=\iint\limits_{D_{zx}}\sqrt{1+\left(\frac{\partial y}{\partial z}\right)^2+\left(\frac{\partial y}{\partial x}\right)^2}\,\mathrm{d}z\mathrm{d}x.\qquad(9.12)$$

例 1 求半径为 R 的球面的面积.

解 先求上半球面的面积. 以球心为原点 O 建立空间直角坐标系 $Oxyz$，则上半球面的方程是 $z=\sqrt{R^2-x^2-y^2}$，其在 xOy 面上的投影区域是 $D: x^2+y^2\leqslant R^2$. 由

$$\frac{\partial z}{\partial x}=\frac{-x}{\sqrt{R^2-x^2-y^2}},\quad \frac{\partial z}{\partial y}=\frac{-y}{\sqrt{R^2-x^2-y^2}},$$

得

$$\sqrt{1+\left(\frac{\partial z}{\partial x}\right)^2+\left(\frac{\partial z}{\partial y}\right)^2}=\frac{R}{\sqrt{R^2-x^2-y^2}}.$$

因为上述函数在 D 的边界（即 $x^2+y^2=R^2$）上不连续，所以不能直接用公式(9.10)来求上半球面的面积. 但是可用公式(9.10)求出上半球面对应区域 $D_1: x^2+y^2\leqslant b^2\,(0<b<R)$ 部分的面积 A_1：利用极坐标系，有

$$\begin{aligned}A_1&=\iint\limits_{D_1}\frac{R}{\sqrt{R^2-x^2-y^2}}\mathrm{d}x\mathrm{d}y=\iint\limits_{D_1}\frac{Rr\,\mathrm{d}r\mathrm{d}\theta}{\sqrt{R^2-r^2}}\\&=R\int_0^{2\pi}\mathrm{d}\theta\int_0^b\frac{r\mathrm{d}r}{\sqrt{R^2-r^2}}=2\pi R(R-\sqrt{R^2-b^2}).\end{aligned}$$

令 $b\to R$，求 A_1 的极限，得

$$\lim_{b\to R}A_1=\lim_{b\to R}2\pi R(R-\sqrt{R^2-b^2})=2\pi R^2,$$

此即为上半球面的面积. 故整个球面的面积是

$$A=4\pi R^2.$$

说明 (1) 在例 1 中，函数 $z=\dfrac{R}{\sqrt{R^2-x^2-y^2}}$ 在区域 D 上的二重积分称为**广义二重积分**.

(2) 若积分区域 D 为整个 xOy 面，则可把 xOy 面当作正方形区域 $\{(x,y)\mid -a\leqslant x\leqslant a, -a\leqslant y\leqslant a\}$ 在 $a\to+\infty$ 时的情形，即

$$\begin{aligned}\iint\limits_D f(x,y)\mathrm{d}x\mathrm{d}y&=\lim_{a\to+\infty}\int_{-a}^{a}\mathrm{d}x\int_{-a}^{a}f(x,y)\mathrm{d}y\\&=\int_{-\infty}^{+\infty}\mathrm{d}x\int_{-\infty}^{+\infty}f(x,y)\mathrm{d}y.\end{aligned}$$

(3) 若积分区域 D 为整个 xOy 面，也可把 xOy 面当作圆形区域 $\{(x,y)\mid x^2+y^2\leqslant a^2\}$ 在 $a\to+\infty$ 时的情形，即

$$\begin{aligned}\iint\limits_D f(x,y)\mathrm{d}\sigma&=\lim_{a\to+\infty}\int_0^{2\pi}\mathrm{d}\theta\int_0^a f(r\cos\theta, r\sin\theta)r\mathrm{d}r\\&=\int_0^{2\pi}\mathrm{d}\theta\int_0^{+\infty}f(r\cos\theta, r\sin\theta)r\mathrm{d}r.\end{aligned}$$

例 2 计算 $I_1=\iint\limits_D \mathrm{e}^{-(x^2+y^2)}\mathrm{d}\sigma$，其中 D 是整个 xOy 面.

解　把整个 xOy 面当作圆形区域 $\{(x,y)\mid x^2+y^2\leqslant a^2\}$ 在 $a\to+\infty$ 时的情形，则

$$I_1=\int_0^{2\pi}\mathrm{d}\theta\int_0^{+\infty}\mathrm{e}^{-r^2}r\mathrm{d}r=2\pi\int_0^{+\infty}\left(-\frac{1}{2}\mathrm{e}^{-r^2}\right)\mathrm{d}(-r^2)=-\pi\mathrm{e}^{-r^2}\Big|_0^{+\infty}$$

$$=\pi\mathrm{e}^{-r^2}\Big|_{+\infty}^{0}=\pi(1-0)=\pi.$$

例 3　计算 $I_2=\int_{-\infty}^{+\infty}\mathrm{e}^{-x^2}\mathrm{d}x$[这是广义积分，称为**普阿松(Poisson)积分**].

解　由例 2 可知 $I_1=\iint\limits_D\mathrm{e}^{-(x^2+y^2)}\mathrm{d}\sigma=\pi$(其中 D 为整个 xOy 面). 因为

$$I_1=\int_{-\infty}^{+\infty}\mathrm{d}x\int_{-\infty}^{+\infty}\mathrm{e}^{-(x^2+y^2)}\mathrm{d}y=\int_{-\infty}^{+\infty}\mathrm{e}^{-x^2}\mathrm{d}x\int_{-\infty}^{+\infty}\mathrm{e}^{-y^2}\mathrm{d}y=\left[\int_{-\infty}^{+\infty}\mathrm{e}^{-x^2}\mathrm{d}x\right]^2,$$

所以

$$I_2=\int_{-\infty}^{+\infty}\mathrm{e}^{-x^2}\mathrm{d}x=\sqrt{I_1}=\sqrt{\pi}.$$

二、平面薄片的质心

设在 xOy 面上有 n 个质点，它们分别位于点 $M_i(x_i,y_i)(i=1,2,\cdots,n)$ 处，且质量分别是 $m_i(i=1,2,\cdots,n)$，则由力学知识可知，该质点系的质心坐标是

$$\bar{x}=\frac{M_y}{M}=\frac{\sum\limits_{i=1}^{n}m_ix_i}{\sum\limits_{i=1}^{n}m_i},\quad \bar{y}=\frac{M_x}{M}=\frac{\sum\limits_{i=1}^{n}m_iy_i}{\sum\limits_{i=1}^{n}m_i},$$

其中 $M=\sum\limits_{i=1}^{n}m_i$ 是该质点系的总质量，$M_y=\sum\limits_{i=1}^{n}m_ix_i$ 和 $M_x=\sum\limits_{i=1}^{n}m_iy_i$ 分别是该质点系对 y 轴和 x 轴的**静矩**.

设有一平面薄片占据 xOy 面上的区域 D，且其在点 $P(x,y)$ 处的面密度是 $\rho(x,y)$，假定 $\rho(x,y)$ 在 D 上连续. 现求此薄片的质心坐标.

用元素法. 在 D 上取直径很小的区域 $\mathrm{d}\sigma$(该小区域的面积也记作 $\mathrm{d}\sigma$)，点 $P(x,y)$ 是该小区域内一点. 因为 $\mathrm{d}\sigma$ 的直径很小，且 $\rho(x,y)$ 在 D 上连续，所以薄片相应于 $\mathrm{d}\sigma$ 的部分的质量近似等于 $\rho(x,y)\mathrm{d}\sigma$. 这部分质量可近似看作集中在点 P 处，由此得

$$\mathrm{d}M_y=x\rho(x,y)\mathrm{d}\sigma,\quad \mathrm{d}M_x=y\rho(x,y)\mathrm{d}\sigma,$$

故

$$M_y=\iint\limits_D x\rho(x,y)\mathrm{d}\sigma,\quad M_x=\iint\limits_D y\rho(x,y)\mathrm{d}\sigma,$$

则此薄片的质心坐标是

$$\bar{x}=\frac{M_y}{M}=\frac{\iint\limits_D x\rho(x,y)\mathrm{d}\sigma}{\iint\limits_D \rho(x,y)\mathrm{d}\sigma},\quad \bar{y}=\frac{M_x}{M}=\frac{\iint\limits_D y\rho(x,y)\mathrm{d}\sigma}{\iint\limits_D \rho(x,y)\mathrm{d}\sigma},\tag{9.13}$$

其中 $M=\iint\limits_D\rho(x,y)\mathrm{d}\sigma$ 为薄片的质量，$M_y=\iint\limits_D x\rho(x,y)\mathrm{d}\sigma$ 和 $M_x=\iint\limits_D y\rho(x,y)\mathrm{d}\sigma$ 分别是薄片对 y 轴和 x 轴的静矩.

说明　(1) 若薄片是均匀的，即面密度是常数，则可将(9.13)式中的 ρ 提到二重积分号外，并从分子、分母中约去，即均匀薄片的质心坐标是

$$\bar{x}=\frac{1}{A}\iint\limits_D x\mathrm{d}\sigma,\quad \bar{y}=\frac{1}{A}\iint\limits_D y\mathrm{d}\sigma,\tag{9.14}$$

其中 $A=\iint\limits_D\mathrm{d}\sigma$ 是区域 D 的面积. 此均匀薄片的质心也称为薄片所占平面图形的**形心**.

(2) 平面图形 D 的形心可按(9.14)式计算.

例 4　求位于两圆 $r=2\sin\theta$，$r=4\sin\theta$ 之间的均匀平面薄片的质心.

解　易知，该薄片所占区域 D 对称于 y 轴，故质心 $B(\bar{x},\bar{y})$ 位于 y 轴上，即 $\bar{x}=0$. 再由(9.14)式去计算 $\bar{y}$. 因为区域 D 位于半径为 1 和半径为 2 的两圆之间，所以其面积 A 是两圆面积之差，即 $A=3\pi$. 又由于 D 中的极径 r 从 $2\sin\theta$ 变化到 $4\sin\theta$，极角 θ 从 0 变化到 π，因此

$$\begin{aligned}\iint\limits_D y\mathrm{d}\sigma&=\iint\limits_D r\sin\theta\cdot r\mathrm{d}r\mathrm{d}\theta=\iint\limits_D r^2\sin\theta\mathrm{d}r\mathrm{d}\theta=\int_0^{\pi}\sin\theta\mathrm{d}\theta\int_{2\sin\theta}^{4\sin\theta}r^2\mathrm{d}r\\&=\frac{56}{3}\int_0^{\pi}\sin^4\theta\mathrm{d}\theta=7\pi.\end{aligned}$$

故 $\bar{y}=\frac{7\pi}{3\pi}=\frac{7}{3}$，即所求质心是 $B\left(0,\frac{7}{3}\right)$.

三、平面薄片的转动惯量

由力学知识可知，一个质点到某一轴的转动惯量是

$$I=mr^2,$$

其中 m 是质点的质量，r 是质点到该轴的距离. 转动惯量也称为**惯性矩**.

设 xOy 面上有 n 个质点，其质量分别是 $m_i(i=1,2,\cdots,n)$，且

分别位于点 $M_i(x_i,y_i)$ 处，则由上述知识可知，该质点系对 x 轴、y 轴和原点 O 的转动惯量依次是

$$I_x=\sum_{i=1}^{n}m_iy_i^2,$$

$$I_y=\sum_{i=1}^{n}m_ix_i^2,$$

$$I_O=\sum_{i=1}^{n}m_i(x_i^2+y_i^2)=I_x+I_y.$$

设有一平面薄片，占据 xOy 面上的区域 D，且在点 $P(x,y)$ 处的面密度是 $\rho(x,y)$，假定 $\rho(x,y)$ 在 D 上连续. 现要求该薄片对 x 轴、y 轴和原点 O 的转动惯量.

用元素法. 在 D 上取一直径很小的区域 $\mathrm{d}\sigma$（该小区域的面积也记作 $\mathrm{d}\sigma$），点 $P(x,y)$ 是该小区域内一点. 因为小区域 $\mathrm{d}\sigma$ 的直径很小，且 $\rho(x,y)$ 在 D 上连续，所以薄片对应于小区域 $\mathrm{d}\sigma$ 的部分的质量近似等于 $\rho(x,y)\mathrm{d}\sigma$. 这部分质量可近似看成集中在点 P 处，于是

$$\mathrm{d}I_x=y^2\rho(x,y)\mathrm{d}\sigma,$$

$$\mathrm{d}I_y=x^2\rho(x,y)\mathrm{d}\sigma,$$

$$\mathrm{d}I_O=(x^2+y^2)\rho(x,y)\mathrm{d}\sigma=\mathrm{d}I_x+\mathrm{d}I_y.$$

将上述转动惯量元素作为被积表达式在区域 D 上积分，则可得所求转动惯量分别为

$$I_x=\iint\limits_D y^2\rho(x,y)\mathrm{d}\sigma,$$

$$I_y=\iint\limits_D x^2\rho(x,y)\mathrm{d}\sigma, \tag{9.15}$$

$$I_O=\iint\limits_D (x^2+y^2)\rho(x,y)\mathrm{d}\sigma=I_x+I_y.$$

例 5 求半径为 R 的均匀圆盘 $D:x^2+y^2\leqslant R^2$（面密度为常数 ρ）的转动惯量 I_x，I_y，I_O.

解 做极坐标变换 $y=r\sin\theta$，由(9.15)式得

$$I_x=\rho\iint\limits_D y^2\mathrm{d}\sigma=\rho\iint\limits_D y^2\mathrm{d}x\mathrm{d}y=\rho\iint\limits_D (r\sin\theta)^2r\mathrm{d}r\mathrm{d}\theta=\rho\iint\limits_D r^3\sin^2\theta\mathrm{d}r\mathrm{d}\theta$$

$$=\rho\int_0^{2\pi}\sin^2\theta\mathrm{d}\theta\int_0^R r^3\mathrm{d}r=\rho\int_0^{2\pi}\frac{1}{2}(1-\cos 2\theta)\mathrm{d}\theta\cdot\left.\frac{r^4}{4}\right|_0^R$$

$$=\rho\left.\left(\frac{\theta}{2}-\frac{\sin 2\theta}{4}\right)\right|_0^{2\pi}\times\frac{1}{4}(R^4-0^4)$$

$$=\rho\left[\left(\frac{2\pi}{2}-0\right)-\frac{1}{4}(0-0)\right]\times\frac{R^4}{4}=\frac{\rho}{4}\pi R^4.$$

因为圆盘的质量为 $M=\rho\pi R^2$，所以

$$I_x = \frac{1}{4}(\rho\pi R^2)R^2 = \frac{1}{4}MR^2.$$

同理，可得

$$I_y = \frac{1}{4}MR^2, \quad I_O = I_x + I_y = \frac{1}{2}MR^2.$$

§9.4 三重积分的概念与计算

微课视频

一、三重积分的概念

定积分和二重积分作为和的极限，很容易推广到三重积分.

定义 1 设函数 $f(x,y,z)$ 在空间有界闭区域 Ω 上连续. 把 Ω 分成 n 个小区域 $\Delta v_1,\Delta v_2,\cdots,\Delta v_n$，其中 Δv_i 表示第 i 个小区域（Δv_i 也表示其体积）. 在 Δv_i 内任取一点 $P_i(\xi_i,\eta_i,\zeta_i)$，做乘积 $f(\xi_i,\eta_i,\zeta_i)\Delta v_i(i=1,2,\cdots,n)$，并做和 $\sum\limits_{i=1}^{n} f(\xi_i,\eta_i,\zeta_i)\Delta v_i$. 若当小区域直径中的最大值 $d\to 0$ 时，该和的极限存在，且与闭区域 Ω 的分法及点 (ξ_i,η_i,ζ_i) 的取法无关，则称此极限值为函数 $f(x,y,z)$ 在区域 Ω 上的**三重积分**，记作 $\iiint\limits_{\Omega} f(x,y,z)\mathrm{d}v$，即

$$\iiint\limits_{\Omega} f(x,y,z)\mathrm{d}v = \lim_{d\to 0}\sum_{i=1}^{n} f(\xi_i,\eta_i,\zeta_i)\Delta v_i. \qquad (9.16)$$

说明 关于二重积分的一些术语均可推广到三重积分上，如被积函数、积分区域、体积元素 $\mathrm{d}v$ 等.

在空间直角坐标系中，若用平行于三个坐标面的平面去划分 Ω，那么除了包含 Ω 边界曲面的一些不规则小区域外，其余小区域 Δv_i 均为长方体. 设长方体小区域 Δv_i 的边长为 $\Delta x_j,\Delta y_k,\Delta z_l$，则 $\Delta v_i=\Delta x_j\Delta y_k\Delta z_l$，故可将体积元素 $\mathrm{d}v$ 记作 $\mathrm{d}x\mathrm{d}y\mathrm{d}z$，从而可将三重积分记作

$$\iiint\limits_{\Omega} f(x,y,z)\mathrm{d}v = \iiint\limits_{\Omega} f(x,y,z)\mathrm{d}x\mathrm{d}y\mathrm{d}z,$$

其中 $\mathrm{d}v=\mathrm{d}x\mathrm{d}y\mathrm{d}z$ 称为**直角坐标系中的体积元素**.

二、三重积分的计算

三重积分可化为三次单积分来计算.

假设穿过积分区域 Ω 内部且平行于 z 轴的直线与 Ω 的边界曲面 Σ 相交不多于两点. 将 Ω 投影到 xOy 面上，得一平面闭区域 D（见图 9.15）. 以 D 的边界曲线为准线作母线平行于 z 轴的柱面，则该柱面与曲面 Σ 的交线可从 Σ 中分出上、下两部分，设其方程分别是

$$\Sigma_1: z = z_1(x,y),$$

$$\Sigma_2: z = z_2(x,y),$$

其中 $z_1(x,y)$，$z_2(x,y)$ 均为 D 上的连续函数，且 $z_1(x,y) \leqslant z_2(x,y)$. 于是区域 Ω 可以表示为

$$\Omega: z_1(x,y) \leqslant z \leqslant z_2(x,y),\ (x,y) \in D.$$

所以说，区域 Ω 具有以下特征：过 D 内任一点 $P(x,y)$ 作平行于 z 轴的直线，则该直线通过曲面 Σ_1 穿入 Ω，然后通过曲面 Σ_2 穿出 Ω，且穿入点和穿出点的竖坐标分别为 $z_1(x,y)$ 和 $z_2(x,y)$（见图 9.15）.

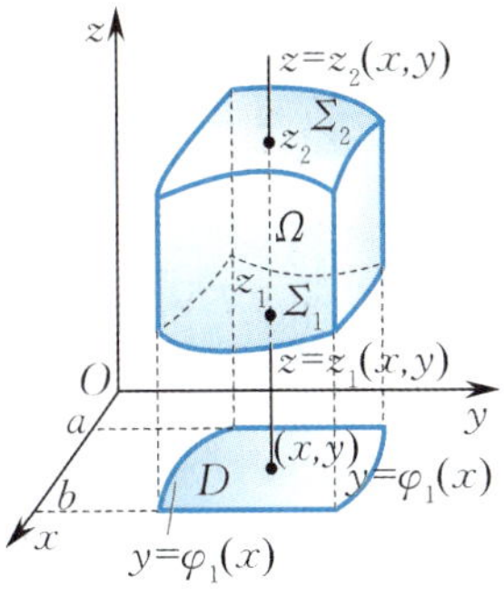

图 9.15

这时由元素法可以得到如下计算三重积分 $\iiint\limits_{\Omega} f(x,y,z)\,\mathrm{d}v$ 的方法：先将 x,y 看成定值，将 $f(x,y,z)$ 看成 z 的函数，在区间 $[z_1(x,y), z_2(x,y)]$ 上对 z 积分，其结果为 x,y 的函数，记作 $F(x,y)$，即

$$F(x,y) = \int_{z_1(x,y)}^{z_2(x,y)} f(x,y,z)\,\mathrm{d}z.$$

再计算 $F(x,y)$ 在 D 上的二重积分，得

$$\iint\limits_{D} F(x,y)\,\mathrm{d}\sigma = \iint\limits_{D}\left[\int_{z_1(x,y)}^{z_2(x,y)} f(x,y,z)\,\mathrm{d}z\right]\mathrm{d}\sigma.$$

若闭区域 D 可表示为 $D: y_1(x) \leqslant y \leqslant y_2(x), a \leqslant x \leqslant b$，则可继续将上式左端的二重积分化为二次单积分，于是得到三重积分的计算公式：

$$\iiint\limits_{\Omega} f(x,y,z)\,\mathrm{d}v = \iint\limits_{D}\left[\int_{z_1(x,y)}^{z_2(x,y)} f(x,y,z)\,\mathrm{d}z\right]\mathrm{d}\sigma$$

$$= \int_a^b \mathrm{d}x \int_{y_1(x)}^{y_2(x)} \mathrm{d}y \int_{z_1(x,y)}^{z_2(x,y)} f(x,y,z)\,\mathrm{d}z, \qquad (9.17)$$

即(9.17)式将三重积分化为先对 z、再对 y、最后对 x 的三次单积分.

说明　(1) 若平行于 x 轴或 y 轴且穿过积分区域 Ω 内部的直线与 Ω 的边界曲面 Σ 相交不多于两点，则可将 Ω 投影到 yOz 面或 zOx 面上，这时将三重积分化成按其他积分顺序的三次单积分.

(2) 若穿过积分区域 Ω 内部且平行于坐标轴的直线与边界曲面 Σ 的交点多于两点，即不满足交点不多于两点的条件，则可把 Ω

分成若干部分，使得在每部分均满足上述条件，这时 Ω 上的三重积分化成各部分区域上的三重积分之和，进而可化为若干三次单积分之和.

例 1 计算 $I=\iiint\limits_{\Omega} 2x\,\mathrm{d}x\mathrm{d}y\mathrm{d}z$，其中 Ω 是平面 $2x+3y+z-1=0$ 和三个坐标面所围成的闭区域（见图 9.16）.

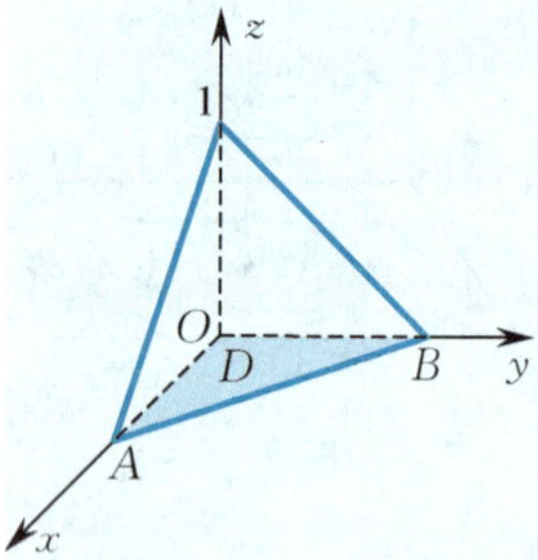

图 9.16

解 将 Ω 投影到 xOy 面上，得投影区域 D 是 $\triangle OAB$，其中直线 AB，OA，OB 的方程分别是

$$2x+3y=1,\quad y=0,\quad x=0,$$

即 D 可表示为

$$D:0\leqslant y\leqslant\frac{1-2x}{3},0\leqslant x\leqslant\frac{1}{2}.$$

又由题设知区域 Ω 可表示为

$$\Omega:0\leqslant z\leqslant 1-2x-3y,(x,y)\in D,$$

所以由（9.17）式得

$$\begin{aligned}
I&=\int_0^{\frac12}\mathrm{d}x\int_0^{\frac{1-2x}{3}}\mathrm{d}y\int_0^{1-2x-3y}2x\,\mathrm{d}z=\int_0^{\frac12}2x\,\mathrm{d}x\int_0^{\frac{1-2x}{3}}(1-2x-3y)\,\mathrm{d}y\\
&=\int_0^{\frac12}2x\left(y-2xy-\frac{3}{2}y^2\right)\Big|_0^{\frac{1-2x}{3}}\mathrm{d}x\\
&=\int_0^{\frac12}2x\left[\frac{1-2x}{3}-2x\,\frac{1-2x}{3}-\frac{3}{2}\left(\frac{1-2x}{3}\right)^2\right]\mathrm{d}x\\
&=2\int_0^{\frac12}\left[x\,\frac{(1-2x)^2}{3}-\frac{x}{2}\,\frac{(1-2x)^2}{3}\right]\mathrm{d}x\\
&=\frac{2}{6}\int_0^{\frac12}x\,(1-2x)^2\,\mathrm{d}x=\frac{1}{3}\left(x^4-\frac{4}{3}x^3+\frac{x^2}{2}\right)\Big|_0^{\frac12}=\frac{1}{144}.
\end{aligned}$$

§9.5 用柱面坐标与球面坐标计算三重积分

微课视频

本节介绍用柱面坐标和球面坐标计算三重积分.

一、用柱面坐标计算三重积分

定义 1 设 $M(x,y,z)$ 为空间内一点，其在 xOy 面上的投影

点 P 的极坐标为(r,θ)，则三元有序数组(r,θ,z)称为点 M 的**柱面坐标**（见图 9.17），这里规定 r,θ,z 的变化范围分别为

$$0\leqslant r<+\infty,\quad 0\leqslant\theta\leqslant 2\pi,\quad -\infty<z<+\infty.$$

在柱面坐标下，三组坐标面分别为

$r=$ 常数（即以 z 轴为轴的圆柱面）；

$\theta=$ 常数（即过 z 轴的半平面）；

$z=$ 常数（即与 xOy 面平行的平面）.

点 M 的直角坐标与柱面坐标的关系为

$$\begin{cases}x=r\cos\theta,\\ y=r\sin\theta,\\ z=z.\end{cases}\tag{9.18}$$

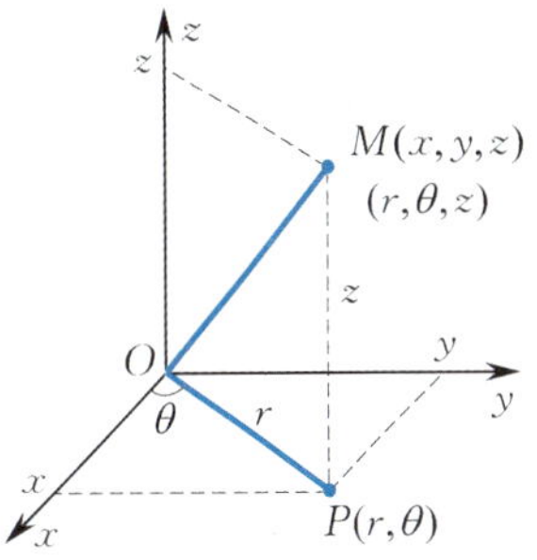

图 9.17

现在讨论把三重积分 $\iiint\limits_{\Omega}f(x,y,z)\mathrm{d}v=\iiint\limits_{\Omega}f(x,y,z)\mathrm{d}x\mathrm{d}y\mathrm{d}z$ 中的积分变量化为柱面坐标. 先用上述三组坐标面将积分区域 Ω 分成许多小区域，那么除了包含 Ω 的边界曲面的一些不规则小区域外，其余的小区域均为柱体. 今考虑由 r,θ,z 取微小改变量 $\mathrm{d}r,\mathrm{d}\theta,\mathrm{d}z$ 所成的小柱体的体积（见图 9.18）. 此小柱体的体积为高和底面积的乘积，而高为 $\mathrm{d}z$、底面积约为 $r\mathrm{d}r\mathrm{d}\theta$（不计高阶无穷小），因此得到体积元素

$$\mathrm{d}v=r\mathrm{d}r\mathrm{d}\theta\mathrm{d}z.$$

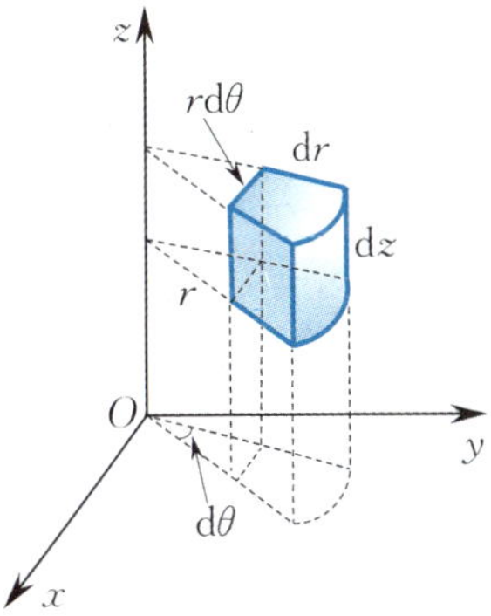

图 9.18

此为**柱面坐标系中的体积元素**. 因此，由(9.18)式得

$$\iiint\limits_{\Omega}f(x,y,z)\mathrm{d}x\mathrm{d}y\mathrm{d}z=\iiint\limits_{\Omega}f(r\cos\theta,r\sin\theta,z)r\mathrm{d}r\mathrm{d}\theta\mathrm{d}z.\tag{9.19}$$

(9.19)式就是把三重积分从直角坐标化为柱面坐标的公式. 对于(9.19)式右端的三重积分，一般可再化为先对 z、再对 r、最后对 θ 的三次单积分来进行计算.

例 1 利用柱面坐标计算 $I=\iiint\limits_{\Omega}z\mathrm{d}x\mathrm{d}y\mathrm{d}z$，其中 $\Omega:x^2+y^2+z^2\leqslant R^2(z\geqslant 0)$.

解　因为在柱面坐标系中积分区域 Ω 可表示为

$$\Omega:0\leqslant z\leqslant\sqrt{1-r^2},0\leqslant r\leqslant R,0\leqslant\theta\leqslant 2\pi,$$

所以

$$I=\iiint\limits_{\Omega}zr\mathrm{d}r\mathrm{d}\theta\mathrm{d}z=\int_0^{2\pi}\mathrm{d}\theta\int_0^R r\mathrm{d}r\int_0^{\sqrt{1-r^2}}z\mathrm{d}z=2\pi\int_0^R\frac{1}{2}r(1-r^2)\mathrm{d}r$$

$$=\pi\left(\frac{r^2}{2}-\frac{r^4}{4}\right)\Big|_0^R=\frac{\pi(2R^2-R^4)}{4}.$$

二、用球面坐标计算三重积分

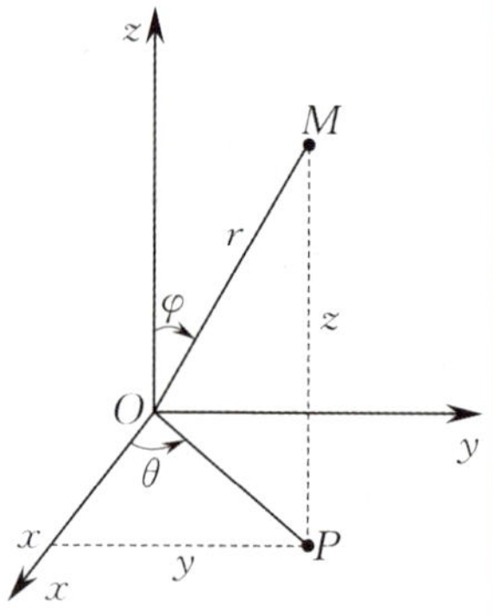

图 9.19

定义 2　设 $M(x,y,z)$ 为空间内一点，其在 xOy 面上的投影为点 P，则点 M 可用这样的三个数 r,φ,θ 来确定，其中 r 是点 M 与原点 O 间的距离，$\varphi=(\overrightarrow{OM},\overrightarrow{Oz})$，从 z 轴正向看，θ 是自 x 轴按逆时针方向转到有向线段 $\overrightarrow{OP}$ 的角（见图 9.19）. 称三元有序数组 (r,φ,θ) 为点 M 的**球面坐标**，这里规定 r,φ,θ 的变化范围分别为

$$0\leqslant r<+\infty,\quad 0\leqslant \varphi\leqslant \pi,\quad 0\leqslant\theta\leqslant 2\pi.$$

在球面坐标下，三组坐标面分别为

$r=$ 常数（即以原点为心的球面）；

$\varphi=$ 常数（即以 z 轴为轴、原点为顶点的圆锥面）；

$\theta=$ 常数（即过 z 轴的半平面）.

点 M 的直角坐标与球面坐标的关系为

$$\begin{cases}x=r\sin\varphi\cos\theta,\\ y=r\sin\varphi\sin\theta,\\ z=r\cos\varphi.\end{cases}$$

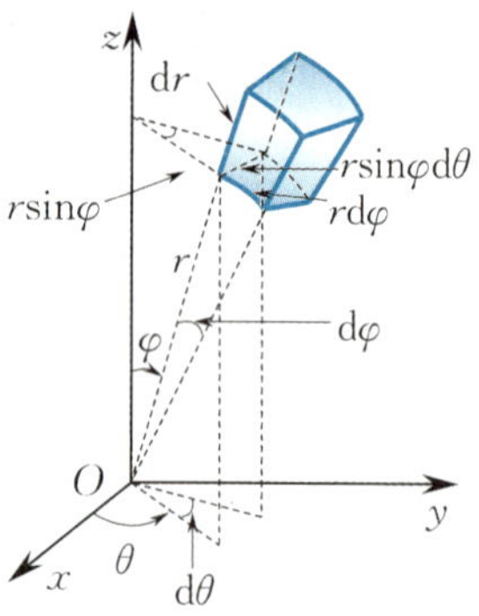

图 9.20

现讨论将三重积分由直角坐标变换到球面坐标. 用上述三组坐标面将积分区域 Ω 分成许多小区域，考虑由 r,φ,θ 取微小改变量 $\mathrm{d}r,\mathrm{d}\varphi,\mathrm{d}\theta$ 所成的小六面体的体积（见图 9.20）. 由于该小六面体可近似看作长方体（不计高阶无穷小），且经线方向的长是 $r\mathrm{d}\varphi$，纬线方向的宽是 $r\sin\varphi\mathrm{d}\theta$，向径方向的高是 $\mathrm{d}r$，因此体积元素为

$$\mathrm{d}v=r^2\sin\varphi\mathrm{d}r\mathrm{d}\varphi\mathrm{d}\theta.$$

此为**球面坐标系中的体积元素**. 于是

$$\begin{aligned}\iiint_{\Omega}f(x,y,z)\mathrm{d}v&=\iiint_{\Omega}f(x,y,z)\mathrm{d}x\mathrm{d}y\mathrm{d}z\\&=\iiint_{\Omega}F(r,\varphi,\theta)r^2\sin\varphi\mathrm{d}r\mathrm{d}\varphi\mathrm{d}\theta,\end{aligned}\qquad(9.20)$$

这里

$$F(r,\varphi,\theta)=f(r\sin\varphi\cos\theta,r\sin\varphi\sin\theta,r\cos\varphi).$$

(9.20) 式就是把三重积分由直角坐标化成球面坐标的公式. 对于 (9.20) 式右端的三重积分，一般可再化为先对 r、再对 φ、最后对 θ 的三次单积分来进行计算.

说明　(1) 若积分区域 Ω 的边界曲面是一个包围原点在内的闭曲面，其球面坐标方程是 $r=r(\varphi,\theta)$，则

$$\begin{aligned}I&=\iiint_{\Omega}F(r,\varphi,\theta)r^2\sin\varphi\mathrm{d}r\mathrm{d}\varphi\mathrm{d}\theta\\&=\int_0^{2\pi}\mathrm{d}\theta\int_0^{\pi}\mathrm{d}\varphi\int_0^{r(\varphi,\theta)}F(r,\varphi,\theta)r^2\sin\varphi\mathrm{d}r;\end{aligned}$$

(2) 若 Ω 是由球面 $r=R$ 所围成的封闭区域，则

$$I=\int_0^{2\pi}\mathrm{d}\theta\int_0^{\pi}\mathrm{d}\varphi\int_0^{R}F(r,\varphi,\theta)r^2\sin\varphi\mathrm{d}r;$$

(3) 当 $F(r,\varphi,\theta)=1$ 时，上式变成球的体积计算公式，即

$$V=\int_0^{2\pi}\mathrm{d}\theta\int_0^{\pi}\sin\varphi\mathrm{d}\varphi\int_0^{R}r^2\mathrm{d}r=2\pi\cdot 2\cdot\frac{R^3}{3}=\frac{4}{3}\pi R^3.$$

例 2 求半径为 a 的球面与其半顶角为 α 的内接锥面所围成的立体的体积.

解 设该球面过原点 O，球心在 z 轴上，其内接锥面的顶点在原点 O，轴和 z 轴重合(见图 9.21)，则该球面的方程是 $r=2a\cos\varphi$，其内接锥面的方程是 $\varphi=\alpha$. 于是，它们所围成的立体所占的空间区域 Ω 可表示为

$$\Omega: 0\leqslant r\leqslant 2a\cos\varphi, 0\leqslant\varphi\leqslant\alpha, 0\leqslant\theta\leqslant 2\pi,$$

因此所求体积为

$$V=\iiint_{\Omega}r^2\sin\varphi\mathrm{d}r\mathrm{d}\varphi\mathrm{d}\theta=\int_0^{2\pi}\mathrm{d}\theta\int_0^{\alpha}\mathrm{d}\varphi\int_0^{2a\cos\varphi}r^2\sin\varphi\mathrm{d}r$$

$$=2\pi\int_0^{\alpha}\sin\varphi\mathrm{d}\varphi\int_0^{2a\cos\varphi}r^2\mathrm{d}r=\frac{16}{3}\pi a^3\int_0^{\alpha}\cos^3\varphi\sin\varphi\mathrm{d}\varphi$$

$$=\frac{4}{3}\pi a^3(1-\cos^4\alpha).$$

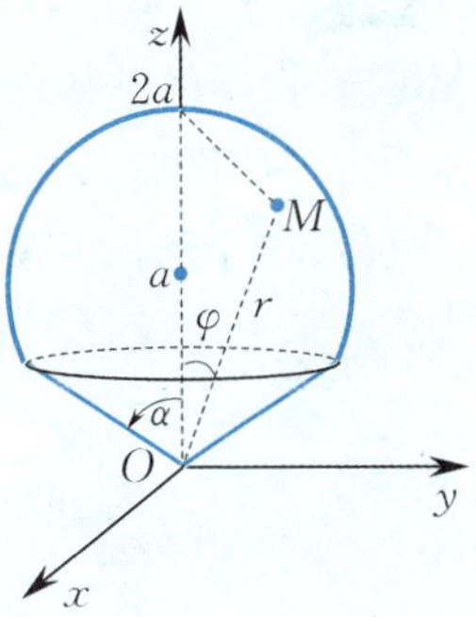

图 9.21

§9.6 三重积分的应用

微课视频

设有一物体占据空间区域 Ω，该物体在点 $M(x,y,z)$ 处的体密度是 $\rho(x,y,z)$，且 $\rho(x,y,z)$ 在 Ω 上连续，则利用元素法，可导出该物体的质心坐标和转动惯量的计算公式分别是：

$$\bar{x}=\frac{1}{M}\iiint_{\Omega}x\rho\mathrm{d}v,$$

$$\bar{y}=\frac{1}{M}\iiint_{\Omega}y\rho\mathrm{d}v,$$

$$\bar{z}=\frac{1}{M}\iiint_{\Omega}z\rho\mathrm{d}v,$$

$$I_x=\iiint_{\Omega}(y^2+z^2)\rho\mathrm{d}v,$$

$$I_y = \iiint\limits_{\Omega} (z^2 + x^2)\rho \mathrm{d}v,$$

$$I_z = \iiint\limits_{\Omega} (x^2 + y^2)\rho \mathrm{d}v,$$

$$I_O = \iiint\limits_{\Omega} (x^2 + y^2 + z^2)\rho \mathrm{d}v = \frac{1}{2}(I_x + I_y + I_z),$$

其中 $M = \iiint\limits_{\Omega} \rho \mathrm{d}v$ 是该物体的质量.

例 1　求均匀半球体的质心.

解　设该半球体的球心在原点上，半径是 R，对称轴是 z 轴，体密度为常数 ρ，则该半球体所占空间区域 Ω 可用不等式 $x^2 + y^2 + z^2 \leqslant R^2 (z \geqslant 0)$ 来表示.

显然，该半球体的质心在 z 轴上，于是 $\overline{x} = 0, \overline{y} = 0$. 又易知，该半球体的体积为 $V = \frac{2}{3}\pi R^3$，于是由质心坐标的计算公式有

$$\begin{aligned}
\overline{z} &= \frac{1}{M}\iiint\limits_{\Omega} z\rho \mathrm{d}v = \frac{1}{V}\iiint\limits_{\Omega} z \mathrm{d}v = \frac{1}{\frac{2}{3}\pi R^3}\iiint\limits_{\Omega} r\cos\varphi\, r^2 \sin\varphi \mathrm{d}r\mathrm{d}\varphi\mathrm{d}\theta \\
&= \frac{3}{2\pi R^3}\int_0^{2\pi}\mathrm{d}\theta\int_0^{\frac{\pi}{2}}\cos\varphi\sin\varphi\mathrm{d}\varphi\int_0^R r^3\mathrm{d}r \\
&= \frac{3}{\pi R^3}\pi \cdot \frac{\sin^2\varphi}{2}\Big|_0^{\frac{\pi}{2}} \cdot \frac{R^4}{4} = \frac{3}{8}R.
\end{aligned}$$

故质心坐标是 $\left(0, 0, \frac{3}{8}R\right)$.

例 2　求均匀球体对过球心的一条轴 l 的转动惯量.

解　设该球体的球心在原点上，半径是 R，z 轴和 l 轴重合，体密度为常数 ρ，则该球体所占空间区域 Ω 可用不等式 $x^2 + y^2 + z^2 \leqslant R^2$ 来表示. 故由转动惯量（对 z 轴）I_z 的计算公式有

$$\begin{aligned}
I_z &= \iiint\limits_{\Omega}(x^2 + y^2)\rho\mathrm{d}v = \rho\iiint\limits_{\Omega}(r^2\sin^2\varphi\cos^2\theta + r^2\sin^2\varphi\sin^2\theta)r^2\sin\varphi\mathrm{d}r\mathrm{d}\varphi\mathrm{d}\theta \\
&= \rho\iiint\limits_{\Omega} r^4\sin^3\varphi\mathrm{d}r\mathrm{d}\varphi\mathrm{d}\theta = \rho\int_0^{2\pi}\mathrm{d}\theta\int_0^{\pi}\sin^3\varphi\mathrm{d}\varphi\int_0^R r^4\mathrm{d}r \\
&= \rho \cdot 2\pi \cdot \frac{R^5}{5}\int_0^{\pi}\sin^3\varphi\mathrm{d}\varphi = \frac{2}{5}\pi R^5\rho \cdot \frac{4}{3} = \frac{2}{5}MR^2,
\end{aligned}$$

其中 $M = \frac{4}{3}\pi R^3\rho$ 是该球体的质量.

习题九

1. 已知二重积分 $I_1=\iint\limits_{D_1}(x^2+y^2)\mathrm{d}\sigma$,其中 D_1 是矩形区域:$-1\leqslant x\leqslant 1,-2\leqslant y\leqslant 2$;二重积分$I_2=\iint\limits_{D_2}(x^2+y^2)\mathrm{d}\sigma$,其中 D_2 是矩形区域:$0\leqslant x\leqslant 1,0\leqslant y\leqslant 2$.试用二重积分的几何意义说明 I_1 与 I_2 之间的关系.

2. 用二重积分的性质估计下列积分值:

(1) $I=\iint\limits_{D}(x+y+1)\mathrm{d}\sigma$,其中 D 是矩形区域:$0\leqslant x\leqslant 1,0\leqslant y\leqslant 2$;

(2) $I=\iint\limits_{D}(x^2+y^2+9)\mathrm{d}\sigma$,其中 D 是圆形区域:$x^2+y^2\leqslant 4$.

3. 计算下列二重积分:

(1) $\iint\limits_{D}(x+6y)\mathrm{d}\sigma$,其中 D 是由直线 $y=x,y=5x,x=1$ 所围成的闭区域;

(2) $\iint\limits_{D}(x^2+y)\mathrm{d}\sigma$,其中 D 是由抛物线 $y=x^2,x=y^2$ 所围成的闭区域.

4. 计算下列二重积分:

(1) $\iint\limits_{D}\ln(1+x^2+y^2)\mathrm{d}\sigma$,其中 D 是圆形区域:$x^2+y^2\leqslant 1$;

(2) $\iint\limits_{D}\sqrt{R^2-x^2-y^2}\,\mathrm{d}\sigma$,其中 D 是圆形区域:$x^2+y^2-Rx\leqslant 0$.

5. 求由抛物线 $y=x^2,y=4x-x^2$ 所围成的区域 D 的面积 A.

6. 求由曲面 $z=x^2+y^2$ 和平面 $z=4$ 所围成的立体的体积 V.

7. 求由半径相等的两直交圆柱面 $x^2+z^2=R^2,x^2+y^2=R^2$ 所围成的立体的表面积.

8. 设一平面薄片所占区域 D 是由抛物线 $y=x^2$ 和直线 $y=x$ 所围成的闭区域,它在点(x,y)处的面密度是 $\rho(x,y)=x^2y$,求该平面薄片的质心.

9. 求均匀圆板(面密度是常数 ρ)对其直径的转动惯量.

10. 将三重积分 $I=\iiint\limits_{\Omega}f(x,y,z)\mathrm{d}x\mathrm{d}y\mathrm{d}z$ 化为对直角坐标的三次单积分,其中积分区域 Ω 是由曲面 $z=x^2+y^2$ 和平面 $z=1$ 所围成的闭区域.

11. 计算 $I=\iiint\limits_{\Omega}\dfrac{\mathrm{d}x\mathrm{d}y\mathrm{d}z}{(1+x+y+z)^3}$,其中 Ω 是由平面 $x=0,y=0,z=0,x+y+z-1=0$ 所围成的四面体.

12. 计算 $I=\iiint\limits_{\Omega}xyz\,\mathrm{d}x\mathrm{d}y\mathrm{d}z$,其中 Ω 是由平面 $x=0,y=0,z=0$ 与曲面 $x^2+y^2+z^2-1=0$ 所围成的在第一卦限内的闭区域.

13. 用柱面坐标计算 $I=\iiint\limits_{\Omega} z\,\mathrm{d}v$，其中 Ω 是由曲面 $x^2+y^2+z^2=2$ 和 $z=x^2+y^2$ 所围成的闭区域.

14. 用球面坐标计算 $I=\iiint\limits_{\Omega}(x^2+y^2+z^2)\,\mathrm{d}v$，其中 Ω 是曲面 $x^2+y^2+z^2-1=0$ 所围成的闭区域.

15. 选用适当的坐标系计算下列三重积分：

（1）$I=\iiint\limits_{\Omega} xy\,\mathrm{d}v$，其中 Ω 是由柱面 $x^2+y^2=1$ 和平面 $z=1$，$z=0$，$x=0$，$y=0$ 所围成的在第一卦限内的闭区域；

（2）$I=\iiint\limits_{\Omega}\dfrac{z\ln(x^2+y^2+z^2+1)}{x^2+y^2+z^2+1}\,\mathrm{d}v$，其中 Ω 是球面 $x^2+y^2+z^2=1$ 所围成的球体.

16. 利用三重积分求由曲面 $z=\sqrt{A^2-x^2-y^2}$，$z=\sqrt{B^2-x^2-y^2}\ (A>B>0)$ 与平面 $z=0$ 所围成的均匀立体 Ω 的质心，其中体密度为 $\rho=1$.

17. 求高为 h、半径为 R 的均匀圆柱体(体密度为常数 ρ) 对过中心且平行于母线的轴的转动惯量.

知识框图

第十章 曲线积分和曲面积分

现实中很多科技方面的问题，单利用重积分还不能解决，例如质点受力的作用沿直线或曲线运动时作用力所做功的问题、速度场的流量问题. 其实，这两类问题的解决需分别用到曲线积分和曲面积分. 本章我们就来介绍曲线积分和曲面积分的概念与计算.

§ 10.1 曲线积分的概念与性质

一、对弧长的曲线积分的概念

定义 1 如果一条连续曲线 L 上各点处均有切线，且当点在 L 上连续移动时，切线也是连续转动的，则称**曲线 L 是光滑的**. **分段光滑曲线**是指曲线可以分为有限段，且每一段都是光滑的.

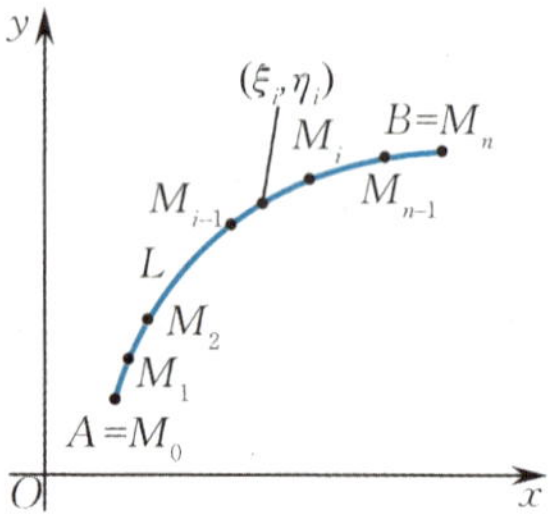

图 10.1

曲线形构件的质量 设有一曲线形构件的线密度(单位长度的质量)$\rho(x,y)$ 是个变量，且其所占位置是 xOy 面上的一段分段光滑曲线 L，端点为 A,B. 现求此构件的质量 M.

用曲线 L 上的点 $M_i(i=1,2,\cdots,n-1)$ 将该曲线形构件分为 n 小段(见图 10.1)，在 $\rho(x,y)$ 连续变化的条件下，第 i 小段的质量近似等于

$$\rho(\xi_i,\eta_i)\Delta s_i \quad (i=1,2,\cdots,n),$$

其中 Δs_i 为弧 $\overset{\frown}{M_{i-1}M_i}$ 的长度，(ξ_i,η_i) 为弧 $\overset{\frown}{M_{i-1}M_i}$ 上一点. 于是

$$M\approx\sum_{i=1}^{n}\rho(\xi_i,\eta_i)\Delta s_i.$$

令 λ 为这 n 小段中的最大长度，则

$$M=\lim_{\lambda\to 0}\sum_{i=1}^{n}\rho(\xi_i,\eta_i)\Delta s_i.$$

定义 2 设 L 为 xOy 面内的一条分段光滑曲线，函数 $f(x,y)$ 在 L 上连续. 用 L 上的点 $M_i(i=1,2,\cdots,n-1)$ 将 L 分为 n 小段，记第 i 小段的长度为 Δs_i，设(ξ_i,η_i) 为第 i 小段上任取的一点. 若当各小段长度的最大值 $\lambda\to 0$ 时，极限 $\lim\limits_{\lambda\to 0}\sum\limits_{i=1}^{n}f(\xi_i,\eta_i)\Delta s_i$ 存在，且与曲线 L 的分法及点(ξ_i,η_i) 的取法无关，则称此极限值为函数 $f(x,y)$ 在曲线 L 上**对弧长的曲线积分**，记作 $\int_L f(x,y)\mathrm{d}s$，即

$$\int_L f(x,y)\mathrm{d}s=\lim_{\lambda\to 0}\sum_{i=1}^{n}f(\xi_i,\eta_i)\Delta s_i,$$

其中 $f(x,y)$ 称为**被积函数**，$f(x,y)\mathrm{d}s$ 称为**被积表达式**，L 称为**积分弧段**.

说明 (1) 定义 2 可推广到积分弧段为空间曲线的情况. 设函数 $f(x,y,z)$ 在空间分段光滑曲线 Γ 上连续，则函数 $f(x,y,z)$ 在 Γ

上对弧长的曲线积分定义为

$$\int_{\Gamma} f(x,y,z)\,\mathrm{d}s = \lim_{\lambda\to 0}\sum_{i=1}^{n} f(\xi_i,\eta_i,\zeta_i)\Delta s_i.$$

(2) 若 L 是闭曲线，则函数 $f(x,y)$ 在闭曲线 L 上对弧长的曲线积分记为 $\oint_L f(x,y)\,\mathrm{d}s$.

二、对坐标的曲线积分的概念

变力沿曲线所做的功 设 A, B 分别是 xOy 面内有向光滑曲线 L 的始点和终点，一质点在力 $\boldsymbol{F}$ 的作用下从点 A 沿光滑曲线 L 移动到点 B，又设作用力 $\boldsymbol{F}$ 可以表示为

$$\boldsymbol{F}(x,y) = P(x,y)\boldsymbol{i} + Q(x,y)\boldsymbol{j},$$

其中函数 $P(x,y)$, $Q(x,y)$ 在 L 上连续. 现求力 $\boldsymbol{F}$ 所做的功 W(见图 10.2).

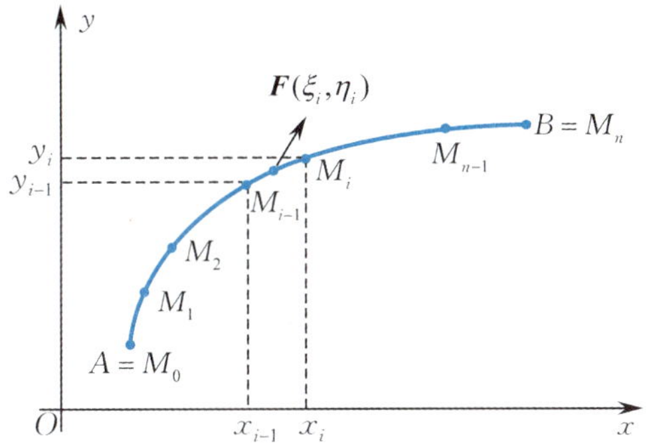

图 10.2

我们知道，若 $\boldsymbol{F}$ 是常力且质点从点 A 沿直线移动到点 B，则所做的功为

$$W = \boldsymbol{F}\cdot\overrightarrow{AB}.$$

然而变力所做的功不能按以上公式来计算. 实际上，前面用来处理曲线形构件质量问题的方法也适用于计算变力所做的功.

用曲线 L 上的点 $M_i(x_i,y_i)(i=1,2,\cdots,n-1)$ 把 L 分成 n 段有向小弧($M_0=A$, $M_n=B$)，取其中一段有向小弧 $\widehat{M_{i-1}M_i}$. 因为 $\widehat{M_{i-1}M_i}$ 光滑且很短，所以可用有向线段

$$\overrightarrow{M_{i-1}M_i} = \Delta x_i\boldsymbol{i} + \Delta y_i\boldsymbol{j}$$

来近似代替它，其中 $\Delta x_i = x_i - x_{i-1}$, $\Delta y_i = y_i - y_{i-1}$. 因此，变力 $\boldsymbol{F}(x,y)$ 沿有向小弧 $\widehat{M_{i-1}M_i}$ 所做的功 ΔW_i 近似等于常力 $\boldsymbol{F}(\xi_i,\eta_i)$ 沿有向线段 $\overrightarrow{M_{i-1}M_i}$ 所做的功，即

$$\Delta W_i \approx \boldsymbol{F}(\xi_i,\eta_i)\cdot\overrightarrow{M_{i-1}M_i} = P(\xi_i,\eta_i)\Delta x_i + Q(\xi_i,\eta_i)\Delta y_i.$$

于是

$$W = \sum_{i=1}^{n} \Delta W_i \approx \sum_{i=1}^{n} [P(\xi_i, \eta_i)\Delta x_i + Q(\xi_i, \eta_i)\Delta y_i].$$

为了求 W 的精确值,取 λ 为这 n 段小弧中的最大长度,令 $\lambda \to 0$,从而得

$$W = \lim_{\lambda \to 0} \sum_{i=1}^{n} [P(\xi_i, \eta_i)\Delta x_i + Q(\xi_i, \eta_i)\Delta y_i].$$

定义 3　设 L 为 xOy 面内从点 A 到点 B 的一条有向分段光滑曲线,函数 $P(x,y)$,$Q(x,y)$ 在 L 上连续.用 L 上的点 $M_i(x_i, y_i)$ $(i=1,2,\cdots,n-1)$ 将 L 分为 n 段有向小弧 $\overset{\frown}{M_{i-1}M_i}$ $(i=1,2,\cdots,n)$,其中 $M_0 = A$,$M_n = B$.令 $\Delta x_i = x_i - x_{i-1}$,$\Delta y_i = y_i - y_{i-1}$,任取 $\overset{\frown}{M_{i-1}M_i}$ 上一点 (ξ_i, η_i).若当各小弧段长度的最大值 $\lambda \to 0$ 时,极限

$$\lim_{\lambda \to 0} \sum_{i=1}^{n} P(\xi_i, \eta_i)\Delta x_i \quad 和 \quad \lim_{\lambda \to 0} \sum_{i=1}^{n} Q(\xi_i, \eta_i)\Delta y_i$$

存在,且与 L 的分法及点 (ξ_i, η_i) 的取法无关,则分别称这两个极限值为函数 $P(x,y)$ 在曲线 L 上**对坐标 x 的曲线积分**和函数 $Q(x,y)$ 在曲线 L 上**对坐标 y 的曲线积分**,记作

$$\int_L P(x,y)\mathrm{d}x \quad 和 \quad \int_L Q(x,y)\mathrm{d}y,$$

即

$$\int_L P(x,y)\mathrm{d}x = \lim_{\lambda \to 0} \sum_{i=1}^{n} P(\xi_i, \eta_i)\Delta x_i,$$

$$\int_L Q(x,y)\mathrm{d}y = \lim_{\lambda \to 0} \sum_{i=1}^{n} Q(\xi_i, \eta_i)\Delta y_i,$$

其中 $P(x,y)$,$Q(x,y)$ 称为**被积函数**,$P(x,y)\mathrm{d}x$,$Q(x,y)\mathrm{d}y$ 称为**被积表达式**,L 称为**积分弧段**.

在实际问题中,经常出现曲线积分 $\int_L P(x,y)\mathrm{d}x$ 与 $\int_L Q(x,y)\mathrm{d}y$ 求和的形式.所示,为了简便,常常将

$$\int_L P(x,y)\mathrm{d}x + \int_L Q(x,y)\mathrm{d}y$$

写成如下形式:

$$\int_L P(x,y)\mathrm{d}x + Q(x,y)\mathrm{d}y.$$

说明　(1) 定义 3 可推广到积分弧段为空间有向曲线 Γ 的情况:

$$\int_\Gamma P(x,y,z)\mathrm{d}x = \lim_{\lambda \to 0} \sum_{i=1}^{n} P(\xi_i, \eta_i, \zeta_i)\Delta x_i,$$

$$\int_\Gamma Q(x,y,z)\mathrm{d}y = \lim_{\lambda \to 0} \sum_{i=1}^{n} Q(\xi_i, \eta_i, \zeta_i)\Delta y_i,$$

$$\int_\Gamma R(x,y,z)\mathrm{d}z = \lim_{\lambda \to 0} \sum_{i=1}^{n} R(\xi_i, \eta_i, \zeta_i)\Delta z_i.$$

类似地，上面三个曲线积分之和可简记为

$$\int_{\Gamma} P(x,y,z)\mathrm{d}x+Q(x,y,z)\mathrm{d}y+R(x,y,z)\mathrm{d}z.$$

(2) 若 L 是闭曲线，常常将 $\int_{L} P(x,y)\mathrm{d}x+Q(x,y)\mathrm{d}y$ 写成 $\oint_{L} P(x,y)\mathrm{d}x+Q(x,y)\mathrm{d}y$.

三、曲线积分的性质

我们知道，定积分具有线性性、可加性等性质. 曲线积分也具有同样的性质. 特别地，对坐标的曲线积分还具有有向性，这是区别于对弧长的曲线积分的重要性质. 下面以对坐标的曲线积分为例介绍这些性质.

以下均假设所讨论的曲线积分存在.

性质 1（线性性）　设 α,β 为常数，则有

$$\begin{aligned}&\int_{L}\alpha(P_1\mathrm{d}x+Q_1\mathrm{d}y)\pm\beta(P_2\mathrm{d}x+Q_2\mathrm{d}y)\\&\quad=\alpha\left(\int_{L}P_1\mathrm{d}x+Q_1\mathrm{d}y\right)\pm\beta\left(\int_{L}P_2\mathrm{d}x+Q_2\mathrm{d}y\right).\end{aligned}$$

性质 2（可加性）　若有向曲线弧 $\overset{\frown}{AB}$ 可分成 n 段光滑的有向曲线弧之和 $\overset{\frown}{AL_1}+\overset{\frown}{L_1L_2}+\cdots+\overset{\frown}{L_{n-1}B}$，则

$$\begin{aligned}&\int_{\overset{\frown}{AB}}P\mathrm{d}x+Q\mathrm{d}y\\&\quad=\int_{\overset{\frown}{AL_1}}P\mathrm{d}x+Q\mathrm{d}y+\int_{\overset{\frown}{L_1L_2}}P\mathrm{d}x+Q\mathrm{d}y+\cdots+\int_{\overset{\frown}{L_{n-1}B}}P\mathrm{d}x+Q\mathrm{d}y.\end{aligned}$$

性质 3（有向性）　记 $-L$ 是与 L 方向相反的有向分段光滑曲线弧，则

$$\int_{-L}P(x,y)\mathrm{d}x=-\int_{L}P(x,y)\mathrm{d}x,$$

$$\int_{-L}Q(x,y)\mathrm{d}y=-\int_{L}Q(x,y)\mathrm{d}y.$$

以性质 3 为例给予证明.

证　把 L 分成 n 小段，相应地，$-L$ 也分成 n 小段，且对于每一小段来说，当曲线弧的方向改变时，有向弧段在坐标轴上的投影绝对值不变但要改变符号，因此性质 2 成立.

下面不加证明地给出两类曲线积分之间的关系.

定理 1　对弧长的曲线积分与对坐标的曲线积分有如下关系式成立：

$$\int_{L}P\mathrm{d}x+Q\mathrm{d}y=\int_{L}(P\cos\alpha+Q\cos\beta)\mathrm{d}s,$$

其中 $\alpha(x,y),\beta(x,y)$ 为有向曲线 L 上点 (x,y) 处的正向切线的方向角.

§10.2 曲线积分的计算

微课视频

一、对弧长的曲线积分的计算

定理 1　设分段光滑曲线 L 由参数方程 $x=\varphi(t), y=\psi(t)$ $(\alpha\leqslant t\leqslant\beta)$ 所确定. 若函数 $\varphi(t),\psi(t)$ 在 $[\alpha,\beta]$ 上具有一阶连续导数，函数 $f(x,y)$ 在 L 上连续，则曲线积分 $\int_L f(x,y)\mathrm{d}s$ 存在，且

$$\int_L f(x,y)\mathrm{d}s=\int_\alpha^\beta f(\varphi(t),\psi(t))\sqrt{\varphi'^2(t)+\psi'^2(t)}\,\mathrm{d}t\quad(\alpha<\beta).\tag{10.1}$$

证明从略.

说明　(1) 按照公式(10.1) 计算对弧长的曲线积分 $\int_L f(x,y)\mathrm{d}s$，只要将 $x,y,\mathrm{d}s$ 分别变换成 $\varphi(t),\psi(t),\sqrt{\varphi'^2(t)+\psi'^2(t)}\,\mathrm{d}t$，然后对参变量 t 求从 α 到 β 的定积分即可，其中积分下限 α 必定小于积分上限 β.

(2) 若积分弧段 L 由方程 $y=\varphi(x)$ $(x_1\leqslant x\leqslant x_2)$ 给出，则可将它看作特殊的参数方程 $x=x, y=\varphi(x)$ $(x_1\leqslant x\leqslant x_2)$ 的情况，因此(10.1) 式成为

$$\int_L f(x,y)\mathrm{d}s=\int_{x_1}^{x_2} f(x,\varphi(x))\sqrt{1+\varphi'^2(x)}\,\mathrm{d}x\quad(x_1<x_2).\tag{10.2}$$

(3) 若积分弧段 L 由方程 $x=\varphi(y)$ $(y_1\leqslant y\leqslant y_2)$ 给出，同理有

$$\int_L f(x,y)\mathrm{d}s=\int_{y_1}^{y_2} f(\varphi(y),y)\sqrt{1+\varphi'^2(y)}\,\mathrm{d}y\quad(y_1<y_2).\tag{10.3}$$

(4) 定理 1 也可推广到积分弧段为空间曲线的情况. 设空间分段光滑曲线 Γ 由参数方程

$$x=x(t),\quad y=y(t),\quad z=z(t)\quad(\alpha\leqslant t\leqslant\beta)$$

给出，且函数 $x(t),y(t),z(t)$ 在 $[\alpha,\beta]$ 上具有一阶连续导数，函数 $f(x,y,z)$ 在 Γ 上连续，则曲线积分 $\int_\Gamma f(x,y,z)\mathrm{d}s$ 存在，且

$$\int_{\Gamma} f(x,y,z)\mathrm{d}s$$
$$=\int_{\alpha}^{\beta} f(x(t),y(t),z(t))\sqrt{x'^2(t)+y'^2(t)+z'^2(t)}\,\mathrm{d}t\quad(\alpha<\beta).\tag{10.4}$$

例 1 计算 $I=\int_L y\mathrm{d}s$，其中 L 是抛物线 $y^2=4x$ 上由点 $O(0,0)$ 到 $B(1,2)$ 的弧段.

解 由题意知，可将所求曲线积分化为对 x 的定积分来计算. 由于 $f(x,y)=y$，积分弧段 L 的方程为 $y=2\sqrt{x}\,(0\leqslant x\leqslant 1)$，且

$$y=2\sqrt{x},\quad y'=\frac{1}{\sqrt{x}},\quad y'^2=\frac{1}{x},$$

因此由(10.2)式有

$$I=\int_L y\mathrm{d}s=\int_0^1 2\sqrt{x}\sqrt{1+\frac{1}{x}}\,\mathrm{d}x=2\int_0^1\sqrt{x+1}\,\mathrm{d}x$$
$$=\left[\frac{4}{3}(x+1)^{\frac{3}{2}}\right]_0^1=\frac{4}{3}(2^{\frac{3}{2}}-1).$$

例 2 若曲线 $L:y=\ln x$ 上每一点处的线密度都等于该点横坐标的平方，试求曲线 L 在横坐标为 x_0 和 $x_1(x_0<x_1)$ 的点间的一段弧的质量 M.

解 由题意知，曲线 L 上点 $P(x,y)$ 处的线密度为 $f(P)=x^2$，曲线 L 为 $y=\ln x$，故 $y'=\dfrac{1}{x}$. 因为 $\mathrm{d}M=f(P)\mathrm{d}s$，所以由(10.2)式有

$$M=\int_L \mathrm{d}M=\int_L f(P)\mathrm{d}s=\int_L x^2\mathrm{d}s=\int_{x_0}^{x_1}x^2\sqrt{1+\frac{1}{x^2}}\,\mathrm{d}x$$
$$=\int_{x_0}^{x_1}x\sqrt{1+x^2}\,\mathrm{d}x=\frac{1}{2}\times\frac{2}{3}(1+x^2)^{\frac{3}{2}}\Big|_{x_0}^{x_1}$$
$$=\frac{1}{3}\left[(1+x_1^2)^{\frac{3}{2}}-(1+x_0^2)^{\frac{3}{2}}\right].$$

例 3 计算 $I=\int_\Gamma(x^2+y^2+z^2)\mathrm{d}s$，其中 Γ 是螺旋线

$$x=a\cos t,\quad y=a\sin t,\quad z=kt$$

上相应于 t 由 0 到 2π 的一段弧.

解 由(10.4)式得

$$I=\int_\Gamma(x^2+y^2+z^2)\mathrm{d}s$$
$$=\int_0^{2\pi}\left[(a\cos t)^2+(a\sin t)^2+(kt)^2\right]\sqrt{(-a\sin t)^2+(a\cos t)^2+k^2}\,\mathrm{d}t$$
$$=\int_0^{2\pi}(a^2+k^2t^2)\sqrt{a^2+k^2}\,\mathrm{d}t=\sqrt{a^2+k^2}\left[a^2t+\frac{k^2t^3}{3}\right]_0^{2\pi}$$
$$=\frac{2\pi}{3}\sqrt{a^2+k^2}(3a^2+4\pi^2k^2).$$

二、对坐标的曲线积分的计算

定理 2　设有向分段光滑曲线 L 由参数方程 $x=\varphi(t)$，$y=\psi(t)$ 给出，L 的起点 A 和终点 B 分别相应于参数值 α 和 β（其中 α 不一定小于 β），且当参量 t 从 α 变到 β 时，点 (x,y) 给出有向曲线 L. 若函数 $\varphi(t)$，$\psi(t)$ 在以 α 和 β 为端点的闭区间上有一阶连续导数，$P(x,y)$，$Q(x,y)$ 在 L 上连续，则曲线积分 $\int_L P(x,y)\mathrm{d}x+Q(x,y)\mathrm{d}y$ 存在，且

$$\int_L P(x,y)\mathrm{d}x+Q(x,y)\mathrm{d}y=\int_\alpha^\beta[P(\varphi(t),\psi(t))\varphi'(t)+Q(\varphi(t),\psi(t))\psi'(t)]\mathrm{d}t. \qquad (10.5)$$

证明从略.

说明　(1) 按照公式(10.5)计算对坐标的曲线积分 $\int_L P(x,y)\mathrm{d}x+Q(x,y)\mathrm{d}y$，只要将 $x,y,\mathrm{d}x,\mathrm{d}y$ 分别变换成 $\varphi(t),\psi(t),\varphi'(t)\mathrm{d}t,\psi'(t)\mathrm{d}t$，然后对参变量 t 求从 α 到 β 的定积分即可，其中积分下限 α 不一定小于积分上限 β.

(2) 若积分弧段 L 由方程 $y=\varphi(x)$ 给出，则可将它看作特殊的参数方程的情况，因此(10.5)式成为

$$\int_L P(x,y)\mathrm{d}x+Q(x,y)\mathrm{d}y=\int_\alpha^\beta[P(x,\varphi(x))+Q(x,\varphi(x))\varphi'(x)]\mathrm{d}x, \qquad (10.6)$$

这里 α,β 分别对应于 L 的起点、终点.

(3) 若积分弧段 L 由方程 $x=\varphi(y)$ 给出，同理有

$$\int_L P(x,y)\mathrm{d}x+Q(x,y)\mathrm{d}y=\int_\alpha^\beta[P(\varphi(y),y)\varphi'(y)+Q(\varphi(y),y)]\mathrm{d}y, \qquad (10.7)$$

这里 α,β 分别对应于 L 的起点、终点.

(4) 定理 2 也可推广到积分弧段为空间有向曲线的情况. 设空间有向分段光滑曲线 Γ 由参数方程 $x=x(t)$，$y=y(t)$，$z=z(t)$ 给出，这时有

$$\begin{aligned}\int_\Gamma P(x,y,z)\mathrm{d}x+Q(x,y,z)\mathrm{d}y+R(x,y,z)\mathrm{d}z&=\int_\alpha^\beta[P(x(t),y(t),z(t))x'(t)+Q(x(t),y(t),z(t))y'(t)\\&\quad+R(x(t),y(t),z(t))z'(t)]\mathrm{d}t,\end{aligned} \qquad (10.8)$$

这里 α,β 分别对应于 L 的起点、终点.

例 4 计算对坐标的曲线积分 $I=\dfrac{1}{2}\int_L x\mathrm{d}y-y\mathrm{d}x$，其中 L 是椭圆 $\dfrac{x^2}{a^2}+\dfrac{y^2}{b^2}=1$ 上从点 $(a,0)$ 到点 $(0,b)$ 的一段有向曲线弧.

解 由题意可知，L 可表示为参数方程

$$x=a\cos t,\quad y=b\sin t\quad \left(t\text{ 由 }0\text{ 到 }\frac{\pi}{2}\right),$$

则 $x'=-a\sin t, y'=b\cos t$. 因此，由(10.5)式有

$$I=\frac{1}{2}\int_0^{\frac{\pi}{2}}[a\cos t\cdot b\cos t-b\sin t(-a\sin t)]\mathrm{d}t$$

$$=\frac{1}{2}\int_0^{\frac{\pi}{2}}ab\,\mathrm{d}t=\frac{1}{2}abt\Big|_0^{\frac{\pi}{2}}=\frac{\pi}{4}ab.$$

例 5 计算对坐标的曲线积分 $I=\int_L(x+y)\mathrm{d}x+(x-y)\mathrm{d}y$，其中 L 是单位圆 $x^2+y^2=1$ 上从点 $(1,0)$ 到点 $(0,1)$ 的一段有向曲线弧(见图 10.3).

解 由题意知 L 可表示为

$$x=\cos t,\quad y=\sin t\quad \left(t\text{ 由 }0\text{ 到 }\frac{\pi}{2}\right),$$

故 $x'=-\sin t, y'=\cos t$. 因此，由(10.5)式有

$$I=\int_0^{\frac{\pi}{2}}[(\cos t+\sin t)(-\sin t)+(\cos t-\sin t)\cos t]\mathrm{d}t$$

$$=\int_0^{\frac{\pi}{2}}[(\cos^2 t-\sin^2 t)-2\sin t\cos t]\mathrm{d}t$$

$$=\int_0^{\frac{\pi}{2}}(\cos 2t-\sin 2t)\mathrm{d}t=\frac{1}{2}\sin 2t\Big|_0^{\frac{\pi}{2}}+\frac{1}{2}\cos 2t\Big|_0^{\frac{\pi}{2}}$$

$$=0+\frac{1}{2}(\cos\pi-\cos 0)=\frac{1}{2}(-1-1)=-1.$$

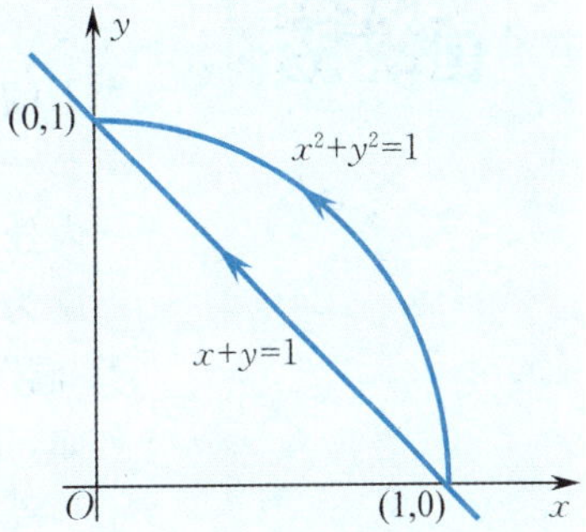

图 10.3

例 6 计算对坐标的曲线积分 $I=\int_L(x+y)\mathrm{d}x+(x-y)\mathrm{d}y$，其中 L 是直线 $x+y=1$ 上从点 $(1,0)$ 到点 $(0,1)$ 的一段有向线段(见图 10.3).

解 已知 L 的方程是 $y=1-x$（x 由 1 到 0），则 $y'=-1$. 因此，由(10.6)式有

$$I=\int_1^0[x+(1-x)]\mathrm{d}x+\int_1^0[x-(1-x)](-\mathrm{d}x)$$

$$=\int_1^0\mathrm{d}x+\int_1^0(1-2x)\mathrm{d}x=\int_1^0(2-2x)\mathrm{d}x$$

$$=(2x-x^2)\Big|_1^0=-2+1=-1.$$

例 7 计算 $I=\int_\Gamma x^3\mathrm{d}x+3zy^2\mathrm{d}y-x^2y\mathrm{d}z$，其中 Γ 是由点 $(6,4,2)$ 到点 $(0,0,0)$ 的一段有向线段.

解 由题意可知，Γ 的方程是 $\dfrac{x}{3}=\dfrac{y}{2}=\dfrac{z}{1}$，化为参数方程即 $x=3t, y=2t, z=t$（t 由 2 到 0），故 $x'=3, y'=2, z'=1$. 因此，由(10.8)式有

$$I = \int_2^0 [(3t)^3 \cdot 3 + 3t(2t)^2 \cdot 2 - (3t)^2 \cdot 2t] \mathrm{d}t$$
$$= (81 + 24 - 18)\int_2^0 t^3 \mathrm{d}t = 87\int_2^0 t^3 \mathrm{d}t$$
$$= 87 \cdot \frac{t^4}{4}\Big|_2^0 = -348.$$

§10.3 格林公式及其应用

微课视频

一、格林公式

下面将要介绍的格林(Green)公式告诉我们：在平面闭区域 D 上的二重积分可表示为沿区域 D 的边界曲线 L 上的曲线积分.

现在先介绍平面单连通区域的概念. 设 D 为平面区域. 如果 D 内任一闭曲线所围的部分都属于 D，则称 D 为**单连通区域**；否则，称 D 为**复连通区域**. 通俗地说，单连通区域就是不含有“洞”(包括点“洞”) 的区域，复连通区域就是含有“洞”(包括点“洞”) 的区域. 例如，圆形区域 $\{(x,y) \mid x^2 + y^2 < 1\}$，上半平面 $\{(x,y) \mid y > 0\}$ 都是单连通区域，环形区域 $\{(x,y) \mid 1 < x^2 + y^2 < 4\}$，$\{(x,y) \mid 0 < x^2 + y^2 < 1\}$ 都是复连通区域.

此外，我们如下规定平面区域 D 的边界曲线 L 的正向：当观察者沿 L 的这个方向行走时，D 内在该观察者近处的部分总在其左边.

定理 1　设有界闭区域 D 由分段光滑曲线 L 所围成. 若函数 $P(x,y)$，$Q(x,y)$ 在 D 上具有一阶连续偏导数，则有下面的**格林公式**成立：

$$\iint_D \left(\frac{\partial Q}{\partial x} - \frac{\partial P}{\partial y}\right) \mathrm{d}x\mathrm{d}y = \oint_L P\mathrm{d}x + Q\mathrm{d}y, \tag{10.9}$$

其中 L 为 D 的取正向的整个边界曲线.

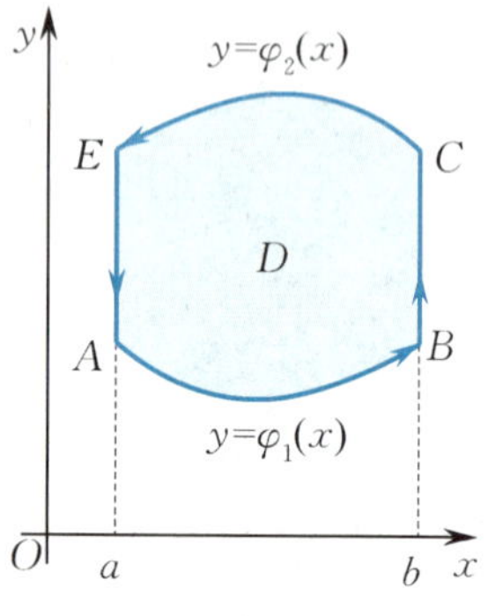

图 10.4

证　(1) 假设 D 满足条件：穿过 D 内部且平行于坐标轴的直线与 D 的边界曲线 L 的交点至多有两个.

设区域 $D = \{(x,y) \mid \varphi_1(x) \leqslant y \leqslant \varphi_2(x), a \leqslant x \leqslant b\}$(见图 10.4)，则有

$$\iint_D \frac{\partial P}{\partial y}\mathrm{d}x\mathrm{d}y = \int_a^b \left[\int_{\varphi_1(x)}^{\varphi_2(x)} \frac{\partial P(x,y)}{\partial y}\mathrm{d}y\right]\mathrm{d}x$$
$$= \int_a^b [P(x,\varphi_2(x)) - P(x,\varphi_1(x))]\mathrm{d}x.$$

又因为 $L=\overset{\frown}{AB}+\overline{BC}+\overset{\frown}{CE}+\overline{EA}$，所以由曲线积分的性质和计算法得

$$\begin{aligned}\oint_L P\,\mathrm{d}x &= \int_{\overset{\frown}{AB}} P\,\mathrm{d}x+\int_{\overline{BC}} P\,\mathrm{d}x+\int_{\overset{\frown}{CE}} P\,\mathrm{d}x+\int_{\overline{EA}} P\,\mathrm{d}x\\ &= \int_a^b P(x,\varphi_1(x))\,\mathrm{d}x+0+\int_b^a P(x,\varphi_2(x))\,\mathrm{d}x+0\\ &= \int_a^b P(x,\varphi_1(x))\,\mathrm{d}x-\int_a^b P(x,\varphi_2(x))\,\mathrm{d}x\\ &= \int_a^b [P(x,\varphi_1(x))-P(x,\varphi_2(x))]\,\mathrm{d}x.\end{aligned}$$

所以

$$-\iint_D \frac{\partial P}{\partial y}\,\mathrm{d}x\mathrm{d}y=\oint_L P\,\mathrm{d}x. \tag{10.10}$$

设 $D=\{(x,y)\mid \psi_1(y)\leqslant x\leqslant \psi_2(y), c\leqslant y\leqslant d\}$，类似可证

$$\iint_D \frac{\partial Q}{\partial x}\,\mathrm{d}x\mathrm{d}y=\oint_L Q\,\mathrm{d}y. \tag{10.11}$$

因为 D 满足条件：穿过 D 内部且平行于坐标轴的直线与 D 的边界曲线 L 的交点至多有两个，所以上面(10.10)式和(10.11)式同时成立. 合并这两个式子，即得(10.9)式.

(2) 若 D 不满足(1)中的条件，则可在 D 内引入一条或几条辅助线将 D 分为几个部分区域，使得每个部分区域都满足上述条件.

如图 10.5 所示，设区域 D 的边界曲线 L 为 $\overset{\frown}{ANBMA}$，则可引入一条辅助线将 D 分为 D_1 和 D_2 两部分，且 D_1 和 D_2 均满足(1)中的条件. 故可应用(10.9)式，得

$$\iint_{D_1}\left(\frac{\partial Q}{\partial x}-\frac{\partial P}{\partial y}\right)\mathrm{d}x\mathrm{d}y=\oint_{L_1+\overset{\frown}{BMA}} P\,\mathrm{d}x+Q\,\mathrm{d}y,$$

$$\iint_{D_2}\left(\frac{\partial Q}{\partial x}-\frac{\partial P}{\partial y}\right)\mathrm{d}x\mathrm{d}y=\oint_{L_2+\overset{\frown}{ANB}} P\,\mathrm{d}x+Q\,\mathrm{d}y,$$

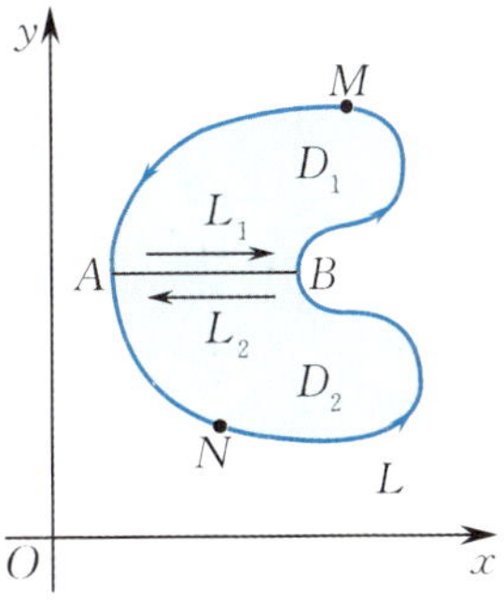

图 10.5

其中 L_1 和 L_2 是同一条曲线，即引入的辅助线，但方向相反. 将这两个式子相加，沿辅助线的曲线积分相互抵消，故有

$$\iint_D\left(\frac{\partial Q}{\partial x}-\frac{\partial P}{\partial y}\right)\mathrm{d}x\mathrm{d}y=\oint_L P\,\mathrm{d}x+Q\,\mathrm{d}y,$$

即证得(10.9)式. 对于其他情形可类似证明.

说明　(1) 对于复连通区域 D，格林公式(10.9)右端应包括区域 D 的全部边界上的曲线积分，且边界的方向对区域 D 来说都是正向.

(2) 若 $P(x,y)=-y, Q(x,y)=x$，则(10.9)式成为 $2\iint_D \mathrm{d}x\mathrm{d}y=\oint_L x\,\mathrm{d}y-y\,\mathrm{d}x$. 故区域 D 的面积为

$$A=\iint_D \mathrm{d}x\mathrm{d}y=\frac{1}{2}\oint_L x\,\mathrm{d}y-y\,\mathrm{d}x. \tag{10.12}$$

例 1 求圆 $L: x = R\cos\theta, y = R\sin\theta (R > 0)$ 的面积 A.

解 由(10.12)式得

$$A = \frac{1}{2}\oint_L x\mathrm{d}y - y\mathrm{d}x = \frac{1}{2}\int_0^{2\pi}[R\cos\theta \cdot R\cos\theta - R\sin\theta(-R\sin\theta)]\mathrm{d}\theta$$
$$= \frac{1}{2}\int_0^{2\pi} R^2(\cos^2\theta + \sin^2\theta)\mathrm{d}\theta = \frac{R^2}{2}\int_0^{2\pi}\mathrm{d}\theta = \pi R^2.$$

例 2 求证：$\oint_L 6xy\mathrm{d}x + 3x^2\mathrm{d}y = 0$，其中 L 为一条连续闭曲线，取正向.

解 令 $P = 6xy, Q = 3x^2$，则在由曲线 L 所围成的闭区域 D 上，有

$$\frac{\partial Q}{\partial x} - \frac{\partial P}{\partial y} = 6x - 6x = 0.$$

故由(10.9)式得

$$\oint_L 6xy\mathrm{d}x + 3x^2\mathrm{d}y = \iint_D \left(\frac{\partial Q}{\partial x} - \frac{\partial P}{\partial y}\right)\mathrm{d}x\mathrm{d}y = \iint_D 0\mathrm{d}x\mathrm{d}y = 0.$$

二、曲线积分与路径无关

定义 1 设有一区域 G，函数 $P(x,y), Q(x,y)$ 在 G 内具有一阶连续偏导数. 若对 G 内任意两点 A, B，以及 G 内连接从点 A 到点 B 的任意两条有向曲线 L_1, L_2，均有

$$\int_{L_1} P\mathrm{d}x + Q\mathrm{d}y = \int_{L_2} P\mathrm{d}x + Q\mathrm{d}y,$$

则称**曲线积分 $\int_L P\mathrm{d}x + Q\mathrm{d}y$ 在 G 内与路径无关**.

可以发现，对于定义 1 中的任意两条始点、终点相同的路线 L_1，L_2，$L_1 + (-L_2)$ 为 G 内的一条有向闭曲线，且有

$$\oint_{L_1+(-L_2)} P\mathrm{d}x + Q\mathrm{d}y = \int_{L_1} P\mathrm{d}x + Q\mathrm{d}y - \int_{L_2} P\mathrm{d}x + Q\mathrm{d}y = 0,$$

即在 G 内沿封闭曲线的曲线积分为 0. 由此得出结论：

曲线积分 $\int_L P\mathrm{d}x + Q\mathrm{d}y$ 在 G 内与路径无关相当于沿 G 内任何闭曲线 C 的曲线积分 $\oint_C P\mathrm{d}x + Q\mathrm{d}y$ 等于 0.

例如，§10.2 中例 5 和例 6 的对坐标的曲线积分与路径无关. 事实上，因为 $P = x + y, Q = x - y$，所以

$$\frac{\partial Q}{\partial x} = 1 = \frac{\partial P}{\partial y}.$$

故由格林公式(10.9)可知，沿含积分弧段 L 的闭曲线 C 的积分 $\oint_C P\mathrm{d}x + Q\mathrm{d}y$ 等于 0.

现讨论平面上对坐标的曲线积分与路径无关的条件.

定理 2（曲线积分与路径无关）　设 G 为一个单连通区域. 若函数 $P(x,y)$,$Q(x,y)$ 在 G 内具有一阶连续偏导数,则对坐标的曲线积分 $\int_L P\mathrm{d}x+Q\mathrm{d}y$ 在 G 内与路径 L 无关的充要条件是

$$\frac{\partial Q}{\partial x}=\frac{\partial P}{\partial y} \tag{10.13}$$

在 G 内恒成立.

证明从略.

定理 2 中关于 G 为单连通区域很重要,如果这个条件不满足,则定理结论不一定成立. 例如,设

$$P(x,y)=-\frac{y}{x^2+y^2},\quad Q(x,y)=\frac{x}{x^2+y^2},$$

则

$$\frac{\partial P}{\partial y}=\frac{y^2-x^2}{(x^2+y^2)^2}=\frac{\partial Q}{\partial x}\quad (x^2+y^2\neq 0),$$

即(10.13)式在不含点(0,0)的区域内恒成立.

若取有向闭曲线 L 为逆时针方向的单位圆周 $x=\cos t,y=\sin t$ $(0\leqslant t\leqslant 2\pi)$,则有

$$\begin{aligned}\oint_L P\mathrm{d}x+Q\mathrm{d}y&=\oint_L\frac{-y\mathrm{d}x+x\mathrm{d}y}{x^2+y^2}=\int_0^{2\pi}(\cos^2 t+\sin^2 t)\mathrm{d}t\\&=2\pi\neq 0.\end{aligned}$$

也就是说,虽然闭曲线 L 在环形区域 G:$\frac{1}{4}<x^2+y^2<4$ 内部,且(10.13)式在该环形区域内恒成立,但由于环形区域 G 不是单连通区域,因此不能保证曲线积分 $\oint_L P\mathrm{d}x+Q\mathrm{d}y=0$ 成立,即不能得出曲线积分 $\oint_L P\mathrm{d}x+Q\mathrm{d}y$ 在 G 内与路径无关.

三、二元函数的全微分求积

现在要讨论,当函数 $P(x,y)$,$Q(x,y)$ 满足什么条件时,表达式

$$P(x,y)\mathrm{d}x+Q(x,y)\mathrm{d}y$$

为某个二元函数 $u(x,y)$ 的全微分,并求 $u(x,y)$.

定理 3（全微分准则）　设区域 G 为一单连通区域,函数 $P(x,y)$,$Q(x,y)$ 在 G 内具有一阶连续偏导数,则

$$P(x,y)\mathrm{d}x+Q(x,y)\mathrm{d}y$$

在 G 内是某个函数 $u(x,y)$ 的全微分的充要条件是

$$\frac{\partial Q}{\partial x}=\frac{\partial P}{\partial y}$$

在 G 内恒成立.

证明从略.

说明　若取平行于坐标轴的直线段连成的折线 M_0RM 或 M_0SM 为积分路线(见图10.6)，且假定积分路线均在 G 内，则得函数

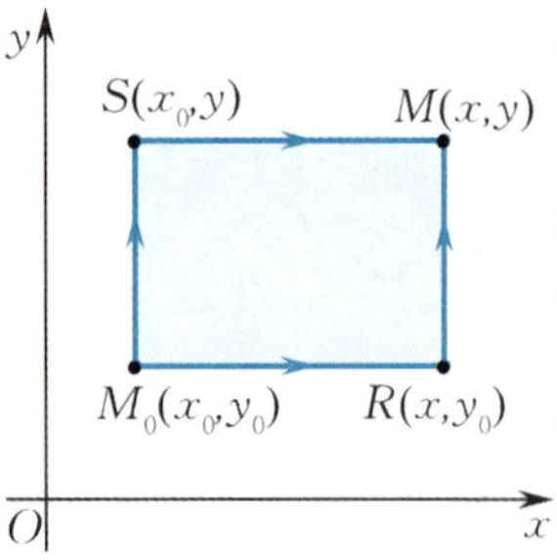

图 10.6

$$u(x,y)=\int_{x_0}^{x}P(x,y_0)\mathrm{d}x+\int_{y_0}^{y}Q(x,y)\mathrm{d}y \qquad (10.14)$$

或

$$u(x,y)=\int_{y_0}^{y}Q(x_0,y)\mathrm{d}y+\int_{x_0}^{x}P(x,y)\mathrm{d}x. \qquad (10.15)$$

例 3　验证：在 xOy 面内，$3(xy^2\mathrm{d}x+x^2y\mathrm{d}y)$ 是某个函数 $u(x,y)$ 的全微分，并求出 $u(x,y)$.

解　这时 $P=3xy^2, Q=3x^2y$，则

$$\frac{\partial P}{\partial y}=6xy=\frac{\partial Q}{\partial x}$$

在 xOy 面内恒成立，于是 $3(xy^2\mathrm{d}x+x^2y\mathrm{d}y)$ 是某个函数 $u(x,y)$ 的全微分.

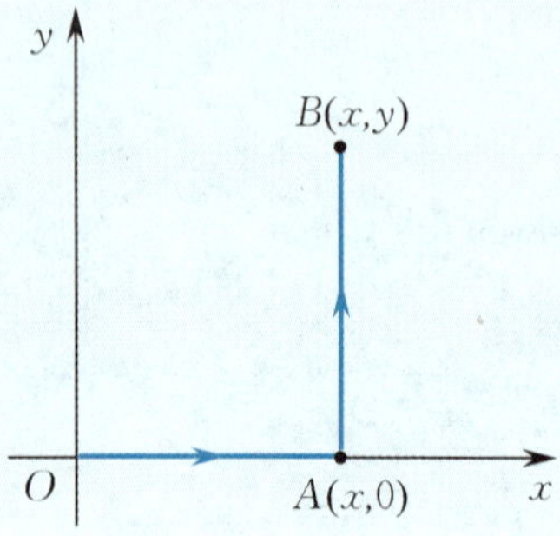

图 10.7

取积分路线为折线 OAB(见图 10.7)，则由(10.14)式得

$$u(x,y)=\int_{\overline{OA}}3(xy^2\mathrm{d}x+x^2y\mathrm{d}y)+\int_{\overline{AB}}3(xy^2\mathrm{d}x+x^2y\mathrm{d}y)$$

$$=0+3\int_0^y x^2y\mathrm{d}y=3x^2\int_0^y y\mathrm{d}y=\frac{3}{2}x^2y^2.$$

§ 10.4　曲面积分的概念与性质

微课视频

一、对面积的曲面积分的概念

对于 § 10.1 中曲线形构件的质量问题，若将曲线改为曲面，线密度 $\rho(x,y)$ 改为面密度 $\rho(x,y,z)$，小段曲线的弧长 Δs_i 改为小块曲面的面积 ΔS_i，第 i 小段曲线上的点 (ξ_i,η_i) 改为第 i 小块曲面上的点 (ξ_i,η_i,ζ_i)，则面密度 $\rho(x,y,z)$ 连续的曲面的质量 M 为下列和式的极限：

$$M=\lim_{d\to 0}\sum_{i=1}^{n}\rho(\xi_i,\eta_i,\zeta_i)\Delta S_i,$$

其中 d 为 n 块小曲面直径中的最大值.

定义 1　若曲面 Σ 上各点处均具有切平面,且当点在 Σ 上连续移动时,切平面也是连续转动的,则称 **Σ 是光滑曲面**. 分片光滑曲面是由有限块光滑曲面连成的曲面.

定义 2　设 Σ 是分片光滑曲面,函数 $f(x,y,z)$ 在 Σ 上连续. 将 Σ 分为 n 小块 ΔS_i(ΔS_i 也表示第 i 小块曲面的面积,$i=1,2,\cdots,n$),又(ξ_i,η_i,ζ_i) 为 ΔS_i 上任取的一点. 若当各小块曲面直径的最大值$d\to 0$ 时,极限$\lim\limits_{d\to 0}\sum\limits_{i=1}^{n}f(\xi_i,\eta_i,\zeta_i)\Delta S_i$ 存在,且与曲面 Σ 的分法及点(ξ_i,η_i,ζ_i) 的取法无关,则称此极限值为函数 $f(x,y,z)$ 在 Σ 上**对面积的曲面积分**,记作

$$\iint\limits_{\Sigma}f(x,y,z)\mathrm{d}S,$$

即

$$\iint\limits_{\Sigma}f(x,y,z)\mathrm{d}S=\lim_{d\to 0}\sum_{i=1}^{n}f(\xi_i,\eta_i,\zeta_i)\Delta S_i,$$

其中 $f(x,y,z)$ 称为**被积函数**,$f(x,y,z)\mathrm{d}S$ 称为**被积表达式**,Σ 称为**积分曲面**.

说明　由定义 2 可知,面密度为连续函数 $\rho(x,y,z)$ 的光滑曲面 Σ 的质量 M 是 $\rho(x,y,z)$ 在 Σ 上对面积的曲面积分,即

$$M=\iint\limits_{\Sigma}\rho(x,y,z)\mathrm{d}S. \tag{10.16}$$

二、对坐标的曲面积分的概念

这里我们对曲面做一些说明,假定曲面是光滑的.

我们通常遇到的曲面都是双侧的. 例如,对于曲面 $z=z(x,y)$,它有上侧和下侧之分;对于曲面 $x=x(y,z)$,它有前侧和后侧之分;对于曲面 $y=y(z,x)$,它有右侧和左侧之分;对于一张包围某一空间区域的闭曲面,它有外侧和内侧之分. 以后总假定所考虑的曲面都是双侧的. 在讨论对坐标的曲面积分时,需要指定曲面的侧. 我们可以通过曲面上法向量的指向来定出曲面的侧. 例如,对于曲面 $z=z(x,y)$,如果取定法向量 $\boldsymbol{n}$ 的指向朝上,我们就认为取定该曲面的上侧. 这种取定法向量,即选定了侧的曲面就称为**有向曲面**.

设 Σ 为有向曲面,在 Σ 上取一小块曲面 ΔS,将 ΔS 投影到 xOy 面上得一投影区域,记其面积为$(\Delta\sigma)_{xy}$. 假定 ΔS 上各点处的法向量与 z 轴正向的夹角 γ 的余弦 $\cos\gamma$ 有相同的符号(即 $\cos\gamma$ 都是正的

或都是负的），并规定 ΔS 在 xOy 面上的投影 $(\Delta S)_{xy}$ 为

$$(\Delta S)_{xy}=\begin{cases}(\Delta\sigma)_{xy}, & \cos\gamma>0,\\ -(\Delta\sigma)_{xy}, & \cos\gamma<0,\\ 0, & \cos\gamma=0.\end{cases}$$

同理，可规定 ΔS 在 yOz 面和 zOx 面上的投影 $(\Delta S)_{yz}$ 和 $(\Delta S)_{zx}$.

下面通过讨论一个例题来引入对坐标的曲面积分的概念.

流向曲面一侧的流量 设稳定流动（速度 $\boldsymbol{v}$ 与时间 t 无关）不可压缩流体（假定 $\rho=1$）的速度场由

$$\boldsymbol{v}(x,y,z)=P(x,y,z)\boldsymbol{i}+Q(x,y,z)\boldsymbol{j}+R(x,y,z)\boldsymbol{k}$$

给出，Σ 是速度场中一块有向曲面，求在单位时间内流向 Σ 指定侧的流量 Φ.

首先将曲面 Σ 分为 n 块小曲面 ΔS_i（ΔS_i 也表示第 i 块小曲面的面积，$i=1,2,\cdots,n$），在 Σ 光滑和 $\boldsymbol{v}$ 连续的前提下，只要 ΔS_i 的直径很小，就可用 ΔS_i 上任取的一点 $M_i(\xi_i,\eta_i,\zeta_i)$ 处的速度

$$\boldsymbol{v}_i=\boldsymbol{v}(\xi_i,\eta_i,\zeta_i)=P(\xi_i,\eta_i,\zeta_i)\boldsymbol{i}+Q(\xi_i,\eta_i,\zeta_i)\boldsymbol{j}+R(\xi_i,\eta_i,\zeta_i)\boldsymbol{k}$$

代替 ΔS_i 上其他各点处的速度，用 Σ 在点 M_i 处的单位法向量

$$\boldsymbol{n}_i=\cos\alpha_i\boldsymbol{i}+\cos\beta_i\boldsymbol{j}+\cos\gamma_i\boldsymbol{k}$$

代替 ΔS_i 上其他各点处的单位法向量（见图 10.8），从而得到通过 ΔS_i 流向指定侧的流量的近似值为

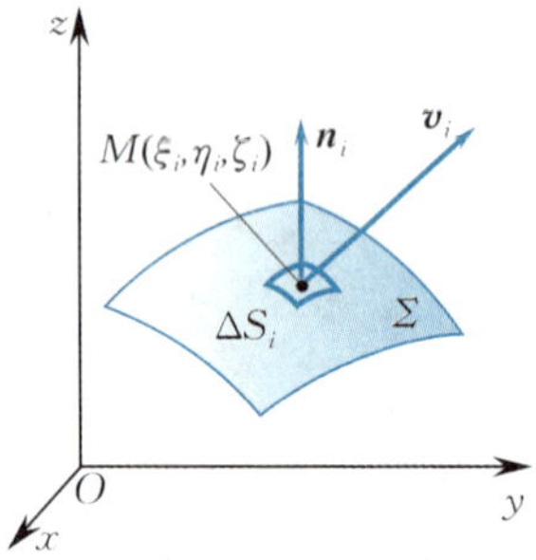

图 10.8

$$(\boldsymbol{v}_i\cdot\boldsymbol{n}_i)\Delta S_i\quad(i=1,2,\cdots,n).$$

于是，通过 Σ 流向指定侧的流量为

$$\begin{aligned}\Phi&\approx\sum_{i=1}^{n}(\boldsymbol{v}_i\cdot\boldsymbol{n}_i)\Delta S_i\\&=\sum_{i=1}^{n}[P(\xi_i,\eta_i,\zeta_i)\cos\alpha_i+Q(\xi_i,\eta_i,\zeta_i)\cos\beta_i+R(\xi_i,\eta_i,\zeta_i)\cos\gamma_i]\Delta S_i.\end{aligned}$$

而

$$\cos\alpha_i\Delta S_i\approx(\Delta S_i)_{yz},\quad\cos\beta_i\Delta S_i\approx(\Delta S_i)_{zx},$$
$$\cos\gamma_i\Delta S_i\approx(\Delta S_i)_{xy},$$

因此

$$\begin{aligned}\Phi\approx\sum_{i=1}^{n}[&P(\xi_i,\eta_i,\zeta_i)(\Delta S_i)_{yz}+Q(\xi_i,\eta_i,\zeta_i)(\Delta S_i)_{zx}\\&+R(\xi_i,\eta_i,\zeta_i)(\Delta S_i)_{xy}].\end{aligned}$$

最后令各小块曲面直径的最大值 $d\to0$，取上述和式的极限，即得流量 Φ 的精确值.

定义 3 设 Σ 是分片光滑的有向曲面，函数 $P(x,y,z)$，$Q(x,y,z)$，$R(x,y,z)$ 在 Σ 上连续. 将 Σ 分为 n 块小曲面 ΔS_i（ΔS_i 也表示第 i 块小曲面的面积，$i=1,2,\cdots,n$），ΔS_i 在 yOz 面、zOx 面和 xOy 面上的投影分别为 $(\Delta S_i)_{yz}$，$(\Delta S_i)_{zx}$，$(\Delta S_i)_{xy}$，$M_i(\xi_i,\eta_i,\zeta_i)$ 为 ΔS_i 上任

取的一点.若当各小块曲面直径的最大值 $d\to 0$ 时,极限

$$\lim_{d\to 0}\sum_{i=1}^{n}P(\xi_i,\eta_i,\zeta_i)(\Delta S_i)_{yz},$$

$$\lim_{d\to 0}\sum_{i=1}^{n}Q(\xi_i,\eta_i,\zeta_i)(\Delta S_i)_{zx}$$

和

$$\lim_{d\to 0}\sum_{i=1}^{n}R(\xi_i,\eta_i,\zeta_i)(\Delta S_i)_{xy}$$

存在,且与曲面 Σ 的分法及点 $M_i(\xi_i,\eta_i,\zeta_i)$ 的取法无关,则分别称这三个极限值为函数 $P(x,y,z)$ 在 Σ 上**对坐标 y,z 的曲面积分**、函数 $Q(x,y,z)$ 在 Σ 上**对坐标 z,x 的曲面积分**和函数 $R(x,y,z)$ 在 Σ 上**对坐标 x,y 的曲面积分**,记作

$$\iint_{\Sigma}P(x,y,z)\mathrm{d}y\mathrm{d}z,\quad \iint_{\Sigma}Q(x,y,z)\mathrm{d}z\mathrm{d}x\quad 和\quad \iint_{\Sigma}R(x,y,z)\mathrm{d}x\mathrm{d}y,$$

即

$$\iint_{\Sigma}P(x,y,z)\mathrm{d}y\mathrm{d}z=\lim_{d\to 0}\sum_{i=1}^{n}P(\xi_i,\eta_i,\zeta_i)(\Delta S_i)_{yz},$$

$$\iint_{\Sigma}Q(x,y,z)\mathrm{d}z\mathrm{d}x=\lim_{d\to 0}\sum_{i=1}^{n}Q(\xi_i,\eta_i,\zeta_i)(\Delta S_i)_{zx},$$

$$\iint_{\Sigma}R(x,y,z)\mathrm{d}x\mathrm{d}y=\lim_{d\to 0}\sum_{i=1}^{n}R(\xi_i,\eta_i,\zeta_i)(\Delta S_i)_{xy},$$

其中 $P(x,y,z)$,$Q(x,y,z)$,$R(x,y,z)$ 称为**被积函数**,Σ 称为**积分曲面**.

在实际问题中,经常出现的是曲面积分 $\iint_{\Sigma}P(x,y,z)\mathrm{d}y\mathrm{d}z$, $\iint_{\Sigma}Q(x,y,z)\mathrm{d}z\mathrm{d}x$,与 $\iint_{\Sigma}R(x,y,z)\mathrm{d}x\mathrm{d}y$ 求和的形式.所以,为了简便,常常将

$$\iint_{\Sigma}P(x,y,z)\mathrm{d}y\mathrm{d}z+\iint_{\Sigma}Q(x,y,z)\mathrm{d}z\mathrm{d}x+\iint_{\Sigma}R(x,y,z)\mathrm{d}x\mathrm{d}y$$

写成如下形式:

$$\iint_{\Sigma}P(x,y,z)\mathrm{d}y\mathrm{d}z+Q(x,y,z)\mathrm{d}z\mathrm{d}x+R(x,y,z)\mathrm{d}x\mathrm{d}y.$$

说明　由定义3可知,上述流向曲面 Σ 指定侧的流量 Φ 可表示为

$$\Phi=\iint_{\Sigma}P(x,y,z)\mathrm{d}y\mathrm{d}z+Q(x,y,z)\mathrm{d}z\mathrm{d}x+R(x,y,z)\mathrm{d}x\mathrm{d}y.\qquad(10.17)$$

三、曲面积分的性质

曲面积分具有与曲线积分类似的性质,下面以对坐标的曲面积

分为例做介绍.

以下均假定所讨论的曲面积分存在.

性质 1（线性性）　设 α,β 为常数，则有

$$\iint_{\Sigma}\alpha(P_1\mathrm{d}y\mathrm{d}z+Q_1\mathrm{d}z\mathrm{d}x+R_1\mathrm{d}x\mathrm{d}y)\pm\beta(P_2\mathrm{d}y\mathrm{d}z+Q_2\mathrm{d}z\mathrm{d}x+R_2\mathrm{d}x\mathrm{d}y)$$
$$=\alpha\left(\iint_{\Sigma}P_1\mathrm{d}y\mathrm{d}z+Q_1\mathrm{d}z\mathrm{d}x+R_1\mathrm{d}x\mathrm{d}y\right)\pm\beta\left(\iint_{\Sigma}P_2\mathrm{d}y\mathrm{d}z+Q_2\mathrm{d}z\mathrm{d}x+R_2\mathrm{d}x\mathrm{d}y\right).$$

性质 2（可加性）　如果把光滑有向曲面 Σ 分成 Σ_1 和 Σ_2，则

$$\iint_{\Sigma}P\mathrm{d}y\mathrm{d}z+Q\mathrm{d}z\mathrm{d}x+R\mathrm{d}x\mathrm{d}y=\iint_{\Sigma_1}P\mathrm{d}y\mathrm{d}z+Q\mathrm{d}z\mathrm{d}x+R\mathrm{d}x\mathrm{d}y$$
$$+\iint_{\Sigma_2}P\mathrm{d}y\mathrm{d}z+Q\mathrm{d}z\mathrm{d}x+R\mathrm{d}x\mathrm{d}y.$$

性质 2 可以推广到光滑有向曲面 Σ 分成 $\Sigma_1,\Sigma_2,\cdots,\Sigma_n$ 的情形.

性质 3（有向性）　若 Σ 为光滑有向曲面，$-\Sigma$ 表示与 Σ 取相反侧的有向曲面，则

$$\iint_{-\Sigma}P(x,y,z)\mathrm{d}y\mathrm{d}z=-\iint_{\Sigma}P(x,y,z)\mathrm{d}y\mathrm{d}z,$$
$$\iint_{-\Sigma}Q(x,y,z)\mathrm{d}z\mathrm{d}x=-\iint_{\Sigma}Q(x,y,z)\mathrm{d}z\mathrm{d}x,$$
$$\iint_{-\Sigma}R(x,y,z)\mathrm{d}x\mathrm{d}y=-\iint_{\Sigma}R(x,y,z)\mathrm{d}x\mathrm{d}y.$$

两类曲线积分之间有一定的关系. 同样，两类曲面积分之间也有一定的关系.

定理 1　两类曲面积分有如下关系式成立：

$$\iint_{\Sigma}P\mathrm{d}y\mathrm{d}z+Q\mathrm{d}z\mathrm{d}x+R\mathrm{d}x\mathrm{d}y=\iint_{\Sigma}(P\cos\alpha+Q\cos\beta+R\cos\gamma)\mathrm{d}S,$$

其中 $\cos\alpha,\cos\beta,\cos\gamma$ 为有向曲面 Σ 上点 $M(x,y,z)$ 处的法向量的方向余弦.

证明从略.

§ 10.5　曲面积分的计算

微课视频

一、对面积的曲面积分的计算

定理 1　设积分曲面 Σ 由方程 $z=z(x,y)$ 给定，Σ 在 xOy 面

上的投影区域是 D_{xy}. 若函数 $z=z(x,y)$ 在 D_{xy} 上有一阶连续偏导数，被积函数 $f(x,y,z)$ 在 Σ 上连续，则

$$\iint_{\Sigma} f(x,y,z)\mathrm{d}S = \iint_{D_{xy}} f(x,y,z(x,y))\sqrt{1+z_x'^2(x,y)+z_y'^2(x,y)}\,\mathrm{d}x\mathrm{d}y. \quad (10.18)$$

证明从略.

说明　(1) 在计算定理 1 中的曲面积分时，将 z 换为 $z(x,y)$，$\mathrm{d}S$ 换为

$$\sqrt{1+z_x'^2(x,y)+z_y'^2(x,y)}\,\mathrm{d}x\mathrm{d}y,$$

再确定 Σ 在 xOy 面上的投影区域 D_{xy}，这时即可将所要计算的对面积的曲面积分化为二重积分.

(2) 当积分曲面 Σ 由方程 $x=x(y,z)$ 或 $y=y(z,x)$ 给定时，可类似地将曲面积分化为二重积分.

例 1　计算对面积的曲面积分 $I=\iint\limits_{\Sigma}\dfrac{\mathrm{d}S}{z}$，其中 Σ 是球面 $x^2+y^2+z^2-R^2=0$ 被平面 $z=H(0<H<R)$ 截出的顶部(见图 10.9).

解　已知 Σ 的方程是 $z=\sqrt{R^2-x^2-y^2}$，Σ 在 xOy 面上的投影区域为

$$D_{xy}: x^2+y^2 \leqslant R^2-H^2.$$

又

$$\mathrm{d}S=\sqrt{1+z_x'^2+z_y'^2}\mathrm{d}x\mathrm{d}y=\frac{R\mathrm{d}x\mathrm{d}y}{\sqrt{R^2-x^2-y^2}},$$

故由(10.18)式及极坐标变换有

$$I=\iint_{D_{xy}}\frac{R\mathrm{d}x\mathrm{d}y}{R^2-x^2-y^2}=R\int_0^{2\pi}\mathrm{d}\theta\int_0^{\sqrt{R^2-H^2}}\frac{r}{R^2-r^2}\mathrm{d}r$$

$$=2\pi R\left[-\frac{1}{2}\ln(R^2-r^2)\right]_0^{\sqrt{R^2-H^2}}=2\pi R\ln\frac{R}{H}.$$

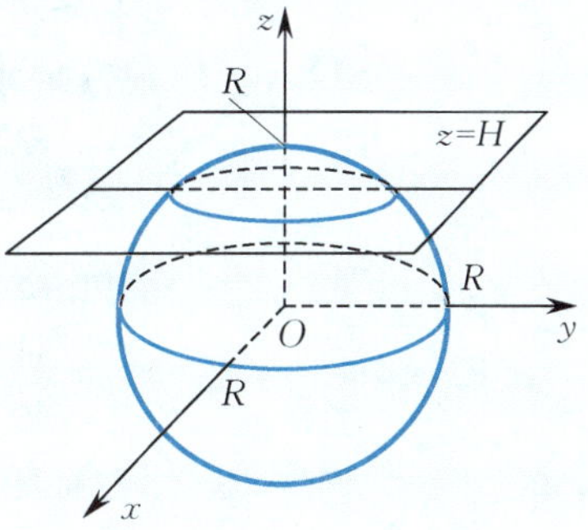

图 10.9

例 2　计算对面积的曲面积分 $I=\oiint\limits_{\Sigma}xyz\mathrm{d}S$ (记号 $\oiint\limits_{\Sigma}$ 表示在闭曲面 Σ 上积分)，其中 Σ 是由平面 $x+y+z-1=0$，$x=0$，$y=0$，$z=0$ 所围成的四面体的整个边界曲面(见图 10.10).

解　记该四面体的四个面分别为 $\Sigma_1,\Sigma_2,\Sigma_3,\Sigma_4$，则

$$\oiint_{\Sigma}xyz\mathrm{d}S=\iint_{\Sigma_1}xyz\mathrm{d}S+\iint_{\Sigma_2}xyz\mathrm{d}S+\iint_{\Sigma_3}xyz\mathrm{d}S+\iint_{\Sigma_4}xyz\mathrm{d}S.$$

因为在面 $\Sigma_2: z=0$，$\Sigma_3: y=0$，$\Sigma_4: x=0$ 上，被积函数 $f(x,y,z)=xyz$ 均为零，所以

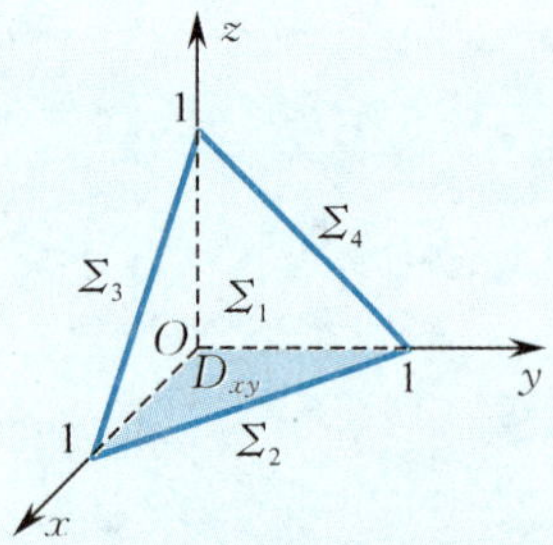

图 10.10

$$\iint\limits_{\Sigma_2} xyz\,\mathrm{d}S = \iint\limits_{\Sigma_3} xyz\,\mathrm{d}S = \iint\limits_{\Sigma_4} xyz\,\mathrm{d}S = 0.$$

在 $\Sigma_1: x+y+z-1=0$ 上，有 $z=1-x-y$，从而

$$\begin{aligned}\mathrm{d}S &= \sqrt{1+z_x'^2+z_y'^2}\,\mathrm{d}x\mathrm{d}y\\ &= \sqrt{1+(-1)^2+(-1)^2}\,\mathrm{d}x\mathrm{d}y = \sqrt{3}\,\mathrm{d}x\mathrm{d}y,\end{aligned}$$

又 Σ_1 在 xOy 面上的投影区域为 $D_{xy}: 0 \leqslant y \leqslant 1-x, 0 \leqslant x \leqslant 1$，故

$$\begin{aligned}I &= \oint\!\!\!\oint\limits_{\Sigma} xyz\,\mathrm{d}S = \iint\limits_{\Sigma_1} xyz\,\mathrm{d}S = \sqrt{3}\iint\limits_{D_{xy}} xy(1-x-y)\,\mathrm{d}x\mathrm{d}y\\ &= \sqrt{3}\int_0^1 \mathrm{d}x\int_0^{1-x} xy(1-x-y)\,\mathrm{d}y = \sqrt{3}\int_0^1 x\left[(1-x)\frac{y^2}{2}-\frac{y^3}{3}\right]_0^{1-x}\mathrm{d}x\\ &= \sqrt{3}\int_0^1 x\,\frac{(1-x)^3}{6}\,\mathrm{d}x = \frac{\sqrt{3}}{6}\int_0^1 (x-3x^2+3x^3-x^4)\,\mathrm{d}x = \frac{\sqrt{3}}{120}.\end{aligned}$$

二、对坐标的曲面积分的计算

定理 2　设积分曲面 Σ 由方程 $z=z(x,y)$ 给定，Σ 在 xOy 面上的投影区域是 D_{xy}. 若函数 $z=z(x,y)$ 在 D_{xy} 上有一阶连续偏导数，被积函数 $R(x,y,z)$ 在 Σ 上连续，则

$$\iint\limits_{\Sigma} R(x,y,z)\,\mathrm{d}x\mathrm{d}y = \pm\iint\limits_{D_{xy}} R(x,y,z(x,y))\,\mathrm{d}x\mathrm{d}y, \tag{10.19}$$

其中 Σ 为上侧时取"+"号，Σ 为下侧时取"−"号.

证明从略.

说明　(1) 在计算定理 2 中的曲面积分时，先将 z 换成 $z(x,y)$，再确定 Σ 在 xOy 面上的投影区域 D_{xy}，最后确定正负号，这样即可将要计算的对坐标的曲面积分化为二重积分.

(2) 设积分曲面 Σ 由方程 $x=x(y,z)$ 给定，Σ 在 yOz 面上的投影区域为 D_{yz}. 若函数 $x=x(y,z)$ 在 D_{yz} 上有一阶连续偏导数，被积函数 $P(x,y,z)$ 在 Σ 上连续，则

$$\iint\limits_{\Sigma} P(x,y,z)\,\mathrm{d}y\mathrm{d}z = \pm\iint\limits_{D_{yz}} P(x(y,z),y,z)\,\mathrm{d}y\mathrm{d}z, \tag{10.20}$$

其中 Σ 为前侧时取"+"号，Σ 为后侧时取"−"号.

(3) 设积分曲面 Σ 由方程 $y=y(z,x)$ 给定，Σ 在 zOx 面上的投影区域为 D_{zx}. 若函数 $y=y(z,x)$ 在 D_{zx} 上有一阶连续偏导数，被积函数 $Q(x,y,z)$ 在 Σ 上连续，则

$$\iint\limits_{\Sigma} Q(x,y,z)\,\mathrm{d}z\mathrm{d}x = \pm\iint\limits_{D_{zx}} Q(x,y(z,x),z)\,\mathrm{d}z\mathrm{d}x, \tag{10.21}$$

其中 Σ 为右侧时取"+"号，Σ 为左侧时取"−"号.

例 3 计算对坐标的曲面积分 $\iint\limits_{\Sigma} 2xyz\,dx\,dy$，其中曲面 Σ 是球面 $x^2+y^2+z^2-1=0$ 在 $x\geqslant 0, y\geqslant 0$ 的部分，取外侧(见图 10.11).

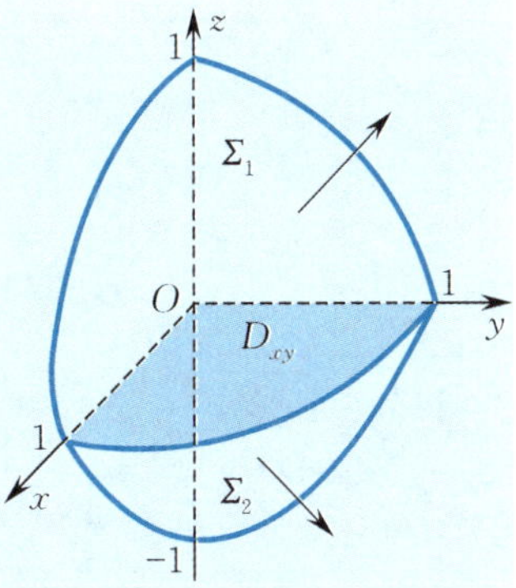

图 10.11

解 把 Σ 分为 Σ_1 和 Σ_2 两部分，其中

$$\Sigma_1: z=\sqrt{1-x^2-y^2}\ (\text{上侧}),$$

$$\Sigma_2: z=-\sqrt{1-x^2-y^2}\ (\text{下侧}),$$

则 $\iint\limits_{\Sigma} 2xyz\,dx\,dy=\iint\limits_{\Sigma_1} 2xyz\,dx\,dy+\iint\limits_{\Sigma_2} 2xyz\,dx\,dy$. 故由(10.19) 式得

$$\begin{aligned}\iint\limits_{\Sigma} 2xyz\,dx\,dy &= \iint\limits_{D_{xy}} 2xy\sqrt{1-x^2-y^2}\,dx\,dy-\iint\limits_{D_{xy}} 2xy\left(-\sqrt{1-x^2-y^2}\right)dx\,dy\\ &= 4\iint\limits_{D_{xy}} xy\sqrt{1-x^2-y^2}\,dx\,dy\quad(\text{用极坐标})\\ &= 4\iint\limits_{D_{xy}} r\cos\theta\cdot r\sin\theta\sqrt{1-r^2}\,r\,dr\,d\theta\\ &= 2\int_0^{\frac{\pi}{2}}\sin 2\theta\,d\theta\int_0^1 r^3\sqrt{1-r^2}\,dr=2\cdot\frac{2}{15}=\frac{4}{15},\end{aligned}$$

其中 D_{xy} 为 Σ_1 和 Σ_2 在 xOy 面上的投影区域，它可用极坐标表示为

$$D_{xy}: 0\leqslant r\leqslant 1, 0\leqslant\theta\leqslant\frac{\pi}{2}.$$

§ 10.6 高斯公式，通量与散度

一、高斯公式

微课视频

格林公式阐述了平面区域 D 上的二重积分与其边界曲线 L 上的曲线积分之间的关系，而本节将要介绍的高斯(Gauss) 公式则阐述了空间区域 Ω 上的三重积分与其边界曲面 Σ 上的曲面积分之间的关系.

定理 1 设空间闭区域 Ω 由分片光滑的闭曲面 Σ 所围成. 若函数 $P(x,y,z), Q(x,y,z), R(x,y,z)$ 在 Ω 上有一阶连续偏导数，则有如下的**高斯公式**成立：

$$\iiint_{\Omega}\left(\frac{\partial P}{\partial x}+\frac{\partial Q}{\partial y}+\frac{\partial R}{\partial z}\right)\mathrm{d}v=\oiint_{\Sigma}P\,\mathrm{d}y\mathrm{d}z+Q\mathrm{d}z\mathrm{d}x+R\mathrm{d}x\mathrm{d}y \quad (10.22)$$

或

$$\iiint_{\Omega}\left(\frac{\partial P}{\partial x}+\frac{\partial Q}{\partial y}+\frac{\partial R}{\partial z}\right)\mathrm{d}v=\oiint_{\Sigma}(P\cos\alpha+Q\cos\beta+R\cos\gamma)\mathrm{d}S, \quad (10.23)$$

这里Σ取外侧，$\cos\alpha,\cos\beta,\cos\gamma$为$\Sigma$上点$M(x,y,z)$处的法向量的方向余弦.

证明从略.

例 1 利用高斯公式计算对坐标的曲面积分

$$I=\oiint_{\Sigma}3(x-y)\mathrm{d}x\mathrm{d}y+(y-z)x\mathrm{d}y\mathrm{d}z,$$

其中Σ是由平面$z=0,z=3$和柱面$x^2+y^2-1=0$所围成的空间区域Ω的整个边界曲面的外侧.

解 这里$P=(y-z)x,Q=0,R=3(x-y)$，则

$$\frac{\partial P}{\partial x}+\frac{\partial Q}{\partial y}+\frac{\partial R}{\partial z}=(y-z)+0+0=y-z.$$

用高斯公式将所要计算的对坐标的曲面积分化为三重积分，再用柱面坐标加以求之，得

$$\begin{aligned}I&=\iiint_{\Omega}(y-z)\mathrm{d}v=\iiint_{\Omega}(r\sin\theta-z)r\mathrm{d}r\mathrm{d}\theta\mathrm{d}z\\&=\int_0^{2\pi}\mathrm{d}\theta\int_0^1 r\mathrm{d}r\int_0^3(r\sin\theta-z)\mathrm{d}z=\int_0^{2\pi}\mathrm{d}\theta\int_0^1 r\left(r\sin\theta\cdot z-\frac{z^2}{2}\right)\Big|_0^3\mathrm{d}r\\&=\int_0^{2\pi}\mathrm{d}\theta\int_0^1\left(3r^2\sin\theta-\frac{9}{2}r\right)\mathrm{d}r=\int_0^{2\pi}\left(r^3\sin\theta-\frac{9}{4}r^2\right)\Big|_0^1\mathrm{d}\theta\\&=\int_0^{2\pi}\left(\sin\theta-\frac{9}{4}\right)\mathrm{d}\theta=-\frac{9}{2}\pi.\end{aligned}$$

二、通量与散度

定义 1 设有一向量场

$$\boldsymbol{A}(x,y,z)=P(x,y,z)\boldsymbol{i}+Q(x,y,z)\boldsymbol{j}+R(x,y,z)\boldsymbol{k},$$

其中函数$P(x,y,z),Q(x,y,z),R(x,y,z)$均具有一阶连续偏导数，$\Sigma$为场内一块有向曲面，$\boldsymbol{n}$为$\Sigma$上点$M(x,y,z)$处的单位法向量，则称曲面积分

$$\iint_{\Sigma}\boldsymbol{A}\cdot\boldsymbol{n}\mathrm{d}S$$

为向量场$\boldsymbol{A}$穿过曲面Σ流向指定侧的**通量**（或**流量**）；称

$$\frac{\partial P}{\partial x}+\frac{\partial Q}{\partial y}+\frac{\partial R}{\partial z}$$

为向量场 $\boldsymbol{A}$ 的**散度**，记作 $\operatorname{div}\boldsymbol{A}$，即

$$\operatorname{div}\boldsymbol{A}=\frac{\partial P}{\partial x}+\frac{\partial Q}{\partial y}+\frac{\partial R}{\partial z}.$$

例 2 求向量场 $\boldsymbol{A}=P\boldsymbol{i}+Q\boldsymbol{j}+R\boldsymbol{k}$ 的散度，其中

$$P=(y-z)x,\quad Q=0,\quad R=3(x-y).$$

解 $\operatorname{div}\boldsymbol{A}=\dfrac{\partial P}{\partial x}+\dfrac{\partial Q}{\partial y}+\dfrac{\partial R}{\partial z}=(y-z)+0+0=y-z.$

例 3 求向量场 $\boldsymbol{A}$ 穿过曲面 Σ 流向指定侧的通量 Φ，其中 $\boldsymbol{A}=(2x-z)\boldsymbol{i}+x^2y\boldsymbol{j}-xz^2\boldsymbol{k}$，曲面 Σ 为立方体 Ω：$0\leqslant x\leqslant a,0\leqslant y\leqslant a,0\leqslant z\leqslant a$ 的全表面，流向外侧.

解
$$\begin{aligned}\Phi&=\oint\!\!\!\oint_{\Sigma}P\,\mathrm{d}y\mathrm{d}z+Q\mathrm{d}z\mathrm{d}x+R\mathrm{d}x\mathrm{d}y\\&=\iiint_{\Omega}\left[\frac{\partial(2x-z)}{\partial x}+\frac{\partial(x^2y)}{\partial y}+\frac{\partial(-xz^2)}{\partial z}\right]\mathrm{d}v\\&=\iiint_{\Omega}(2+x^2-2xz)\mathrm{d}v=\int_0^a\mathrm{d}x\int_0^a\mathrm{d}y\int_0^a(2+x^2-2xz)\mathrm{d}z\\&=a\int_0^a(2a+ax^2-a^2x)\mathrm{d}x=a^3\left(2-\frac{a^2}{6}\right).\end{aligned}$$

下面我们来解释高斯公式的物理意义.

设在闭区域 Ω 上有一稳定流动的不可压缩流体(设密度 $\rho=1$)，其速度场由 $\boldsymbol{A}$ 给定，Σ 为闭区域 Ω 的边界曲面的外侧，Σ 上点 $M(x,y,z)$ 处的单位法向量为 $\boldsymbol{n}=\cos\alpha\boldsymbol{i}+\cos\beta\boldsymbol{j}+\cos\gamma\boldsymbol{k}$，那么单位时间内流体经曲面 Σ 流向指定侧的流体总质量 Φ 为

$$\begin{aligned}\Phi&=\oint\!\!\!\oint_{\Sigma}\boldsymbol{A}\cdot\boldsymbol{n}\mathrm{d}S=\oint\!\!\!\oint_{\Sigma}(P\cos\alpha+Q\cos\beta+R\cos\gamma)\mathrm{d}S\\&=\oint\!\!\!\oint_{\Sigma}P\,\mathrm{d}y\mathrm{d}z+Q\mathrm{d}z\mathrm{d}x+R\mathrm{d}x\mathrm{d}y.\end{aligned}$$

因此，高斯公式(10.22)右边可解释为流体在单位时间内离开闭区域 Ω 的总质量. 由于假定流体是不可压缩且是稳定的，因此在流体离开 Ω 的同时，Ω 内必须有产生流体的“源头”产生同样多的流体来补充. 所以，高斯公式(10.22)左边可解释为分布在 Ω 内源头在单位时间内产生流体的总质量.

用 Ω 的体积 V 除以 $\iiint_{\Omega}\left(\dfrac{\partial P}{\partial x}+\dfrac{\partial Q}{\partial y}+\dfrac{\partial R}{\partial z}\right)\mathrm{d}v=\oint\!\!\!\oint_{\Sigma}\boldsymbol{A}\cdot\boldsymbol{n}\mathrm{d}S\triangleq\oint\!\!\!\oint_{\Sigma}A_n\mathrm{d}S$ 两边，有

$$\frac{1}{V}\iiint_{\Omega}\left(\frac{\partial P}{\partial x}+\frac{\partial Q}{\partial y}+\frac{\partial R}{\partial z}\right)\mathrm{d}v=\frac{1}{V}\oint\!\!\!\oint_{\Sigma}A_n\mathrm{d}S.$$

将积分中值定理应用于上式左边，有

$$\left(\frac{\partial P}{\partial x}+\frac{\partial Q}{\partial y}+\frac{\partial R}{\partial z}\right)\bigg|_{(\xi,\eta,\zeta)}=\frac{1}{V}\oiint_{\Sigma}A_n\,\mathrm{d}S,$$

其中(ξ,η,ζ)为Ω内某一点．令Ω缩向于一点$M(x,y,z)$，取上式极限，得

$$\frac{\partial P}{\partial x}+\frac{\partial Q}{\partial y}+\frac{\partial R}{\partial z}=\lim_{\Omega\to M}\frac{1}{V}\oiint_{\Sigma}A_n\,\mathrm{d}S.$$

上式左边即为$\boldsymbol{A}$的散度$\mathrm{div}\,\boldsymbol{A}$. $\mathrm{div}\,\boldsymbol{A}$在这里可看作稳定流动的不可压缩流体的**源头强度**（在单位时间、单位体积内所产生的流体质量）．若$\mathrm{div}\,\boldsymbol{A}$为负，表示点$M(x,y,z)$处流体在流失．

§ 10.7 斯托克斯公式，旋度与环流量

微课视频

一、斯托克斯公式

本节将介绍的斯托克斯(Stokes)公式为格林公式的推广，这个公式将空间曲面Σ上对坐标的曲面积分和Σ的边界曲线Γ上的曲线积分联系起来．

定理 1 设Γ是分段光滑的空间有向闭曲线，Σ是以Γ为边界的分片光滑有向曲面．若函数$P(x,y,z)$，$Q(x,y,z)$，$R(x,y,z)$在曲面Σ上有一阶连续偏导数，则有如下的**斯托克斯公式**成立：

$$\iint_{\Sigma}\left(\frac{\partial R}{\partial y}-\frac{\partial Q}{\partial z}\right)\mathrm{d}y\mathrm{d}z+\left(\frac{\partial P}{\partial z}-\frac{\partial R}{\partial x}\right)\mathrm{d}z\mathrm{d}x+\left(\frac{\partial Q}{\partial x}-\frac{\partial P}{\partial y}\right)\mathrm{d}x\mathrm{d}y$$
$$=\oint_{\Gamma}P\,\mathrm{d}x+Q\,\mathrm{d}y+R\,\mathrm{d}z, \tag{10.24}$$

其中Γ的正向和Σ的侧满足右手规则．

证明从略．

例 1 利用斯托克斯公式计算对坐标的曲线积分$I=2\oint_{\Gamma}z\,\mathrm{d}x+x\,\mathrm{d}y+y\,\mathrm{d}z$，其中$\Gamma$是平面$x+y+z=1$被三个坐标面截得的三角形平面$\Sigma$的整个边界，且$\Gamma$的正向和此三角形平面$\Sigma$的上侧满足右手规则．

解 由斯托克斯公式得

$$I = 2\iint_{\Sigma} \mathrm{d}y\mathrm{d}z + \mathrm{d}z\mathrm{d}x + \mathrm{d}x\mathrm{d}y.$$

因为对称性和 Σ 上法向量的三个方向余弦均是正的，所以

$$I = 6\iint_{D_{xy}} \mathrm{d}x\mathrm{d}y,$$

其中 D_{xy} 为 Σ 在 xOy 面上的投影区域，它是 xOy 面上由两个坐标轴和直线 $x+y-1=0$ 所围成的三角形闭区域. 故 $I=3$.

二、旋度与环流量

定义 1　设有一向量场

$$\boldsymbol{A}(x,y,z) = P(x,y,z)\boldsymbol{i} + Q(x,y,z)\boldsymbol{j} + R(x,y,z)\boldsymbol{k},$$

其中函数 $P(x,y,z), Q(x,y,z), R(x,y,z)$ 均连续，则关于 x,y,z 轴的投影分别是 $\frac{\partial R}{\partial y}-\frac{\partial Q}{\partial z}, \frac{\partial P}{\partial z}-\frac{\partial R}{\partial x}, \frac{\partial Q}{\partial x}-\frac{\partial P}{\partial y}$ 的向量称为 $\boldsymbol{A}$ 的**旋度**，记作 $\mathbf{rot}\,\boldsymbol{A}$，即

$$\mathbf{rot}\,\boldsymbol{A} = \left(\frac{\partial R}{\partial y}-\frac{\partial Q}{\partial z}\right)\boldsymbol{i} + \left(\frac{\partial P}{\partial z}-\frac{\partial R}{\partial x}\right)\boldsymbol{j} + \left(\frac{\partial Q}{\partial x}-\frac{\partial P}{\partial y}\right)\boldsymbol{k}.$$

为便于记忆，也可将旋度表示为

$$\mathbf{rot}\,\boldsymbol{A} = \begin{vmatrix} \boldsymbol{i} & \boldsymbol{j} & \boldsymbol{k} \\ \frac{\partial}{\partial x} & \frac{\partial}{\partial y} & \frac{\partial}{\partial z} \\ P & Q & R \end{vmatrix}.$$

例 2　求向量场 $\boldsymbol{A} = P\boldsymbol{i} + Q\boldsymbol{j} + R\boldsymbol{k}$ 的旋度 $\mathbf{rot}\,\boldsymbol{A}$，其中

$$P = (y-z)x, \quad Q = 0, \quad R = x-y.$$

解　因为

$$\frac{\partial R}{\partial y}-\frac{\partial Q}{\partial z} = -1-0 = -1,$$

$$\frac{\partial P}{\partial z}-\frac{\partial R}{\partial x} = (-x)-1 = -x-1,$$

$$\frac{\partial Q}{\partial x}-\frac{\partial P}{\partial y} = 0-x = -x,$$

所以

$$\mathbf{rot}\,\boldsymbol{A} = -\boldsymbol{i} + (-x-1)\boldsymbol{j} + (-x)\boldsymbol{k}.$$

定义 2　设 Γ 是定义 1 中向量场 $\boldsymbol{A}$ 内的一条分段光滑有向闭曲线，则称曲线积分

$$\oint_{\Gamma} P\,\mathrm{d}x + Q\mathrm{d}y + R\mathrm{d}z = \oint_{\Gamma} A_t\,\mathrm{d}s$$

为向量场 $\boldsymbol{A}$ 沿有向闭曲线 Γ 的**环流量**，其中

$$A_t = \boldsymbol{A} \cdot \boldsymbol{t},$$

$\boldsymbol{t}$ 是 Γ 在点 (x,y,z) 处的单位切向量.

例 3 求向量场 $\boldsymbol{A}$ 沿有向闭曲线 Γ 的环流量，其中

$$\boldsymbol{A} = x\boldsymbol{i} + (x^3 + yz)\boldsymbol{j} - 3xy^2\boldsymbol{k},$$

Γ 为曲面 $z = 2 - \sqrt{x^2 + y^2}$ 与平面 $z = 0$ 的交线，且从 z 轴正向看，Γ 取逆时针方向.

解 易知，Γ 为 xOy 面上的圆周 $x^2 + y^2 = 4$（依逆时针方向），它的参数方程为

$$x = 2\cos\theta, \quad y = 2\sin\theta, \quad z = 0 \quad (0 \leqslant \theta \leqslant 2\pi).$$

故所求环流量为

$$\begin{aligned}\oint_{\Gamma} P\,\mathrm{d}x + Q\mathrm{d}y + R\mathrm{d}z &= \oint_{\Gamma} x\,\mathrm{d}x + (x^3 + yz)\mathrm{d}y - 3xy^2\,\mathrm{d}z \\ &= \int_0^{2\pi} [2\cos\theta \cdot (-2\sin\theta) + 8\cos^3\theta \cdot 2\cos\theta]\mathrm{d}\theta \\ &= -4\int_0^{2\pi} \sin\theta\cos\theta\mathrm{d}\theta + 16\int_0^{2\pi} \cos^4\theta\mathrm{d}\theta = 12\pi.\end{aligned}$$

习 题 十

1. 设在 xOy 面内有一分布着质量的曲线 L，其在点 $P(x,y)$ 处的线密度是 $\rho(x,y)$，试用对弧长的曲线积分表达：

(1) 该曲线对 x 轴、y 轴及原点 O 的转动惯量 I_x, I_y 及 I_O；

(2) 该曲线的质心坐标 $\overline{x}, \overline{y}$.

2. 将对坐标的曲线积分 $I = \int_L P(x,y)\mathrm{d}x + Q(x,y)\mathrm{d}y$ 化为对弧长的曲线积分，其中 L 是 xOy 面内抛物线 $y = x^2$ 上从点 $O(0,0)$ 到点 $P(1,1)$ 的有向弧段.

3. 计算对弧长的曲线积分 $I = \oint_L xy\,\mathrm{d}s$，其中 L 是 xOy 面内由直线 $x = 0, y = 0, x = 4, y = 2$ 所围成的矩形的边界曲线.

4. 计算对弧长的曲线积分 $I = \int_{\Gamma} \dfrac{1}{x^2 + y^2 + z^2}\mathrm{d}s$，其中 Γ 是曲线 $x = \mathrm{e}^t\cos t, y = \mathrm{e}^t\sin t, z = \mathrm{e}^t$ 上相应于 $t = 0$ 到 $t = 2$ 的一段弧.

5. 计算对坐标的曲线积分 $I = \oint_L \dfrac{y\,\mathrm{d}x - x\,\mathrm{d}y}{x^2 + y^2}$，其中 L 是圆周 $x = R\cos t, y = R\sin t$ $(R > 0)$，取逆时针方向.

6. 计算对坐标的曲线积分 $I=\int_L x\mathrm{d}y-y\mathrm{d}x$，其中 L 是曲线 $x=a\cos^3 t, y=a\sin^3 t$ $(a>0)$ 上从点 $A(a,0)$ 到点 $B(0,a)$ 的一段有向弧.

7. 用对坐标的曲线积分求星形线 $L: x=a\cos^3 t, y=a\sin^3 t$ 所围成的面积.

8. 证明：在整个 xOy 面内，曲线积分 $\int_L (x+y)\mathrm{d}x+(x-y)\mathrm{d}y$ 与路径 L 无关，且还是某个二元函数 $u(x,y)$ 的全微分，并求 $u(x,y)$.

9. 设有一分布着质量的空间曲面 Σ，其在点 $M(x,y,z)$ 处的面密度是 $\rho(x,y,z)$，试用对面积的曲面积分表示该曲面对 x 轴的转动惯量 I_x.

10. 计算对面积的曲面积分 $I=\iint\limits_{\Sigma}(x+y+z)\mathrm{d}S$，其中 Σ 是球面 $x^2+y^2+z^2=R^2$ 被平面 $z=H\ (0<H<R)$ 所割的上半部分.

11. 计算对面积的曲面积分 $I=\oiint\limits_{\Sigma}(x^2+y^2)\mathrm{d}S$，其中 Σ 是平面 $z=1$ 和锥面 $z=\sqrt{x^2+y^2}$ 所围区域的整个边界曲面.

12. 计算对坐标的曲面积分 $I=\iint\limits_{\Sigma}z\mathrm{d}x\mathrm{d}y$，其中 Σ 是球面 $x^2+y^2+z^2-R^2=0(R>0)$ 的下半部分的下侧.

13. 计算对坐标的曲面积分 $I=\iint\limits_{\Sigma}x^2\mathrm{d}y\mathrm{d}z+y^2\mathrm{d}z\mathrm{d}x$，其中 Σ 是柱面 $x^2+y^2=1$ 被平面 $z=0, z=3$ 截得的在第一卦限部分的外侧.

14. 利用高斯公式计算对坐标的曲面积分 $I=\oiint\limits_{\Sigma}x^3\mathrm{d}y\mathrm{d}z+y^3\mathrm{d}z\mathrm{d}x+z^3\mathrm{d}x\mathrm{d}y$，其中 Σ 是球面 $x^2+y^2+z^2-R^2=0(R>0)$ 的外侧.

15. 求向量场 $\boldsymbol{A}=x^3\boldsymbol{i}+y^3\boldsymbol{j}+z^3\boldsymbol{k}$ 的散度 $\mathrm{div}\,\boldsymbol{A}$ 和旋度 $\mathbf{rot}\,\boldsymbol{A}$.

16. 利用斯托克斯公式计算对坐标的曲线积分 $I=\oint_{\Gamma}y\mathrm{d}x+z\mathrm{d}y+x\mathrm{d}z$，其中 Γ 是用平面 $x+y+z=0$ 截球面 $x^2+y^2+z^2-R^2=0(R>0)$ 所得的圆周，且从 x 轴正向看去，此圆周取逆时针方向.

知识框图

第十一章 无穷级数

无穷级数在工程技术中应用很广泛，它是研究函数的性态和进行数值计算的一种工具. 本章先讨论无穷级数的敛散性问题，再讨论幂级数和三角级数的有关问题.

§11.1　数项级数的概念与性质

微课视频

一、数项级数的概念

下面通过一个实际问题引入数项级数的概念.

计算半径为 R 的圆的面积 A　作该圆的内接正六边形,记该六边形的面积是 u_1,它是圆面积 A 的一个近似值. 为了得到更加准确的近似值,我们在正六边形每边上作顶点在圆上的等腰三角形,记这六个等腰三角形面积之和是 u_2,则 u_1+u_2(即该圆的内接正十二边形的面积)是 A 的一个较好的近似值. 同样地,在正十二边形每边上继续作顶点在圆上的等腰三角形,记它们的面积之和是 u_3,则 $u_1+u_2+u_3$(即该圆的内接正二十四边形的面积)是 A 的一个更好的近似值. 如此继续下去,得到 A 的近似值 $u_1+u_2+\cdots+u_n$(即该圆的内接正 3×2^n 边形的面积),且当 n 越大时,这个和式的近似程度越好. 记

$$S_1=u_1,\quad S_2=u_1+u_2,\quad \cdots,\quad S_n=u_1+u_2+\cdots+u_n,$$

则当 $n\to\infty$ 时,S_n 的极限就是 A 的值,即 $\lim\limits_{n\to\infty} S_n=A$.

定义 1　设 $u_1,u_2,\cdots,u_n,\cdots$ 是任一数列,则由这一数列构成的表达式

$$u_1+u_2+\cdots+u_n+\cdots$$

称为**无穷级数**,简称**级数**,记作 $\sum\limits_{n=1}^{\infty}u_n$,即

$$\sum_{n=1}^{\infty}u_n=u_1+u_2+\cdots+u_n+\cdots, \tag{11.1}$$

其中 u_n 称为级数的**一般项**(或**通项**).

因为 $u_1,u_2,\cdots,u_n,\cdots$ 为常数,所以级数(11.1)也称为**常数项级数**,简称**数项级数**.

若给出级数的一般项,则可以写出这个无穷级数. 例如:

(1) $\sum\limits_{n=1}^{\infty}\dfrac{1}{2^n}=\dfrac{1}{2}+\dfrac{1}{2^2}+\cdots+\dfrac{1}{2^n}+\cdots$;

(2) $\sum\limits_{n=1}^{\infty}\dfrac{1}{n}=1+\dfrac{1}{2}+\cdots+\dfrac{1}{n}+\cdots$;

(3) $\sum\limits_{n=1}^{\infty}(-1)^{n-1}n=1-2+3-4+\cdots+(-1)^{n-1}n+\cdots$;

(4) $\sum\limits_{n=1}^{\infty}(-1)^{n-1}=1-1+1-1+\cdots+(-1)^{n-1}+\cdots$;

(5) $\sum\limits_{n=1}^{\infty}n=1+2+\cdots+n+\cdots$.

级数(11.1)的前 n 项之和称为该级数的**部分和**，记作 S_n，即

$$S_n=u_1+u_2+\cdots+u_n.$$

显然，级数(11.1)的所有部分和 S_n 构成一个数列 $\{S_n\}$，称此数列为级数(11.1)的**部分和数列**. 而级数(11.1)的第 $n+1$ 项起所剩各项之和称为该级数的**余项**，记作 R_n，即

$$R_n=u_{n+1}+u_{n+2}+\cdots,$$

则

$$\sum_{n=1}^{\infty}u_n=S_n+R_n.$$

在怎样的情况下，级数有确定值呢？下面就来回答此问题.

定义 2　若无穷级数 $\sum\limits_{n=1}^{\infty}u_n$ 的部分和数列 $\{S_n\}$ 收敛于 S，即

$$\lim_{n\to\infty}S_n=S,$$

则称无穷级数 $\sum\limits_{n=1}^{\infty}u_n$ **收敛**. 这时极限值 S 称为该级数的**和**，并写成

$$S=\sum_{n=1}^{\infty}u_n=u_1+u_2+\cdots+u_n+\cdots.$$

若部分和数列 $\{S_n\}$ 没有极限，则称无穷级数 $\sum\limits_{n=1}^{\infty}u_n$ **发散**.

对于无穷级数，则下列三种说法是等价的：

(1) 无穷级数有确定的和 S；

(2) 无穷级数的部分和数列 $\{S_n\}$ 收敛于 S，即 $\lim\limits_{n\to\infty}S_n=S$；

(3) 无穷级数的余项 R_n 当 $n\to\infty$ 时极限为零.

例 1　无穷级数

$$\sum_{n=0}^{\infty}aq^n=a+aq+\cdots+aq^n+\cdots\quad(a\neq 0)\tag{11.2}$$

称为**等比级数**(又称**几何级数**)，其中 q 称为**公比**. 试讨论级数(11.2)的敛散性.

解　当 $q\neq 1$ 时，部分和为

$$S_n=a+aq+\cdots+aq^{n-1}=\frac{a(1-q^n)}{1-q}=\frac{a}{1-q}-\frac{aq^n}{1-q}.$$

若 $|q|<1$，则 $\lim\limits_{n\to\infty}q^n=0$，故 $\lim\limits_{n\to\infty}S_n=\dfrac{a}{1-q}$. 这时级数(11.2)收敛，其和 S 是 $\dfrac{a}{1-q}$. 若 $|q|>1$，则 $\lim\limits_{n\to\infty}q^n=\infty$，故 $\lim\limits_{n\to\infty}S_n=\infty$. 这时级数(11.2)发散.

当 $|q|=1$ 时，若 $q=1$，则 $S_n=na\to\infty$，级数(11.2)发散；若 $q=-1$，则级数(11.2)成为 $a-a+a-a+\cdots$，即 S_n 等于 a 或等于 0，从而 S_n 的极限不存在，级数(11.2)发散.

综上所述，若级数(11.2)的公比的绝对值 $|q|<1$，则级数(11.2)收敛；若 $|q|\geqslant 1$，则级数(11.2)发散.

例 2　讨论**调和级数** $\sum\limits_{n=1}^{\infty}\frac{1}{n}$ 的敛散性.

解　已知调和级数的部分和为 $S_n=1+\frac{1}{2}+\cdots+\frac{1}{n}$，现求 S_n 的极限.

考虑不等式 $x>\ln(1+x)\ (x>0)$，于是有

$$S_n=1+\frac{1}{2}+\cdots+\frac{1}{n}>\ln(1+1)+\ln\left(1+\frac{1}{2}\right)+\cdots+\ln\left(1+\frac{1}{n}\right)$$

$$=\ln\left(2\cdot\frac{3}{2}\cdot\cdots\cdot\frac{n+1}{n}\right)=\ln(n+1).$$

因此，当 $n\to\infty$ 时，$S_n\to\infty$，此时极限不存在，故调和级数 $\sum\limits_{n=1}^{\infty}\frac{1}{n}$ 是发散的.

二、收敛级数的性质

根据级数收敛的定义容易证明以下性质成立.

性质 1　若无穷级数 $\sum\limits_{n=1}^{\infty}u_n$ 收敛于和 S，则无穷级数 $\sum\limits_{n=1}^{\infty}ku_n$ 收敛于和 kS.

说明　无穷级数的每一项同乘以一个不为零的常数后，其敛散性不变.

性质 2　设两个无穷级数 $\sum\limits_{n=1}^{\infty}u_n$，$\sum\limits_{n=1}^{\infty}v_n$ 分别收敛于和 S，σ，则无穷级数 $\sum\limits_{n=1}^{\infty}(u_n\pm v_n)$ 也收敛，且其和为 $S\pm\sigma$.

说明　两个收敛级数可逐项相加或相减.

性质 3　在无穷级数中去掉或加上有限项，不会影响该无穷级数的敛散性. 不过在收敛时，无穷级数的和可能会改变.

性质 4　如果无穷级数 $\sum\limits_{n=1}^{\infty}u_n$ 收敛，那么对该级数的项任意加括号后所成的无穷级数仍收敛，且其和不变.

说明　(1) 若加括号后所成的无穷级数发散，则原来的无穷级数也发散.

(2) 若加括号后所成的无穷级数收敛，则不能断定原来的级数也收敛. 例如，级数

$$(1-1)+(1-1)+\cdots$$

收敛于 0，但级数

$$1-1+1-1+\cdots$$

却是发散的.

三、级数收敛的必要条件

定理 1 若无穷级数 $\sum_{n=1}^{\infty} u_n$ 收敛，则它的一般项 u_n 当 $n \to \infty$ 时的极限为零，即

$$\lim_{n \to \infty} u_n = 0.$$

证 设该级数收敛于和 S，则

$$\lim_{n \to \infty} u_n = \lim_{n \to \infty}(S_n - S_{n-1}) = \lim_{n \to \infty} S_n - \lim_{n \to \infty} S_{n-1} = S - S = 0.$$

说明 (1) 若无穷级数的一般项 u_n 不趋于零，则该无穷级数发散. 例如，无穷级数 $\sum_{n=1}^{\infty} \frac{n}{n+1}$ 的一般项 $u_n = \frac{n}{n+1}$ 当 $n \to \infty$ 时不趋于 0，故该无穷级数发散.

(2) 此定理的逆定理不一定成立，如例 2. 此定理的结论是必要条件而不是充分条件.

§ 11.2 数项级数及其收敛的充分准则

微课视频

一、正项级数

定义 1 若无穷级数 $\sum_{n=1}^{\infty} u_n$ 的各项都是非负数，即 $u_n \geqslant 0 (n = 1, 2, \cdots)$，则称 $\sum_{n=1}^{\infty} u_n$ 为**正项级数**.

定理 1 正项级数 $\sum_{n=1}^{\infty} u_n$ 收敛的充要条件是它的部分和数列 $\{S_n\}$ 有界.

证 **充分性** 易知，正项级数 $\sum_{n=1}^{\infty} u_n$ 的部分和数列 $\{S_n\}$ 是个单调增加数列，即

$$S_1 \leqslant S_2 \leqslant \cdots \leqslant S_n \leqslant \cdots.$$

若 $\{S_n\}$ 有上界 $M \geqslant 0$（M 是常数），则根据单调有界数列必有极限的准则可知，级数 $\sum_{n=1}^{\infty} u_n$ 收敛于和 S，且 $S_n \leqslant S \leqslant M$.

必要性 若级数 $\sum_{n=1}^{\infty} u_n$ 收敛于 S，即 $\lim_{n\to\infty} S_n = S$，则根据收敛数列有界的性质可知，部分和数列 $\{S_n\}$ 有界.

二、比较准则

定理 2（比较准则） 设 $\sum_{n=1}^{\infty} u_n$ 和 $\sum_{n=1}^{\infty} v_n$ 都是正项级数，且 $u_n \leqslant v_n$ $(n=1,2,\cdots)$. 若级数 $\sum_{n=1}^{\infty} v_n$ 收敛，则级数 $\sum_{n=1}^{\infty} u_n$ 收敛；若级数 $\sum_{n=1}^{\infty} u_n$ 发散，则级数 $\sum_{n=1}^{\infty} v_n$ 发散.

证 设级数 $\sum_{n=1}^{\infty} v_n$ 收敛于 σ，并记其部分和为 σ_n. 因为 $u_n \leqslant v_n$ $(n=1,2,\cdots)$，所以级数 $\sum_{n=1}^{\infty} u_n$ 的部分和 S_n 满足

$$S_n = u_1 + u_2 + \cdots + u_n \leqslant v_1 + v_2 + \cdots + v_n = \sigma_n.$$

故由 $\{\sigma_n\}$ 有界可知，$\{S_n\}$ 有界. 因此，由定理 1 得级数 $\sum_{n=1}^{\infty} u_n$ 收敛.

若级数 $\sum_{n=1}^{\infty} u_n$ 发散，则其部分和 $S_n \to +\infty (n\to\infty)$. 因为 $u_n \leqslant v_n (n=1,2,\cdots)$，所以

$$\sigma_n = v_1 + v_2 + \cdots + v_n \geqslant u_1 + u_2 + \cdots + u_n = S_n,$$

从而

$$\sigma_n \to +\infty \quad (n\to\infty),$$

即数列 $\{\sigma_n\}$ 不是有界数列. 故级数 $\sum_{n=1}^{\infty} v_n$ 发散.

例 1 设 $p>0$ 为常数，试讨论 p 级数

$$\sum_{n=1}^{\infty} \frac{1}{n^p} = 1 + \frac{1}{2^p} + \frac{1}{3^p} + \cdots + \frac{1}{n^p} + \cdots \tag{11.3}$$

的敛散性.

解 当 $0<p\leqslant 1$ 时，$\frac{1}{n^p} \geqslant \frac{1}{n}$，而级数 $\sum_{n=1}^{\infty} \frac{1}{n}$ 发散，故由定理 2 得级数(11.3)发散. 当 $p>1$ 时，将级数(11.3)的一项、两项、四项…… 括在一起，有

$$\begin{aligned}
&1+\left(\frac{1}{2^p}+\frac{1}{3^p}\right)+\left(\frac{1}{4^p}+\frac{1}{5^p}+\frac{1}{6^p}+\frac{1}{7^p}\right)+\left(\frac{1}{8^p}+\frac{1}{9^p}+\cdots+\frac{1}{15^p}\right)+\cdots\\
&<1+\left(\frac{1}{2^p}+\frac{1}{2^p}\right)+\left(\frac{1}{4^p}+\cdots+\frac{1}{4^p}\right)+\left(\frac{1}{8^p}+\cdots+\frac{1}{8^p}\right)+\cdots\\
&=1+\frac{1}{2^{p-1}}+\left(\frac{1}{2^{p-1}}\right)^2+\left(\frac{1}{2^{p-1}}\right)^3+\cdots.
\end{aligned}$$

而上式右端的级数是公比为 $q=\frac{1}{2^{p-1}}<1$ 的等比级数，必收敛，故由定理 2 得级数(11.3) 收敛.

综上所述，p 级数 $\sum_{n=1}^{\infty}\frac{1}{n^p}$ 当 $p\leqslant 1$ 时，发散；当 $p>1$ 时，收敛.

例如，当 $p=\frac{1}{2}$ 时，无穷级数 $\sum_{n=1}^{\infty}\frac{1}{\sqrt{n}}$ 发散.

例 2 判定无穷级数

$$\frac{1}{2+1}+\frac{1}{2^2+1}+\cdots+\frac{1}{2^n+1}+\cdots$$

的敛散性.

解 取等比级数

$$\sum_{n=1}^{\infty}\frac{1}{2^n}=\frac{1}{2}+\frac{1}{2^2}+\cdots+\frac{1}{2^n}+\cdots\quad\left(\text{公比 } q=\frac{1}{2}\right),$$

显然级数 $\sum_{n=1}^{\infty}\frac{1}{2^n}$ 收敛. 而 $\frac{1}{2^n+1}<\frac{1}{2^n}$，故由定理 2 得所给级数收敛.

例 3 判定无穷级数

$$\frac{1}{3}+\left(\frac{2}{5}\right)^2+\left(\frac{3}{7}\right)^3+\left(\frac{4}{9}\right)^4+\cdots$$

的敛散性.

解 易知，所给级数的通项是

$$u_n=\left(\frac{n}{2n+1}\right)^n,\quad \text{且}\quad u_n=\left(\frac{n}{2n+1}\right)^n<\left(\frac{1}{2}\right)^n\triangleq v_n.$$

因为级数 $\sum_{n=1}^{\infty}v_n$ 收敛，所以由定理 2 得级数 $\sum_{n=1}^{\infty}u_n$，即所给级数收敛.

三、比值准则

定理 3(比值准则) 设 $\sum_{n=1}^{\infty}u_n$ 为正项级数，且有

$$\lim_{n\to\infty}\frac{u_{n+1}}{u_n}=\rho.$$

(1) 若 $\rho<1$，则级数 $\sum_{n=1}^{\infty}u_n$ 收敛；

(2) 若 $\rho>1$(包括 $\rho=+\infty$)，则级数 $\sum_{n=1}^{\infty}u_n$ 发散；

(3) 若 $\rho=1$，则级数 $\sum_{n=1}^{\infty}u_n$ 可能收敛，也可能发散.

证 以情况(1) 为例来证明.

当 $\rho<1$ 时，可在 ρ 和 1 之间指定一正数 q，即 $\rho<q<1$. 根据

极限定义，存在正整数 m，使得当 $n \geqslant m$ 时，均有

$$\frac{u_{n+1}}{u_n} < q,$$

即

$$u_{m+1} < qu_m,$$
$$u_{m+2} < qu_{m+1} < q^2 u_m,$$
$$u_{m+3} < qu_{m+2} < q^2 u_{m+1} < q^3 u_m,$$
$$\cdots\cdots$$

由此可得

$$u_{m+1} + u_{m+2} + u_{m+3} + \cdots < u_m(q + q^2 + q^3 + \cdots).$$

而上式右端的等比级数是收敛的(等比 $q < 1$)，所以级数 $\sum_{n=1}^{\infty} u_{m+n}$ 也收敛. 因级数 $\sum_{n=1}^{\infty} u_n$ 只比级数 $\sum_{n=1}^{\infty} u_{m+n}$ 多前 m 项，故级数 $\sum_{n=1}^{\infty} u_n$ 也收敛.

例 4 判定正项级数 $\sum_{n=1}^{\infty} \frac{1}{n!}$ 的敛散性.

解 已知 $u_n = \frac{1}{n!}$，$u_{n+1} = \frac{1}{(n+1)!}$，则

$$\rho = \lim_{n\to\infty} \frac{u_{n+1}}{u_n} = \lim_{n\to\infty} \frac{1}{n+1} = 0 < 1,$$

故由比值准则得级数 $\sum_{n=1}^{\infty} \frac{1}{n!}$ 收敛.

例 5 判定正项级数 $\sum_{n=1}^{\infty} \frac{n}{\alpha^n} (\alpha > 1)$ 的敛散性.

解 已知 $u_n = \frac{n}{\alpha^n}$，$u_{n+1} = \frac{n+1}{\alpha^{n+1}}$，则

$$\rho = \lim_{n\to\infty} \frac{u_{n+1}}{u_n} = \lim_{n\to\infty} \frac{1}{\alpha} \frac{n+1}{n} = \frac{1}{\alpha} < 1 \quad (因\ \alpha > 1),$$

故由比值准则得级数 $\sum_{n=1}^{\infty} \frac{n}{\alpha^n} (\alpha > 1)$ 收敛.

例 6 判定正项级数 $\sum_{n=1}^{\infty} \frac{2^n}{2n-1}$ 的敛散性.

解 已知 $u_n = \frac{2^n}{2n-1}$，$u_{n+1} = \frac{2^{n+1}}{2n+1}$，则

$$\rho = \lim_{n\to\infty} \frac{u_{n+1}}{u_n} = \lim_{n\to\infty} \left(2 \cdot \frac{2n-1}{2n+1}\right) = 2 > 1,$$

故由比值准则得级数 $\sum_{n=1}^{\infty} \frac{2^n}{2n-1}$ 发散.

四、交错级数

定义 2　如果一级数的各项正、负交错，即形如

$$\sum_{n=1}^{\infty}(-1)^{n-1}u_n = u_1 - u_2 + \cdots + (-1)^{n-1}u_n + \cdots \quad (11.4)$$

或

$$\sum_{n=1}^{\infty}(-1)^{n}u_n = -u_1 + u_2 - \cdots + (-1)^{n}u_n + \cdots, \quad (11.5)$$

其中 $u_n > 0(n = 1,2,\cdots)$，则称此级数为**交错级数**.

显然，级数(11.4)与级数(11.5)具有相同的敛散性.下面主要讨论形如(11.4)式的交错级数.

定理 4(莱布尼兹定理)　若交错级数 $\sum_{n=1}^{\infty}(-1)^{n-1}u_n$ 满足下面两个条件：

(1) $\{u_n\}$ 单调减少，即

$$u_1 \geqslant u_2 \geqslant \cdots \geqslant u_n \geqslant \cdots;$$

(2) $\lim_{n\to\infty} u_n = 0$，

则有如下三个结论：

(1) 该级数有和 S(即该级数收敛)；

(2) $S \leqslant u_1$；

(3) 余项 R_n 的绝对值 $|R_n| \leqslant u_{n+1}$.

证　先证明 $\lim_{n\to\infty} S_{2n}$ 存在.因为 S_{2n} 可写成如下两种形式：

$$S_{2n} = (u_1 - u_2) + (u_3 - u_4) + \cdots + (u_{2n-1} - u_{2n})$$

及

$$S_{2n} = u_1 - (u_2 - u_3) - \cdots - (u_{2n-2} - u_{2n-1}) - u_{2n},$$

且上面两式括号内的值均非负，所以由第一种形式可知数列 $\{S_n\}$ 单调增加，由第二种形式可知 $S_{2n} < u_1$.因此，由单调有界数列必有极限的准则知，$\lim_{n\to\infty} S_{2n}$ 存在，记为 S，即有

$$\lim_{n\to\infty} S_{2n} = S \leqslant u_1.$$

再证明 $\lim_{n\to\infty} S_{2n+1} = S$.这里 $S_{2n+1} = S_{2n} + u_{2n+1}$，由条件(2)有

$$\lim_{n\to\infty} u_{2n+1} = 0,$$

故

$$\lim_{n\to\infty} S_{2n+1} = \lim_{n\to\infty}(S_{2n} + u_{2n+1}) = S.$$

综上所述，级数 $\sum_{n=1}^{\infty}(-1)^{n-1}u_n$ 有极限 S，且 $S \leqslant u_1$.

因为

$$R_n = (-1)^n(u_{n+1} - u_{n+2} + \cdots),$$

即

$$|R_n| = u_{n+1} - u_{n+2} + \cdots,$$

上式右端也是一个满足定理条件的交错级数，所以由上面的证明同理可知

$$|R_n| \leqslant u_{n+1}.$$

证毕.

例 7 判定交错级数

$$1-\frac{1}{2}+\frac{1}{3}-\frac{1}{4}+\cdots+(-1)^{n-1}\frac{1}{n}+\cdots$$

的敛散性.

解 该级数满足条件:(1) $u_n=\frac{1}{n}>\frac{1}{n+1}=u_{n+1}$，即$\{u_n\}$单调减少;(2) $\lim\limits_{n\to\infty}u_n=\lim\limits_{n\to\infty}\frac{1}{n}=0$. 所以，由定理 4 知所给级数收敛.

若取所给级数的前 n 项之和

$$S_n=1-\frac{1}{2}+\cdots+(-1)^{n-1}\frac{1}{n}$$

作为此级数的和 S 的近似值，则所产生的误差为

$$|R_n|\leqslant\frac{1}{n+1}=u_{n+1}.$$

例 8 判定交错级数 $\sum\limits_{n=1}^{\infty}(-1)^{n-1}\frac{1}{2^{n-1}}$ 的敛散性.

解 该级数满足条件:(1) $u_n=\frac{1}{2^{n-1}}>\frac{1}{2^n}=u_{n+1}$，即$\{u_n\}$单调减少;(2) $\lim\limits_{n\to\infty}u_n=\lim\limits_{n\to\infty}\frac{1}{2^{n-1}}=0$. 所以，由定理 4 知所给级数收敛.

若取所给级数的前 n 项之和

$$S_n=1-\frac{1}{2}+\cdots+(-1)^{n-1}\frac{1}{2^{n-1}}$$

作为此级数的和 S 的近似值，则所产生的误差为

$$|R_n|\leqslant\frac{1}{2^n}=u_{n+1}.$$

五、绝对收敛与条件收敛

将例 8 中收敛交错级数 $\sum\limits_{n=1}^{\infty}(-1)^{n-1}\frac{1}{2^{n-1}}$ 的每项取绝对值，可得

正项级数 $\sum\limits_{n=1}^{\infty}\frac{1}{2^{n-1}}\left(公比为 q=\frac{1}{2} 的等比级数\right)$，它是收敛的；而将例 7 中收敛交错级数 $\sum\limits_{n=1}^{\infty}(-1)^{n-1}\frac{1}{n}$ 的每项取绝对值，可得正项级数 $\sum\limits_{n=1}^{\infty}\frac{1}{n}$（调和级数），它是发散的. 对于上述两个级数，有以下两个概念：

定义 3 如果级数 $\sum\limits_{n=1}^{\infty}u_n$ 各项的绝对值所构成的正项级数 $\sum\limits_{n=1}^{\infty}|u_n|$ 收敛，则称级数 $\sum\limits_{n=1}^{\infty}u_n$ **绝对收敛**；如果级数 $\sum\limits_{n=1}^{\infty}u_n$ 收敛，而正项级数 $\sum\limits_{n=1}^{\infty}|u_n|$ 发散，则称级数 $\sum\limits_{n=1}^{\infty}u_n$ **条件收敛**.

定理 5 若级数 $\sum\limits_{n=1}^{\infty}u_n$ 绝对收敛，则级数 $\sum\limits_{n=1}^{\infty}u_n$ 必定收敛.

证 令

$$v_n=\frac{1}{2}(u_n+|u_n|)\quad(n=1,2,\cdots),$$

则

$$0\leqslant v_n\leqslant|u_n|\quad(n=1,2,\cdots).$$

因为级数 $\sum\limits_{n=1}^{\infty}|u_n|$ 收敛，所以由比较准则知级数 $\sum\limits_{n=1}^{\infty}v_n$ 收敛，从而级数 $\sum\limits_{n=1}^{\infty}2v_n$ 也收敛. 又因为 $u_n=2v_n-|u_n|$，所以级数

$$\sum_{n=1}^{\infty}u_n=\sum_{n=1}^{\infty}(2v_n-|u_n|)$$

为两个收敛级数相减. 因此，由收敛级数的性质 2 可知级数 $\sum\limits_{n=1}^{\infty}u_n$ 收敛.

例 9 判定级数 $\sum\limits_{n=1}^{\infty}\frac{x_0^n}{n!}$（$x_0$ 是可正可负的实数）的敛散性.

解 先考虑由所给级数各项的绝对值所构成的正项级数 $\sum\limits_{n=1}^{\infty}\frac{|x_0|^n}{n!}$ 的敛散性. 这里

$$u_n=\frac{|x_0|^n}{n!},\quad u_{n+1}=\frac{|x_0|^{n+1}}{(n+1)!},$$

于是

$$\rho=\lim_{n\to\infty}\frac{u_{n+1}}{u_n}=\lim_{n\to\infty}\frac{|x_0|}{n+1}=0<1,$$

故由比值准则知级数 $\sum\limits_{n=1}^{\infty}\frac{|x_0|^n}{n!}$ 收敛. 因此，由定理 5 知级数 $\sum\limits_{n=1}^{\infty}\frac{x_0^n}{n!}$ 收敛.

§11.3 幂 级 数

微课视频

一、幂级数的概念与敛散性

定义 1 若$\{u_n(x)\}(n=1,2,\cdots)$为定义在数集I上的一个函数列，则由这一函数列构成的表达式

$$u_1(x)+u_2(x)+\cdots+u_n(x)+\cdots=\sum_{n=1}^{\infty}u_n(x)$$

称为定义在数集 I 上的函数项级数(简称级数)，其中每一项 $u_n(x)$ 都是 x 的函数.

定义 2 函数项级数中每项均是 x 的升幂函数的级数称为幂级数，其形式是

$$\sum_{n=0}^{\infty}a_nx^n=a_0+a_1x+\cdots+a_nx^n+\cdots, \tag{11.6}$$

其中常数 $a_0,a_1,\cdots,a_n,\cdots$ 称为幂级数的系数.

说明 函数项级数中每项均是 $x-x_0$ 的升幂函数的级数也称为幂级数，其形式是

$$\sum_{n=0}^{\infty}a_n(x-x_0)^n=a_0+a_1(x-x_0)+\cdots+a_n(x-x_0)^n+\cdots. \tag{11.7}$$

令 $y=x-x_0$，则 $x-x_0$ 的幂级数(11.7)就变成 y 的幂级数，它具有(11.6)式的形式. 所以，我们只要讨论幂级数(11.6)的敛散性就可以了.

对于每一个确定的值 $x=x_0\in(-\infty,+\infty)$，幂级数(11.6)就成为数项级数

$$\sum_{n=0}^{\infty}a_nx_0^n=a_0+a_1x_0+a_2x_0^2+\cdots+a_nx_0^n+\cdots. \tag{11.8}$$

若级数(11.8)收敛，则称点 x_0 为幂级数(11.6)的收敛点；若级数(11.8)发散，则称点 x_0 为幂级数(11.6)的发散点. 幂级数的收敛点的全体称为它的收敛域；发散点的全体称为它的发散域.

对收敛域内的任一点 x，幂级数都将成为一个收敛的数项级数，则有一个确定的和 S. 因此，在收敛域内，幂级数的和是 x 的函数 $S(x)$，称 $S(x)$ 为幂级数的和函数. 于是，幂级数的收敛域即为和函数 $S(x)$ 的定义域.

定理 1　若幂级数(11.6)在 $x = x_0 (x_0 \neq 0)$ 处收敛，则对于满足不等式 $|x| < |x_0|$ 的一切 x，该幂级数绝对收敛；反之，若幂级数(11.6)在 $x = x_0$ 处发散，则对于满足不等式 $|x| > |x_0|$ 的一切 x，该幂级数发散.

证　先证明定理的第一部分. 设点 x_0 是幂级数(11.6)的收敛点，则由级数收敛的必要条件得 $\lim\limits_{n\to\infty} a_n x_0^n = 0$. 根据极限的性质，存在一个常数 $M > 0$，使得

$$|a_n x_0^n| < M \quad (n = 0,1,2,\cdots).$$

这时幂级数(11.6)的一般项的绝对值为

$$|a_n x^n| = \left| a_n x_0^n \frac{x^n}{x_0^n} \right| = |a_n x_0^n| \left| \frac{x^n}{x_0^n} \right| \leqslant M \left| \frac{x}{x_0} \right|^n.$$

因为当 $|x| < |x_0|$ 时，等比级数 $\sum\limits_{n=0}^{\infty} M \left| \frac{x}{x_0} \right|^n$ 收敛 $\left(公比 \left| \frac{x}{x_0} \right| < 1\right)$，所以由比较准则知幂级数 $\sum\limits_{n=0}^{\infty} a_n x^n$ 绝对收敛.

定理的第二部分用反证法证明. 假设幂级数(11.6)在 $x = x_0$ 处发散，有一点 x_1 满足 $|x_1| > |x_0|$，且使得幂级数(11.6)在 $x = x_1$ 处收敛，那么由定理的第一部分可知，该幂级数在 $x = x_0$ 处应收敛. 这和假设矛盾，于是定理 1 得证.

若幂级数 $\sum\limits_{n=0}^{\infty} a_n x^n$ 不是仅在 $x = 0$ 处收敛，也不是在整个数轴上收敛，则必然存在常数 $R(R > 0)$，使得

当 $|x| < R$ 时，幂级数 $\sum\limits_{n=0}^{\infty} a_n x^n$ 在 x 处绝对收敛；

当 $|x| > R$ 时，幂级数 $\sum\limits_{n=0}^{\infty} a_n x^n$ 在 x 处发散；

当 $x = \pm R$ 时，幂级数 $\sum\limits_{n=0}^{\infty} a_n x^n$ 在 x 处可能收敛，也可能发散.

我们称上述的常数 R 为幂级数 $\sum\limits_{n=0}^{\infty} a_n x^n$ 的**收敛半径**，且称开区间 $(-R,R)$ 为该幂级数的**收敛区间**. 幂级数 $\sum\limits_{n=0}^{\infty} a_n x^n$ 在 $x = \pm R$ 处的敛散性可决定它的**收敛域**是下面四个区间之一：

$$(-R,R), \quad [-R,R), \quad (-R,R], \quad [-R,R].$$

若幂级数 $\sum\limits_{n=0}^{\infty} a_n x^n$ 只在 $x = 0$ 处收敛，则规定 $R = 0$；若其对一切 x 均收敛，则规定 $R = +\infty$，这时收敛区间是 $(-\infty, +\infty)$.

现在介绍幂级数 $\sum\limits_{n=0}^{\infty} a_n x^n$ 的收敛半径 R 的求法.

定理 2 设幂级数 $\sum_{n=0}^{\infty} a_n x^n$ 满足下列条件之一：

(1) $\lim_{n\to\infty}\left|\frac{a_{n+1}}{a_n}\right| = A$(**比值法**)；

(2) $\lim_{n\to\infty}\sqrt[n]{|a_n|} = A$(**根值法**)，

则幂级数 $\sum_{n=0}^{\infty} a_n x^n$ 的收敛半径为

$$R=\begin{cases}\frac{1}{A}, & A\neq 0,+\infty,\\ +\infty, & A=0,\\ 0, & A=+\infty.\end{cases}$$

证 以条件(1)为例来证明.

因为幂级数 $\sum_{n=0}^{\infty} a_n x^n$ 的各项取绝对值所成的级数为

$$|a_0|+|a_1 x|+\cdots+|a_n x^n|+\cdots,$$

所以

$$\left|\frac{a_{n+1}x^{n+1}}{a_n x^n}\right| = \left|\frac{a_{n+1}}{a_n}\right||x| \to A|x| \quad (n\to\infty).$$

若 $A\neq 0,+\infty$，则由比值准则得，当 $A|x|<1$，即 $|x|<\frac{1}{A}$ 时，幂级数 $\sum_{n=0}^{\infty} a_n x^n$ 绝对收敛；当 $A|x|>1$，即 $|x|>\frac{1}{A}$ 时，幂级数 $\sum_{n=0}^{\infty}|a_n x^n|$ 发散，且从某一项开始有

$$|a_{n+1}x^{n+1}|>|a_n x^n|,$$

因此其一般项 $|a_n x^n|$ 不趋于零，从而 $a_n x^n$ 也不趋于零，即幂级数 $\sum_{n=0}^{\infty} a_n x^n$ 发散. 于是，幂级数 $\sum_{n=0}^{\infty} a_n x^n$ 的收敛半径为 $R=\frac{1}{A}$.

若 $A=0$，则对一切 x，有

$$\left|\frac{a_{n+1}x^{n+1}}{a_n x^n}\right| \to 0 \quad (n\to\infty).$$

故幂级数 $\sum_{n=0}^{\infty} a_n x^n$ 在整个数轴上收敛，于是 $R=+\infty$.

若 $A=+\infty$，则对除 $x=0$ 外的一切 x，有

$$\lim_{n\to\infty}\left|\frac{a_{n+1}x^{n+1}}{a_n x^n}\right| = \lim_{n\to\infty}\left|\frac{a_{n+1}}{a_n}\right||x| = +\infty,$$

即对一切 $x\neq 0$，幂级数 $\sum_{n=0}^{\infty} a_n x^n$ 都发散. 于是 $R=0$.

例 1 求幂级数 $1+\sum_{n=1}^{\infty}\frac{x^n}{n}$ 的收敛域.

解 因为 $a_n=\frac{1}{n}, a_{n+1}=\frac{1}{n+1}$，所以

$$A=\lim_{n\to\infty}\left|\frac{a_{n+1}}{a_n}\right|=\lim_{n\to\infty}\frac{n}{n+1}=1.$$

故该幂级数的收敛半径为

$$R=\frac{1}{A}=\frac{1}{1}=1.$$

当 $x=1$ 时，所给幂级数成为数项级数 $1+\sum_{n=1}^{\infty}\frac{1}{n}$，则由调和级数发散知所给幂级数在 $x=1$ 处发散.

当 $x=-1$ 时，所给幂级数成为交错级数 $1-1+\frac{1}{2}-\frac{1}{3}+\cdots$，则由莱布尼兹定理知所给幂级数在 $x=-1$ 处收敛.

综上可知，所给幂级数的收敛域是 $[-1,1)$.

例 2 求幂级数 $\sum_{n=0}^{\infty}\frac{x^n}{n!}$（规定 $0!=1$）的收敛域.

解 因为 $a_n=\frac{1}{n!}, a_{n+1}=\frac{1}{(n+1)!}$，所以

$$A=\lim_{n\to\infty}\left|\frac{a_{n+1}}{a_n}\right|=\lim_{n\to\infty}\frac{1}{n+1}=0.$$

故该幂级数的收敛半径为 $R=+\infty$，从而收敛域是 $(-\infty,+\infty)$.

例 3 求幂级数 $\sum_{n=0}^{\infty}n!x^n$ 的收敛域.

解 因为 $a_n=n!, a_{n+1}=(n+1)!$，所以

$$A=\lim_{n\to\infty}\left|\frac{a_{n+1}}{a_n}\right|=\lim_{n\to\infty}(n+1)=+\infty.$$

故该幂级数的收敛半径为 $R=0$，从而所给幂级数仅在 $x=0$ 处收敛.

例 4 求幂级数 $\sum_{n=1}^{\infty}\frac{2n!}{(n!)^2}x^{2n}$ 的收敛半径 R.

解 此幂级数缺奇次幂项，故定理 2 不能直接使用. 下面利用比值准则去求 R.

因为

$$\lim_{n\to\infty}\left|\frac{u_{n+1}}{u_n}\right|=\lim_{n\to\infty}\left|\frac{2(n+1)!}{[(n+1)!]^2}x^{2(n+1)}\Big/\frac{2n!}{(n!)^2}x^{2n}\right|=4x^2,$$

所以当 $4x^2<1$，即 $|x|<\frac{1}{2}$ 时，幂级数收敛；当 $4x^2>1$，即 $|x|>\frac{1}{2}$ 时，幂级数发散. 故 $R=\frac{1}{2}$.

例 5 求幂级数 $\sum_{n=0}^{\infty}n^p x^n$ 的收敛半径 R.

解 用定理 2 的根值法有

$$\lim_{n\to\infty}\sqrt[n]{|a_n|}=\lim_{n\to\infty}\sqrt[n]{n^p}=\lim_{n\to\infty}(\sqrt[n]{n})^p=1,$$

故该幂级数的收敛半径为 $R=1$.

二、幂级数的运算与性质

性质 1 设有两个幂级数 $\sum\limits_{n=0}^{\infty}a_nx^n$ 和 $\sum\limits_{n=0}^{\infty}b_nx^n$，其收敛半径分别为 R_1,R_2，则它们可进行下列四则运算：

(1) 加法、减法：

$$\begin{aligned}&\sum_{n=0}^{\infty}a_nx^n\pm\sum_{n=0}^{\infty}b_nx^n\\&\quad=(a_0+a_1x+\cdots+a_nx^n+\cdots)\pm(b_0+b_1x+\cdots+b_nx^n+\cdots)\\&\quad=(a_0\pm b_0)+(a_1\pm b_1)x+\cdots+(a_n\pm b_n)x^n+\cdots,\end{aligned}$$

其右端幂级数的收敛半径为 $R=\min\{R_1,R_2\}$.

(2) 乘法：

$$\begin{aligned}&\sum_{n=0}^{\infty}a_nx^n\cdot\sum_{n=0}^{\infty}b_nx^n\\&\quad=(a_0+a_1x+\cdots+a_nx^n+\cdots)(b_0+b_1x+\cdots+b_nx^n+\cdots)\\&\quad=a_0b_0+(a_0b_1+a_1b_0)x+\cdots+(a_0b_n+a_1b_{n-1}+\cdots+a_nb_0)x^n+\cdots,\end{aligned}$$

其右端幂级数的收敛半径为 $R=\min\{R_1,R_2\}$.

性质 2 幂级数的和函数在其收敛域内是连续的.

性质 3 设幂级数 $\sum\limits_{n=0}^{\infty}a_nx^n$ 的收敛半径为 R，和函数为 $S(x)$，则

(1) $S(x)$ 在 $(-R,R)$ 内可导，且有逐项求导公式

$$S'(x)=\left(\sum_{n=0}^{\infty}a_nx^n\right)'=\sum_{n=0}^{\infty}(a_nx^n)'=\sum_{n=1}^{\infty}a_nnx^{n-1};\tag{11.9}$$

(2) $S(x)$ 在 $(-R,R)$ 内可积，且有逐项积分公式

$$\int_0^x S(t)\,\mathrm{d}t=\int_0^x\left(\sum_{n=0}^{\infty}a_nt^n\right)\mathrm{d}t=\sum_{n=0}^{\infty}\int_0^x a_nt^n\,\mathrm{d}t=\sum_{n=0}^{\infty}\frac{a_n}{n+1}x^{n+1},\tag{11.10}$$

其中逐项求导或积分后得到的幂级数与原幂级数有相同的收敛半径.

说明 若(11.9),(11.10)两式右端的幂级数在 $x=\pm R$ 处收敛，则这两式在 $x=\pm R$ 处亦成立.

例 6 对幂级数

$$\frac{1}{1+x}=1-x+\cdots+(-1)^n x^n+\cdots \quad (-1<x<1)$$

逐项求导、逐项积分.

解 对所给幂级数逐项求导,得

$$\frac{-1}{(1+x)^2}=-1+2x-\cdots+(-1)^n n x^{n-1}+\cdots \quad (-1<x<1);$$

对所给幂级数逐项积分,得

$$\ln(1+x)=x-\frac{1}{2}x^2+\cdots+\frac{(-1)^n}{n+1}x^{n+1}+\cdots \quad (-1<x<1),$$

且上式在 $x=1$ 处也成立,因为其右端的幂级数在 $x=1$ 处收敛.

§11.4 函数展开成幂级数

微课视频

在本节中,我们将研究如下问题:对已给定的函数 $f(x)$,是否可以在一个给定的区间上“展开”成幂级数,即是否能找到这样一个幂级数,它在某区间内收敛,且其和函数恰好就是 $f(x)$.

一、泰勒公式

由拉格朗日中值定理可知,若函数 $f(x)$ 在点 x_0 的某个邻域 $U(x_0)$ 内可导,那么对任一 $x\in U(x_0)$,有

$$f(x)=f(x_0)+f'(\xi)(x-x_0) \quad (\xi \text{ 在 } x_0 \text{ 与 } x \text{ 之间}).$$

若用 $f(x_0)$ 近似地表示 $f(x)$,即 $f(x)\approx f(x_0)$,这样所引起的误差记作 R_0,则

$$R_0(x)=f'(\xi)(x-x_0) \quad (\xi \text{ 在 } x_0 \text{ 与 } x \text{ 之间}).$$

若函数 $f(x)$ 在点 x_0 的某个邻域 $U(x_0)$ 内具有二阶导数,那么对任一 $x\in U(x_0)$,用

$$f(x_0)+\frac{f'(x_0)}{1!}(x-x_0)$$

近似地表示 $f(x)$,即

$$f(x)\approx f(x_0)+\frac{f'(x_0)}{1!}(x-x_0),$$

这样所引起的误差记作 R_1,则可以证得

$$R_1(x)=\frac{1}{2!}f''(\xi)(x-x_0)^2 \quad (\xi \text{ 在 } x_0 \text{ 与 } x \text{ 之间}).$$

这时

$$f(x)=f(x_0)+\frac{f'(x_0)}{1!}(x-x_0)+R_1(x).$$

继续下去，有如下定理：

定理 1（泰勒（Taylor）中值定理） 如果函数 $f(x)$ 在点 x_0 的某个邻域 $U(x_0)$ 内具有 $n+1$ 阶导数，那么对任一 $x\in U(x_0)$，有

$$f(x)=f(x_0)+\frac{f'(x_0)}{1!}(x-x_0)+\cdots+\frac{f^{(n)}(x_0)}{n!}(x-x_0)^n+R_n(x),\tag{11.11}$$

其中

$$R_n(x)=\frac{1}{(n+1)!}f^{(n+1)}(\xi)(x-x_0)^{n+1}\quad(\xi\text{ 在 }x_0\text{ 与 }x\text{ 之间}).\tag{11.12}$$

定义 1 多项式

$$f(x_0)+\frac{f'(x_0)}{1!}(x-x_0)+\cdots+\frac{f^{(n)}(x_0)}{n!}(x-x_0)^n\tag{11.13}$$

称为函数 $f(x)$ 在点 x_0 处的 n 次**泰勒多项式**. 表达式(11.12)给出的 $R_n(x)$ 称为**拉格朗日余项**，(11.11)式称为函数 $f(x)$ 在点 x_0 处的带有拉格朗日余项的 n 阶**泰勒公式**（或**泰勒展开式**）.

若 $x_0=0$，则(11.11)式成为

$$f(x)=f(0)+\frac{f'(0)}{1!}x+\cdots+\frac{f^{(n)}(0)}{n!}x^n+R_n(x),\tag{11.14}$$

拉格朗日余项的表达式(11.12)成为

$$R_n(x)=\frac{f^{(n+1)}(\xi)}{(n+1)!}x^{n+1}\quad(\xi\text{ 在 }0\text{ 与 }x\text{ 之间})\tag{11.15}$$

或

$$R_n(x)=\frac{f^{(n+1)}(\theta x)}{(n+1)!}x^{n+1}\quad(0<\theta<1).\tag{11.16}$$

如果有 $|f^{(n+1)}(\theta x)|\leqslant M(0<\theta<1)$，则有误差估计式

$$|R_n(x)|\leqslant\frac{M}{(n+1)!}|x|^{n+1}.\tag{11.17}$$

定义 2 (11.14)式称为函数 $f(x)$ 的带有拉格朗日余项的 **n 阶麦克劳林（Maclaurin）公式**.

例 1 求函数 $f(x)=e^x$ 的 n 阶麦克劳林公式.

解 因为

$$f'(x)=e^x,\quad f^{(n)}(x)=e^x\quad(n=2,3,\cdots),$$

所以

$$f(0)=1,\quad f'(0)=1,\quad \cdots,\quad f^{(n)}(0)=1,\quad f^{(n+1)}(\theta x)=\mathrm{e}^{\theta x}.$$

那么，由(11.14)式得 e^x 的 n 阶麦克劳林公式为

$$\mathrm{e}^x=1+x+\frac{x^2}{2!}+\cdots+\frac{x^n}{n!}+\frac{\mathrm{e}^{\theta x}}{(n+1)!}x^{n+1}\quad(0<\theta<1).$$

由例 1 可得到 e^x 的近似表达式为(n 次泰勒多项式)

$$\mathrm{e}^x\approx 1+x+\frac{x^2}{2!}+\cdots+\frac{x^n}{n!},$$

这时引起的误差为 $R_n(x)$，且

$$|R_n(x)|=\left|\frac{\mathrm{e}^{\theta x}}{(n+1)!}x^{n+1}\right|<\frac{\mathrm{e}^x}{(n+1)!}x^{n+1}\quad(0<\theta<1).$$

若取 $x=1$，则 e 的近似值为

$$\mathrm{e}\approx 1+1+\frac{1}{2!}+\cdots+\frac{1}{n!},$$

这时引起的误差为 $R_n(1)$，且

$$|R_n(1)|<\frac{\mathrm{e}}{(n+1)!}<\frac{3}{(n+1)!}.$$

例 2 求函数 $f(x)=\sin x$ 的 n 阶麦克劳林公式.

解 因为

$$f'(x)=\cos x,\quad f''(x)=-\sin x,\quad f'''(x)=-\cos x,$$
$$f^{(4)}(x)=\sin x,\quad \cdots,\quad f^{(n)}(x)=\sin\left(x+\frac{n\pi}{2}\right),$$

所以

$$f(0)=0,\quad f'(0)=1,\quad f''(0)=0,\quad f'''(0)=-1,$$
$$f^{(4)}(0)=0,\quad \cdots,\quad f^{(n)}(0)=\sin\frac{n\pi}{2}.$$

因此，由(11.14)式得 $\sin x$ 的 n 阶麦克劳林公式为

$$\sin x=x-\frac{x^3}{3!}+\frac{x^5}{5!}-\cdots+(-1)^{m-1}\frac{x^{2m-1}}{(2m-1)!}+R_{2m}(x),$$

其中

$$R_{2m}(x)=\frac{\sin\left[\theta x+(2m+1)\frac{\pi}{2}\right]}{(2m+1)!}x^{2m+1}\quad(0<\theta<1).$$

二、泰勒级数

定义 3 若函数 $f(x)$ 在点 x_0 处存在各阶导数，则幂级数

$$f(x_0)+\frac{f'(x_0)}{1!}(x-x_0)+\cdots+\frac{f^{(n)}(x_0)}{n!}(x-x_0)^n+\cdots,\tag{11.18}$$

称为函数 $f(x)$ 在点 x_0 处的泰勒级数.

当 $x_0=0$ 时,幂级数(11.18)成为

$$f(0)+\frac{f'(0)}{1!}x+\cdots+\frac{f^{(n)}(0)}{n!}x^n+\cdots, \tag{11.19}$$

则称幂级数(11.19)为函数 $f(x)$ 的**麦克劳林级数**.

定理 2 设函数 $f(x)$ 在点 x_0 的某个邻域 $U(x_0)$ 内具有各阶导数,则 $f(x)$ 在点 x_0 处的泰勒级数在邻域 $U(x_0)$ 内收敛于 $f(x)$ 的充要条件是:$f(x)$ 的泰勒公式中的余项 $R_n(x)$ 当 $n\to\infty$ 时的极限为 0,即

$$\lim_{n\to\infty}R_n(x)=0 \quad (x\in U(x_0)).$$

证 **充分性** 因为函数 $f(x)$ 在点 x_0 处的泰勒公式(11.11)可写为

$$f(x)-\left[f(x_0)+\frac{f'(x_0)}{1!}(x-x_0)+\cdots+\frac{f^{(n)}(x_0)}{n!}(x-x_0)^n\right]=R_n(x),$$

即

$$f(x)-S_{n+1}(x)=R_n(x),$$

其中

$$S_{n+1}(x)=f(x_0)+\frac{f'(x_0)}{1!}(x-x_0)+\cdots+\frac{f^{(n)}(x_0)}{n!}(x-x_0)^n.$$

所以由条件知

$$\lim_{n\to\infty}[f(x)-S_{n+1}(x)]=\lim_{n\to\infty}R_n(x)=0,$$

即

$$f(x)=\lim_{n\to\infty}S_{n+1}(x).$$

这表明 $f(x)$ 在点 x_0 处的泰勒级数收敛,且以 $f(x)$ 为和函数.

必要性 由条件已知,函数 $f(x)$ 在点 x_0 的某个邻域 $U(x_0)$ 内有各阶导数,且 $f(x)$ 在点 x_0 处的泰勒级数收敛于和函数 $f(x)$,即 $\lim\limits_{n\to\infty}S_{n+1}(x)=f(x)$,故

$$\lim_{n\to\infty}R_n(x)=\lim_{n\to\infty}[f(x)-S_{n+1}(x)]=f(x)-f(x)=0.$$

证毕.

若可将一个函数展开成泰勒级数(或麦克劳林级数),则可用幂级数表示该函数. 我们还不难证明如下结论:若一个函数可展开成幂级数,则此幂级数就为该函数的泰勒级数(或麦克劳林级数).

于是,可归纳出把所给函数 $f(x)$ 展开成 x 的幂级数的具体步骤如下:

(1) 求出函数 $f(x)$ 的各阶导数

$$f'(x),f''(x),\cdots,f^{(n)}(x),\cdots.$$

(2) 求出函数 $f(x)$ 及其各阶导数在 $x=0$ 处的值:

$$f(0),f'(0),f''(0),\cdots,f^{(n)}(0),\cdots.$$

(3) 写出幂级数

$$f(0)+\frac{f'(0)}{1!}x+\cdots+\frac{f^{(n)}(0)}{n!}x^n+\cdots,$$

并求出其收敛半径 R.

（4）考察余项

$$R_n(x)=\frac{f^{(n+1)}(\xi)}{(n+1)!}x^{n+1}\quad(\xi \text{ 在 } 0 \text{ 与 } x \text{ 之间})$$

在区间 $(-R,R)$ 内的极限 $(n\to\infty)$ 是否为 0. 若 $\lim\limits_{n\to\infty}R_n(x)=0$，则函数 $f(x)$ 在 $x=0$ 处的幂级数展开式为

$$f(x)=f(0)+\frac{f'(0)}{1!}x+\cdots+\frac{f^{(n)}(0)}{n!}x^n+\cdots\quad(-R<x<R).$$

类似地，也可以按上述步骤把函数 $f(x)$ 展开成 $x-x_0$ 的幂级数. 这种将函数展开成幂级数的方法称为**直接展开法**.

例 3 将函数 $f(x)=\mathrm{e}^x$ 展开成 x 的幂级数.

解 （1）$f^{(n)}(x)=\mathrm{e}^x(n=1,2,\cdots)$；

（2）$f(0)=1,f^{(n)}(0)=1(n=1,2,\cdots)$；

（3）幂函数 $1+\frac{x}{1!}+\cdots+\frac{x^n}{n!}+\cdots$ 的收敛半径为 $R=+\infty$；

（4）易知

$$|R_n(x)|=\left|\frac{\mathrm{e}^{\theta x}}{(n+1)!}x^{n+1}\right|<\mathrm{e}^{|x|}\frac{|x|^{n+1}}{(n+1)!}\quad(0<\theta<1).$$

因为对于任意取定的 x，$\mathrm{e}^{|x|}$ 有界，而 $\frac{|x|^{n+1}}{(n+1)!}$ 是收敛级数 $\sum\limits_{n=1}^{\infty}\frac{|x|^{n+1}}{(n+1)!}$ 的通项，所以

$$\lim_{n\to\infty}\mathrm{e}^{|x|}\frac{|x|^{n+1}}{(n+1)!}=0.$$

故

$$\lim_{n\to\infty}|R_n(x)|=0.$$

因此，得展开式

$$\mathrm{e}^x=1+\frac{x}{1!}+\frac{x^2}{2!}+\cdots+\frac{x^n}{n!}+\cdots\quad(-\infty<x<+\infty).$$

例 4 将函数 $f(x)=(1+x)^m$ 展开成 x 的幂级数（m 是任意常数）.

解 （1）$f'(x)=m(1+x)^{m-1}$，

$f''(x)=m(m-1)(1+x)^{m-2}$，

$f'''(x)=m(m-1)(m-2)(1+x)^{m-3}$，

……

$f^{(n)}(x)=m(m-1)(m-2)\cdots(m-n+1)(1+x)^{m-n}$，

……

（2）$f(0)=1$，

$f'(0)=m$，

$$f''(0) = m(m-1),$$
$$f'''(0) = m(m-1)(m-2),$$
$$\cdots\cdots$$
$$f^{(n)}(0) = m(m-1)(m-2)\cdots(m-n+1),$$
$$\cdots\cdots$$

(3) 用比值准则计算得到幂级数

$$1 + mx + \frac{m(m-1)}{2!}x^2 + \frac{m(m-1)(m-2)}{3!}x^3 + \cdots + \frac{m(m-1)\cdots(m-n+1)}{n!}x^n + \cdots$$

的收敛半径为 $R = 1$，即该幂级数在 $(-1,1)$ 上收敛；

(4) 可以证得 $\lim\limits_{n\to\infty}|R_n(x)| = 0$. 因此，得展开式

$$(1+x)^m = 1 + mx + \frac{m(m-1)}{2!}x^2 + \frac{m(m-1)(m-2)}{3!}x^3 + \cdots + \frac{m(m-1)\cdots(m-n+1)}{n!}x^n + \cdots \quad (-1 < x < 1). \tag{11.20}$$

在区间的端点 $x = \pm 1$ 处，展开式(11.20)是否成立要看 m 的数值而定.

特别地，当 $m = \frac{1}{2}$ 时，有

$$\sqrt{1+x} = 1 + \frac{1}{2}x - \frac{1}{2\cdot 4}x^2 + \frac{1\cdot 3}{2\cdot 4\cdot 6}x^3 - \frac{1\cdot 3\cdot 5}{2\cdot 4\cdot 6\cdot 8}x^4 + \cdots \quad (-1 \leqslant x \leqslant 1);$$

当 $m = -\frac{1}{2}$ 时，有

$$\frac{1}{\sqrt{1+x}} = 1 - \frac{1}{2}x + \frac{1\cdot 3}{2\cdot 4}x^2 - \frac{1\cdot 3\cdot 5}{2\cdot 4\cdot 6}x^3 + \frac{1\cdot 3\cdot 5\cdot 7}{2\cdot 4\cdot 6\cdot 8}x^4 + \cdots \quad (-1 < x \leqslant 1).$$

说明 公式(11.20)称为**二项展开式**.

三、间接展开法

利用直接展开法将函数展开成幂级数计算量较大，且考察余项 $R_n(x)$ 是否趋于零($n \to \infty$)也不是件容易的事情. 而利用一些已知的函数幂级数展开式与幂级数的性质及运算进行展开更为简便. 这样把函数展开成幂级数的方法称为**间接展开法**.

例 5 将函数 $f(x) = \cos x$ 展开成 x 的幂级数.

解 已知 $\sin x$ 的麦克劳林级数为

$$\sin x = x - \frac{x^3}{3!} + \frac{x^5}{5!} - \cdots + (-1)^{m-1}\frac{x^{2m-1}}{(2m-1)!} + \cdots \quad (-\infty < x < +\infty),$$

对它逐项求导，得

$$\cos x = \left[\sum_{m=1}^{\infty}(-1)^{m-1}\frac{x^{2m-1}}{(2m-1)!}\right]'$$

$$=1-\frac{x^2}{2!}+\frac{x^4}{4!}+\cdots+(-1)^m\frac{x^{2m}}{(2m)!}+\cdots\quad(-\infty<x<+\infty).$$

例 6 将函数 $f(x)=\ln(1+x)$ 展开成 x 的幂级数.

解 易知 $f'(x)=\frac{1}{1+x}$,它是收敛的等比级数

$$\sum_{n=0}^{\infty}(-1)^n x^n\quad(-1<x<1)$$

的和函数,即

$$\frac{1}{1+x}=1-x+x^2-x^3+\cdots+(-1)^n x^n+\cdots\quad(-1<x<1).$$

故对该幂级数从 0 到 x 逐项积分,得

$$\ln(1+x)=x-\frac{x^2}{2}+\frac{x^3}{3}-\frac{x^4}{4}+\cdots+(-1)^n\frac{x^{n+1}}{n+1}+\cdots\quad(-1<x<1).$$

显然,上式在 $x=1$ 处也成立.

最后举一个把函数展开成 $x-x_0$ 的幂级数的例子.

例 7 将函数 $f(x)=\sin x$ 展开成 $x-\frac{\pi}{4}$ 的幂级数.

解 因为

$$\sin x=\sin\left[\frac{\pi}{4}+\left(x-\frac{\pi}{4}\right)\right]=\sin\frac{\pi}{4}\cos\left(x-\frac{\pi}{4}\right)+\cos\frac{\pi}{4}\sin\left(x-\frac{\pi}{4}\right)$$

$$=\frac{\sqrt{2}}{2}\left[\cos\left(x-\frac{\pi}{4}\right)+\sin\left(x-\frac{\pi}{4}\right)\right],$$

而且有

$$\sin\left(x-\frac{\pi}{4}\right)=\left(x-\frac{\pi}{4}\right)-\frac{1}{3!}\left(x-\frac{\pi}{4}\right)^3+\frac{1}{5!}\left(x-\frac{\pi}{4}\right)^5-\cdots\quad(-\infty<x<+\infty),$$

$$\cos\left(x-\frac{\pi}{4}\right)=1-\frac{1}{2!}\left(x-\frac{\pi}{4}\right)^2+\frac{1}{4!}\left(x-\frac{\pi}{4}\right)^4-\cdots\quad(-\infty<x<+\infty),$$

所以

$$\sin x=\frac{\sqrt{2}}{2}\left[1+\left(x-\frac{\pi}{4}\right)-\frac{1}{2!}\left(x-\frac{\pi}{4}\right)^2-\frac{1}{3!}\left(x-\frac{\pi}{4}\right)^3\right.$$

$$\left.+\frac{1}{4!}\left(x-\frac{\pi}{4}\right)^4+\frac{1}{5!}\left(x-\frac{\pi}{4}\right)^5-\cdots\right]\quad(-\infty<x<+\infty).$$

§ 11.5 函数的幂级数展开式的应用

微课视频

一、近似计算

有了函数的幂级数展开式，就可用它来进行近似计算.

例 1 计算 $e^{0.5}$ 的近似值.

解 由 § 11.4 中的例 3 可知 $e^x=\sum_{n=0}^{\infty}\frac{x^n}{n!}$，将 $x=\frac{1}{2}$ 代入，即得

$$\begin{aligned}e^{0.5}&=1+\frac{1}{2}+\frac{1}{2}\left(\frac{1}{2}\right)^2+\frac{1}{6}\left(\frac{1}{2}\right)^3+\frac{1}{24}\left(\frac{1}{2}\right)^4+\frac{1}{120}\left(\frac{1}{2}\right)^5+\cdots\\&\approx 1.6487.\end{aligned}$$

例 2 计算 $\sin 9^\circ$ 的近似值，并估计误差.

解 先将角度化为弧度：$9^\circ=\frac{\pi}{180}\times 9=\frac{\pi}{20}$，再取 $\sin x$ 的幂级数展开式的前两项之和作为近似值，即

$$\sin\frac{\pi}{20}\approx\frac{\pi}{20}-\frac{1}{3!}\left(\frac{\pi}{20}\right)^3.$$

用六位小数来近似，即取

$$\frac{\pi}{20}\approx 0.157080,\quad \left(\frac{\pi}{20}\right)^3\approx 0.003876,$$

因此

$$\sin 9^\circ\approx 0.15643.$$

由 § 11.2 中的定理 4 可知，其误差是

$$|R_2|\leqslant\frac{1}{5!}\left(\frac{\pi}{20}\right)^5<\frac{1}{120}(0.2)^5<\frac{1}{300000},$$

即误差不超过 10^{-5}.

例 3 计算 $\sqrt[3]{65}$ 的近似值.

解 因为

$$\sqrt[3]{65}=\sqrt[3]{64+1}=\sqrt[3]{1+\frac{1}{64}}\times 4=4\left(1+\frac{1}{64}\right)^{\frac{1}{3}},$$

所以可将 $x=\frac{1}{64}$，$m=\frac{1}{3}$ 代入二项展开式(11.20). 取 $\left(1+\frac{1}{64}\right)^{\frac{1}{3}}$ 的展开式的前三项：

第一项：1；

第二项：$\frac{1}{3}\times\left(\frac{1}{64}\right)=\frac{1}{192}\approx 0.005\,495$；

第三项：$\frac{1}{3}\times\left(-\frac{2}{3}\right)\times\frac{1}{2}\times\left(\frac{1}{64}\right)^2=-\frac{1}{36\,864}\approx -0.000\,027$.

故有

$$\begin{aligned}\sqrt[3]{65}&=4\left(1+\frac{1}{64}\right)^{\frac{1}{3}}\approx 4(1+0.005\,495-0.000\,027)\\&=4\times 1.005\,468=4.021\,872.\end{aligned}$$

例 4 计算 ln 1.01 的近似值.

解　由 §11.3 中的例 6 可知

$$\ln(1+x)=\sum_{n=0}^{\infty}\frac{(-1)^n}{n+1}x^{n+1}\quad(-1<x\leqslant 1),$$

将 $x=0.01$ 代入得

$$\begin{aligned}\ln 1.01&=\ln(1+0.01)=0.01-\frac{1}{2}\times(0.01)^2+\frac{1}{3}\times(0.01)^3-\cdots\\&\approx 0.01-\frac{1}{2}\times 0.000\,1+\frac{1}{3}\times 0.000\,001\\&\approx 0.009\,95.\end{aligned}$$

例 5 计算$\int_0^1 e^{-t^2}\,dt$ 的近似值，并估计误差.

解　将 $x=-t^2$ 代入 $e^x=\sum\limits_{n=0}^{\infty}\frac{x^n}{n!}$，得

$$\begin{aligned}\int_0^1 e^{-t^2}\,dt&=\int_0^1\left(1-t^2+\frac{1}{2!}t^4-\frac{1}{3!}t^6+\frac{1}{4!}t^8-\cdots\right)dt\\&=\left(t-\frac{1}{3}t^3+\frac{1}{2!}\cdot\frac{t^5}{5}-\frac{1}{3!}\cdot\frac{t^7}{7}+\frac{1}{4!}\cdot\frac{t^9}{9}-\cdots\right)\Bigg|_0^1\\&=1-\frac{1}{3}+\frac{1}{2!}\cdot\frac{1}{5}-\frac{1}{3!}\cdot\frac{1}{7}+\frac{1}{4!}\cdot\frac{1}{9}-\cdots\\&\approx 1-\frac{1}{3}+\frac{1}{10}-\frac{1}{42}\approx 0.742\,9.\end{aligned}$$

由交错级数判别准则（莱布尼兹定理）可得上述误差不超过$\frac{1}{4!}\cdot\frac{1}{9}=\frac{1}{216}$.

二、欧拉公式

将 $x=\mathrm{i}t\,(\mathrm{i}=\sqrt{-1})$ 代入函数 $f(x)=e^x$ 的幂级数展开式，得

$$e^{\mathrm{i}t}=1+\frac{1}{1!}\mathrm{i}t+\frac{1}{2!}(\mathrm{i}t)^2+\frac{1}{3!}(\mathrm{i}t)^3+\frac{1}{4!}(\mathrm{i}t)^4+\frac{1}{5!}(\mathrm{i}t)^5$$

$$
+\frac{1}{6!}(\mathrm{i}t)^6+\frac{1}{7!}(\mathrm{i}t)^7+\frac{1}{8!}(\mathrm{i}t)^8+\cdots
$$

$$
=1+\mathrm{i}t+\frac{1}{2!}\mathrm{i}^2t^2+\frac{1}{3!}\mathrm{i}^3t^3+\frac{1}{4!}\mathrm{i}^4t^4+\frac{1}{5!}\mathrm{i}^5t^5
$$

$$
+\frac{1}{6!}\mathrm{i}^6t^6+\frac{1}{7!}\mathrm{i}^7t^7+\frac{1}{8!}\mathrm{i}^8t^8+\cdots
$$

$$
=\left(1-\frac{1}{2!}t^2+\frac{1}{4!}t^4-\frac{1}{6!}t^6+\cdots\right)+\mathrm{i}\left(t-\frac{1}{3!}t^3+\frac{1}{5!}t^5-\frac{1}{7!}t^7+\cdots\right)
$$

$$
=\cos t+\mathrm{i}\sin t.
$$

同理,可得

$$
\mathrm{e}^{-\mathrm{i}t}=\cos t-\mathrm{i}\sin t.
$$

将上述两式相加、相减,再分别除以 2,2i,得

$$
\cos t=\frac{\mathrm{e}^{\mathrm{i}t}+\mathrm{e}^{-\mathrm{i}t}}{2},\quad \sin t=\frac{\mathrm{e}^{\mathrm{i}t}-\mathrm{e}^{-\mathrm{i}t}}{2\mathrm{i}}. \tag{11.21}
$$

公式(11.21)称为**欧拉公式**,它表达了复变量指数函数和三角函数之间的一种关系.

§11.6 傅里叶级数

微课视频

一、三角级数

对于周期是 $T\left(=\dfrac{2\pi}{\omega}\right)$的周期函数 $f(t)$,我们希望能用一系列三角函数

$$
A_n\sin(n\omega t+\varphi_n)\quad (n=1,2,\cdots)
$$

的和表示它,即有

$$
f(t)=A_0+\sum_{n=1}^{\infty}A_n\sin(n\omega t+\varphi_n), \tag{11.22}
$$

其中 $A_0,A_n,\varphi_n(n=1,2,\cdots)$ 均是常数.本节就讨论这样的问题.

又由三角公式变形得

$$
A_n\sin(n\omega t+\varphi_n)=A_n\sin\varphi_n\cos n\omega t+A_n\cos\varphi_n\sin n\omega t,
$$

然后令

$$
\frac{a_0}{2}=A_0,\quad a_n=A_n\sin\varphi_n,\quad b_n=A_n\cos\varphi_n,\quad x=\omega t,
$$

则(11.22)式改写为

$$f(x)=\frac{a_0}{2}+\sum_{n=1}^{\infty}(a_n\cos nx+b_n\sin nx). \tag{11.23}$$

定义 1　形如(11.23)式右端表达式的级数称为**三角级数**，其中 $a_0,a_n,b_n(n=1,2,\cdots)$ 均为常数，称为三角级数的**系数**.

定理 1　**三角函数系**

$$1,\cos x,\sin x,\cos 2x,\sin 2x,\cdots,\cos nx,\sin nx,\cdots \tag{11.24}$$

在区间 $[-\pi,\pi]$ 上**正交**. 也就是说，在三角函数系(11.24)中任何不同的两个函数的乘积在区间 $[-\pi,\pi]$ 上的积分均等于零，即

(1) $\int_{-\pi}^{\pi}\cos nx\,\mathrm{d}x=0\quad(n=1,2,\cdots)$;

(2) $\int_{-\pi}^{\pi}\sin nx\,\mathrm{d}x=0\quad(n=1,2,\cdots)$;

(3) $\int_{-\pi}^{\pi}\sin kx\cos nx\,\mathrm{d}x=0\quad(k,n=1,2,\cdots)$;

(4) $\int_{-\pi}^{\pi}\cos kx\cos nx\,\mathrm{d}x=0\quad(k,n=1,2,\cdots;k\neq n)$;

(5) $\int_{-\pi}^{\pi}\sin kx\sin nx\,\mathrm{d}x=0\quad(k,n=1,2,\cdots;k\neq n)$.

证　以(4)为例来证明.

由三角函数的积化和差公式得

$$\cos kx\cos nx=\frac{1}{2}[\cos(k+n)x+\cos(k-n)x].$$

当 $k\neq n(k,n=1,2,\cdots)$ 时，有

$$\begin{aligned}\int_{-\pi}^{\pi}\cos kx\cos nx\,\mathrm{d}x&=\frac{1}{2}\int_{-\pi}^{\pi}[\cos(k+n)x+\cos(k-n)x]\mathrm{d}x\\&=\frac{1}{2}\left[\frac{\sin(k+n)x}{k+n}+\frac{\sin(k-n)x}{k-n}\right]\Bigg|_{-\pi}^{\pi}=0.\end{aligned}$$

二、函数展开成傅里叶级数

设 $f(x)$ 是周期为 2π 的周期函数，且可展开成三角级数，即

$$f(x)=\frac{a_0}{2}+\sum_{n=1}^{\infty}(a_n\cos nx+b_n\sin nx), \tag{11.25}$$

试问：如何利用 $f(x)$ 将系数 $a_0,a_n,b_n(n=1,2,\cdots)$ 表示出来？

先求 a_0. 因为

$$\begin{aligned}\int_{-\pi}^{\pi}f(x)\mathrm{d}x&=\int_{-\pi}^{\pi}\frac{a_0}{2}\mathrm{d}x+\sum_{n=1}^{\infty}\left(a_n\int_{-\pi}^{\pi}\cos nx\,\mathrm{d}x+b_n\int_{-\pi}^{\pi}\sin nx\,\mathrm{d}x\right)\\&=\frac{a_0}{2}\times 2\pi+0=\pi a_0,\end{aligned}$$

所以

$$a_0=\frac{1}{\pi}\int_{-\pi}^{\pi}f(x)\mathrm{d}x.$$

再求 $a_n(n=1,2,\cdots)$. 用 $\cos kx$ 同乘(11.25)式两边，再对其从 $-\pi$ 到 π 逐项积分，得

$$\int_{-\pi}^{\pi} f(x)\cos kx\,\mathrm{d}x$$
$$=\frac{a_0}{2}\int_{-\pi}^{\pi}\cos kx\,\mathrm{d}x+\sum_{n=1}^{\infty}\left(a_n\int_{-\pi}^{\pi}\cos nx\cos kx\,\mathrm{d}x+b_n\int_{-\pi}^{\pi}\sin nx\cos kx\,\mathrm{d}x\right).$$

那么由三角函数系的正交性可知，该等式右边除 $k=n$ 的这一项外，其余各项均为 0，故

$$\int_{-\pi}^{\pi} f(x)\cos kx\,\mathrm{d}x = a_k\int_{-\pi}^{\pi}\cos^2 kx\,\mathrm{d}x=\frac{a_k}{2}\int_{-\pi}^{\pi}(1+\cos 2kx)\,\mathrm{d}x$$
$$=\frac{a_k}{2}\times 2\pi = a_k\pi,$$

从而 $a_k=\frac{1}{\pi}\int_{-\pi}^{\pi} f(x)\cos kx\,\mathrm{d}x$. 于是有

$$a_n=\frac{1}{\pi}\int_{-\pi}^{\pi} f(x)\cos nx\,\mathrm{d}x\quad (n=1,2,\cdots).$$

最后求 $b_n(n=1,2,\cdots)$. 用 $\sin kx$ 同乘(11.25)式两边，再对其从 $-\pi$ 到 π 逐项积分，同理得

$$b_n=\frac{1}{\pi}\int_{-\pi}^{\pi} f(x)\sin nx\,\mathrm{d}x\quad (n=1,2,\cdots).$$

因为当 $n=0$ 时，a_n 的表达式可给出 a_0，所以可合并写成

$$\begin{cases} a_n=\dfrac{1}{\pi}\displaystyle\int_{-\pi}^{\pi} f(x)\cos nx\,\mathrm{d}x & (n=0,1,2,\cdots),\\ b_n=\dfrac{1}{\pi}\displaystyle\int_{-\pi}^{\pi} f(x)\sin nx\,\mathrm{d}x & (n=1,2,\cdots).\end{cases}\tag{11.26}$$

定义 2　由公式(11.26)所确定的系数 $a_0,a_n,b_n(n=1,2,\cdots)$ 称为函数 $f(x)$ 的**傅里叶(Fourier)系数**，所得的三角级数

$$\frac{a_0}{2}+\sum_{n=1}^{\infty}(a_n\cos nx+b_n\sin nx)$$

称为函数 $f(x)$ 的**傅里叶级数**.

那么，试问函数 $f(x)$ 满足什么条件时，可展开成傅里叶级数？下面将要叙述的**收敛定理**对该问题给出了回答.

定理 2(收敛定理，狄利克雷(Dirichlet)定理)　设 $f(x)$ 是周期为 2π 的周期函数. 如果它满足条件：在一个周期内连续或只有有限个第一类间断点，且一个周期内至多有有限个极值点，则

(1) 函数 $f(x)$ 的傅里叶级数收敛；

(2) 当 x 为 $f(x)$ 的连续点时，傅里叶级数收敛于 $f(x)$；

(3) 当 x 为 $f(x)$ 的间断点时，傅里叶级数收敛于

$$\frac{f(x-0)+f(x+0)}{2}.$$

证明从略.

说明 函数 $f(x)$ 展开成幂级数的条件比展开成傅里叶级数的条件强得多.

例 1 设 $f(x)$ 是周期为 2π 的周期函数，其在 $[-\pi,\pi)$ 上的表达式是

$$f(x)=\begin{cases}-1, & -\pi\leqslant x<0,\\ 1, & 0\leqslant x<\pi,\end{cases}$$

将函数 $f(x)$ 展开成傅里叶级数.

解 所给函数 $f(x)$ 满足狄利克雷定理的条件，则由该定理知 $f(x)$ 的傅里叶级数收敛，且当 $x=k\pi(k\in\mathbf{Z})$ 时，傅里叶级数收敛于

$$\frac{-1+1}{2}=\frac{1+(-1)}{2}=0;$$

当 $x\neq k\pi(k\in\mathbf{Z})$ 时，傅里叶级数收敛于 $f(x)$. 又由(11.26)式有

$$\begin{aligned}a_n&=\frac{1}{\pi}\int_{-\pi}^{\pi}f(x)\cos nx\,\mathrm{d}x=\frac{1}{\pi}\left[\int_{-\pi}^{0}(-1)\cos nx\,\mathrm{d}x+\int_{0}^{\pi}1\cdot\cos nx\,\mathrm{d}x\right]\\&=0\quad(n=0,1,2,\cdots),\\ b_n&=\frac{1}{\pi}\int_{-\pi}^{\pi}f(x)\sin nx\,\mathrm{d}x=\frac{1}{\pi}\left[\int_{-\pi}^{0}(-1)\sin nx\,\mathrm{d}x+\int_{0}^{\pi}1\cdot\sin nx\,\mathrm{d}x\right]\\&=\frac{1}{\pi}\left[\frac{\cos nx}{n}\bigg|_{-\pi}^{0}+\left(-\frac{\cos nx}{n}\right)\bigg|_{0}^{\pi}\right]=\frac{1}{n\pi}(1-\cos n\pi-\cos n\pi+1)\\&=\frac{2}{n\pi}[1-(-1)^n]=\begin{cases}\dfrac{4}{n\pi}, & n=1,3,5,\cdots,\\ 0, & n=2,4,6,\cdots,\end{cases}\end{aligned}$$

因此 $f(x)$ 的傅里叶级数展开式为

$$f(x)=\frac{4}{\pi}\left[\sin x+\frac{1}{3}\sin 3x+\cdots+\frac{1}{2k-1}\sin(2k-1)x+\cdots\right]$$
$$(-\infty<x<+\infty;x\neq 0,\pm\pi,\pm 2\pi,\cdots).$$

例 2 设 $f(x)$ 是周期为 2π 的周期函数，其在 $[-\pi,\pi]$ 上的表达式是

$$f(x)=\begin{cases}-x, & -\pi\leqslant x<0,\\ x, & 0\leqslant x\leqslant\pi,\end{cases}$$

试将函数 $f(x)$ 展开成傅里叶级数.

解 所给函数 $f(x)$ 满足狄利克雷定理的条件，且它在每一点 x 处均连续，故 $f(x)$ 的傅里叶级数在 $(-\infty,+\infty)$ 上收敛于 $f(x)$. 又由(11.26)式有

$$\begin{aligned}a_0&=\frac{1}{\pi}\int_{-\pi}^{\pi}f(x)\mathrm{d}x=\frac{1}{\pi}\left[\int_{-\pi}^{0}(-x)\mathrm{d}x+\int_{0}^{\pi}x\mathrm{d}x\right]\\&=\frac{1}{\pi}\left(-\frac{x^2}{2}\bigg|_{-\pi}^{0}+\frac{x^2}{2}\bigg|_{0}^{\pi}\right)=\pi,\\ a_n&=\frac{1}{\pi}\int_{-\pi}^{\pi}f(x)\cos nx\,\mathrm{d}x=\frac{1}{\pi}\left[\int_{-\pi}^{0}(-x)\cos nx\,\mathrm{d}x+\int_{0}^{\pi}x\cos nx\,\mathrm{d}x\right]\end{aligned}$$

$$= \frac{1}{\pi}\left[\left(-\frac{x\sin nx}{n}-\frac{\cos nx}{n^2}\right)\Big|_{-\pi}^{0}+\left(\frac{x\sin nx}{n}+\frac{\cos nx}{n^2}\right)\Big|_{0}^{\pi}\right]$$

$$= \frac{2}{n^2\pi}(\cos n\pi - 1) = \frac{2}{n^2\pi}[(-1)^n - 1] = \begin{cases} -\dfrac{4}{n^2\pi}, & n = 1,3,5,\cdots, \\ 0, & n = 2,4,6,\cdots, \end{cases}$$

$$b_n = \frac{1}{\pi}\int_{-\pi}^{\pi} f(x)\sin nx\,dx = \frac{1}{\pi}\left[\int_{-\pi}^{0}(-x)\sin nx\,dx + \int_{0}^{\pi} x\sin nx\,dx\right]$$

$$= \frac{1}{\pi}\left[\left(\frac{x\cos nx}{n}-\frac{\sin nx}{n^2}\right)\Big|_{-\pi}^{0}+\left(-\frac{x\cos nx}{n}+\frac{\sin nx}{n^2}\right)\Big|_{0}^{\pi}\right]$$

$$= 0 \quad (n = 1,2,\cdots),$$

因此 $f(x)$ 的傅里叶级数展开式为

$$f(x) = \frac{\pi}{2} - \frac{4}{\pi}\left[\cos x + \frac{1}{3^2}\cos 3x + \cdots + \frac{1}{(2n-1)^2}\cos(2n-1)x + \cdots\right]$$
$$(-\infty < x < +\infty).$$

§11.7 正弦级数与余弦级数

微课视频

一、奇函数与偶函数的傅里叶级数

定理 1 周期是 2π 的奇函数 $f(x)$ 展开成傅里叶级数，其傅里叶系数是

$$\begin{cases} a_n = 0, & n = 0,1,2,\cdots, \\ b_n = \dfrac{2}{\pi}\displaystyle\int_0^{\pi} f(x)\sin nx\,dx, & n = 1,2,\cdots; \end{cases} \tag{11.27}$$

而周期是 2π 的偶函数 $f(x)$ 展开成傅里叶级数，其傅里叶系数是

$$\begin{cases} a_n = \dfrac{2}{\pi}\displaystyle\int_0^{\pi} f(x)\cos nx\,dx, & n = 0,1,2,\cdots, \\ b_n = 0, & n = 1,2,\cdots. \end{cases} \tag{11.28}$$

证 以奇函数为例来证明.

设 $f(x)$ 是奇函数，即 $f(-x) = -f(x)$，则由傅里叶系数公式 (11.26) 得

$$a_n = \frac{1}{\pi}\int_{-\pi}^{\pi} f(x)\cos nx\,dx$$

$$= \frac{1}{\pi}\left[\int_{-\pi}^{0} f(x)\cos nx\,dx + \int_{0}^{\pi} f(x)\cos nx\,dx\right]$$

$$= \frac{1}{\pi}\left[\int_{\pi}^{0} f(-x)\cos(-nx)\,\mathrm{d}(-x) + \int_{0}^{\pi} f(x)\cos nx\,\mathrm{d}x\right]$$

$$= \frac{1}{\pi}\left[-\int_{0}^{\pi} f(x)\cos nx\,\mathrm{d}x + \int_{0}^{\pi} f(x)\cos nx\,\mathrm{d}x\right]$$

$$= 0 \quad (n = 0,1,2,\cdots),$$

$$b_n = \frac{1}{\pi}\int_{-\pi}^{\pi} f(x)\sin nx\,\mathrm{d}x$$

$$= \frac{1}{\pi}\left[\int_{-\pi}^{0} f(x)\sin nx\,\mathrm{d}x + \int_{0}^{\pi} f(x)\sin nx\,\mathrm{d}x\right]$$

$$= \frac{1}{\pi}\left[\int_{\pi}^{0} f(-x)\sin(-nx)\,\mathrm{d}(-x) + \int_{0}^{\pi} f(x)\sin nx\,\mathrm{d}x\right]$$

$$= \frac{1}{\pi}\left[\int_{0}^{\pi} f(x)\sin nx\,\mathrm{d}x + \int_{0}^{\pi} f(x)\sin nx\,\mathrm{d}x\right]$$

$$= \frac{2}{\pi}\int_{0}^{\pi} f(x)\sin nx\,\mathrm{d}x \quad (n = 1,2,\cdots).$$

说明　(1) 若 $f(x)$ 是奇函数，则其傅里叶级数只含正弦函数项，称之为**正弦级数**，即

$$f(x) = \sum_{n=1}^{\infty} b_n \sin nx\,; \tag{11.29}$$

(2) 若 $f(x)$ 是偶函数，则其傅里叶级数只含余弦函数项，称之为**余弦级数**，即

$$f(x) = \frac{a_0}{2} + \sum_{n=1}^{\infty} a_n \cos nx. \tag{11.30}$$

例 1　设 $f(x)$ 是周期为 2π 的周期函数，其在 $[-\pi,\pi)$ 上的表达式是 $f(x)=x$，试将 $f(x)$ 展开成傅里叶级数.

解　因为所给函数 $f(x)$ 满足狄利克雷定理的条件，所以 $f(x)$ 的傅里叶级数在间断点

$$x = (2k+1)\pi \quad (k = 0,\pm 1,\pm 2,\cdots)$$

处收敛于

$$\frac{f(\pi-0)+f(-\pi+0)}{2} = \frac{\pi+(-\pi)}{2} = 0;$$

在连续点 $x \neq (2k+1)\pi$ 处收敛于 $f(x)$.

又因为函数 $f(x)$ 在其连续区间上是奇函数，所以由公式(11.27)得

$$a_n = 0 \quad (n = 0,1,2,\cdots),$$

$$b_n = \frac{2}{\pi}\int_0^{\pi} f(x)\sin nx\,\mathrm{d}x = \frac{2}{\pi}\int_0^{\pi} x\sin nx\,\mathrm{d}x$$

$$= \frac{2}{\pi}\left(-\frac{x\cos nx}{n} + \frac{\sin nx}{n^2}\right)\Bigg|_0^{\pi} = -\frac{2}{n}\cos n\pi$$

$$= \frac{2}{n}(-1)^{n+1} \quad (n = 1,2,\cdots).$$

因此，$f(x)$ 的傅里叶级数展开式为

$$f(x)=2\left[\sin x-\frac{1}{2}\sin 2x+\cdots+\frac{1}{n}(-1)^{n+1}\sin nx+\cdots\right]$$

$$(-\infty<x<+\infty;x\neq\pm\pi,\pm 3\pi,\cdots).$$

二、定义在区间$[0,\pi]$上的函数 $f(x)$ 展开成正弦级数或余弦级数

在实际应用中，有时还需要把定义在区间$[0,\pi]$上的函数 $f(x)$ 展开成正弦级数或余弦级数.

设定义在区间$[0,\pi]$上的函数 $f(x)$ 满足狄利克雷定理的条件，则可以在$(-\pi,0)$内补充 $f(x)$ 的定义，得到定义在$(-\pi,\pi]$上的函数 $F(x)$，且使得其在$(-\pi,\pi)$上成为奇(偶)函数. 这种拓广函数定义域的步骤称为**奇延拓(偶延拓)**. 经过奇延拓或偶延拓，就可以把定义在区间$[0,\pi]$上的函数 $f(x)$ 展开成正弦级数或余弦级数.

说明 在做奇延拓时，若 $f(0)\neq 0$，则规定 $F(0)=0$.

例 2 将函数

$$f(x)=x+1\quad(0\leqslant x\leqslant\pi)$$

分别展开成正弦级数和余弦级数.

解 先求正弦级数. 对 $f(x)$ 进行奇延拓后，由公式(11.27)得

$$\begin{aligned}b_n&=\frac{2}{\pi}\int_0^\pi f(x)\sin nx\,\mathrm{d}x=\frac{2}{\pi}\int_0^\pi(x+1)\sin nx\,\mathrm{d}x\\&=\frac{2}{\pi}\left(-\frac{x\cos nx}{n}+\frac{\sin nx}{n^2}-\frac{\cos nx}{n}\right)\Big|_0^\pi\\&=\frac{2}{n\pi}(1-\pi\cos n\pi-\cos n\pi)=\frac{2}{n\pi}[1-(-1)^n(\pi+1)]\quad(n=1,2,\cdots).\end{aligned}$$

代入(11.29)式，得

$$x+1=\frac{2}{\pi}\left[(\pi+2)\sin x-\frac{\pi}{2}\sin 2x+\frac{1}{3}(\pi+2)\sin 3x-\frac{\pi}{4}\sin 4x+\cdots\right]\quad(0<x<\pi).$$

在 $x=0$ 与 $x=\pi$ 处，上式右端的正弦级数的和为零，它不等于 $f(0)$ 及 $f(\pi)$.

再求余弦级数. 对 $f(x)$ 进行偶延拓后，由公式(11.28)得

$$a_0=\frac{2}{\pi}\int_0^\pi(x+1)\,\mathrm{d}x=\frac{2}{\pi}\left(\frac{x^2}{2}+x\right)\Big|_0^\pi=\pi+2,$$

$$\begin{aligned}a_n&=\frac{2}{\pi}\int_0^\pi(x+1)\cos nx\,\mathrm{d}x=\frac{2}{\pi}\left(\frac{x\sin nx}{n}+\frac{\cos nx}{n^2}+\frac{\sin nx}{n}\right)\Big|_0^\pi\\&=\frac{2}{n^2\pi}(\cos n\pi-1)=\frac{2}{n\pi}[(-1)^n-1]=\begin{cases}0, & n=2,4,6,\cdots,\\-\dfrac{4}{n^2\pi}, & n=1,3,5,\cdots.\end{cases}\end{aligned}$$

代入(11.30)式，得

$$x+1=\frac{\pi}{2}+1-\frac{4}{\pi}\left(\cos x+\frac{1}{3^2}\cos 3x+\frac{1}{5^2}\cos 5x+\cdots\right)\quad(0\leqslant x\leqslant \pi).$$

§ 11.8 周期为 $2l$ 的周期函数的傅里叶级数

微课视频

前面我们已研究了周期为 2π 的周期函数的傅里叶级数，下面研究周期为 $2l$ 的周期函数的傅里叶级数.

定理 1　设函数 $f(x)$ 满足狄利克雷定理的条件，且 $f(x)$ 是周期为 $2l$ 的周期函数，则它在连续点 x 处的傅里叶级数展开式为

$$f(x)=\frac{a_0}{2}+\sum_{n=1}^{\infty}\left(a_n\cos\frac{n\pi x}{l}+b_n\sin\frac{n\pi x}{l}\right),\qquad(11.31)$$

其中系数是

$$\begin{cases}a_n=\dfrac{1}{l}\displaystyle\int_{-l}^{l}f(x)\cos\frac{n\pi x}{l}\mathrm{d}x,\quad n=0,1,2,\cdots,\\ b_n=\dfrac{1}{l}\displaystyle\int_{-l}^{l}f(x)\sin\frac{n\pi x}{l}\mathrm{d}x,\quad n=1,2,\cdots.\end{cases}$$

若 $f(x)$ 是奇函数，则

$$f(x)=\sum_{n=1}^{\infty}b_n\sin\frac{n\pi x}{l},\qquad(11.32)$$

其中

$$b_n=\frac{2}{l}\int_0^l f(x)\sin\frac{n\pi x}{l}\mathrm{d}x\quad(n=1,2,\cdots).$$

若 $f(x)$ 是偶函数，则

$$f(x)=\frac{a_0}{2}+\sum_{n=1}^{\infty}a_n\cos\frac{n\pi x}{l},\qquad(11.33)$$

其中

$$a_n=\frac{2}{l}\int_0^l f(x)\cos\frac{n\pi x}{l}\mathrm{d}x\quad(n=0,1,2,\cdots).$$

证　令 $z=\dfrac{\pi x}{l}$，这时 $-l\leqslant x\leqslant l$ 变换为

$$-\pi\leqslant z\leqslant \pi.$$

设函数

$$f(x)=f\left(\frac{lz}{\pi}\right)=F(z),$$

则 $F(z)$ 满足狄利克雷定理的条件，且 $F(z)$ 是周期为 2π 的周期函数. 因此，$F(z)$ 在连续点 z 处的傅里叶级数展开式为

$$F(z)=\frac{a_0}{2}+\sum_{n=1}^{\infty}(a_n\cos nz+b_n\sin nz),$$

其中

$$\begin{cases}a_n=\dfrac{1}{\pi}\displaystyle\int_{-\pi}^{\pi}F(z)\cos nz\,\mathrm{d}z, & n=0,1,2,\cdots,\\ b_n=\dfrac{1}{\pi}\displaystyle\int_{-\pi}^{\pi}F(z)\sin nz\,\mathrm{d}z, & n=1,2,\cdots.\end{cases}$$

把 $z=\dfrac{\pi x}{l}$ 代回上式,即得在连续点 x 处有

$$f(x)=\frac{a_0}{2}+\sum_{n=1}^{\infty}\left(a_n\cos\frac{n\pi x}{l}+b_n\sin\frac{n\pi x}{l}\right),$$

其中

$$\begin{cases}a_n=\dfrac{1}{l}\displaystyle\int_{-l}^{l}f(x)\cos\frac{n\pi x}{l}\mathrm{d}x, & n=0,1,2,\cdots,\\ b_n=\dfrac{1}{l}\displaystyle\int_{-l}^{l}f(x)\sin\frac{n\pi x}{l}\mathrm{d}x, & n=1,2,\cdots.\end{cases}$$

当 $f(x)$ 是奇函数时,由于 $\cos\dfrac{n\pi x}{l}$ 是偶函数,$\sin\dfrac{n\pi x}{l}$ 是奇函数,从而 $f(x)\cos\dfrac{n\pi x}{l}$ 是奇函数,$f(x)\sin\dfrac{n\pi x}{l}$ 是偶函数,于是由定积分的性质知

$$a_n=0\quad(n=0,1,2,\cdots),$$

$$b_n=\frac{2}{l}\int_0^l f(x)\sin\frac{n\pi x}{l}\mathrm{d}x\quad(n=1,2,\cdots),$$

即(11.32)式成立.同理,当 $f(x)$ 为偶函数时,有(11.33)式成立.

例 1 将函数

$$f(x)=\begin{cases}\dfrac{mx}{2}, & 0\leqslant x<\dfrac{l}{2},\\ \dfrac{m(l-x)}{2}, & \dfrac{l}{2}\leqslant x\leqslant l\end{cases}$$

展开成正弦级数(m 是常数).

解 先对 $f(x)$ 进行奇延拓,再做周期延拓,即得到一个周期为 $2l$ 的连续奇函数.于是,由定理 1 得 $f(x)$ 的傅里叶级数的系数为

$$\begin{aligned}b_n&=\frac{2}{l}\int_0^l f(x)\sin\frac{n\pi x}{l}\mathrm{d}x\\&=\frac{2}{l}\left[\int_0^{\frac{l}{2}}\frac{mx}{2}\sin\frac{n\pi x}{l}\mathrm{d}x+\int_{\frac{l}{2}}^{l}\frac{m(l-x)}{2}\sin\frac{n\pi x}{l}\mathrm{d}x\right]\quad(n=1,2,\cdots).\end{aligned}$$

对上式右边第二项做变量代换 $t=l-x$,得

$$b_n=\frac{2}{l}\left[\int_0^{\frac{l}{2}}\frac{mx}{2}\sin\frac{n\pi x}{l}\mathrm{d}x+\int_{\frac{l}{2}}^{0}\frac{mt}{2}\sin\frac{n\pi(l-t)}{l}(-\mathrm{d}t)\right]$$

$$= \frac{2}{l}\left[\int_0^{\frac{l}{2}} \frac{mx}{2}\sin\frac{n\pi x}{l}\mathrm{d}x + (-1)^{n+1}\int_0^{\frac{l}{2}} \frac{mt}{2}\sin\frac{n\pi t}{l}\mathrm{d}t\right]$$

$$= \begin{cases} 0, & n = 2,4,6,\cdots, \\ \dfrac{4m}{2l}\displaystyle\int_0^{\frac{l}{2}} x\sin\frac{n\pi x}{l}\mathrm{d}x = \frac{2ml}{n^2\pi^2}\sin\frac{n\pi}{2} = \frac{2ml}{n^2\pi^2}(-1)^{\frac{n-1}{2}}, & n = 1,3,5,\cdots. \end{cases}$$

最后，把所求的 b_n 代入(11.32)式，即得 $f(x)$ 的正弦级数展开式为

$$f(x) = \frac{2ml}{\pi^2}\left(\sin\frac{\pi x}{l} - \frac{1}{3^2}\sin\frac{3\pi x}{l} + \frac{1}{5^2}\sin\frac{5\pi x}{l} - \cdots\right) \quad (0 \leqslant x \leqslant l).$$

§11.9 傅里叶级数的复数形式

微课视频

已知周期为 $2l$ 的周期函数 $f(x)$ 的傅里叶级数展开式为

$$f(x) = \frac{a_0}{2} + \sum_{n=1}^{\infty}\left(a_n\cos\frac{n\pi x}{l} + b_n\sin\frac{n\pi x}{l}\right),$$

其中

$$\begin{cases} a_n = \dfrac{1}{l}\displaystyle\int_{-l}^{l} f(x)\cos\frac{n\pi x}{l}\mathrm{d}x, & n = 0,1,2,\cdots, \\ b_n = \dfrac{1}{l}\displaystyle\int_{-l}^{l} f(x)\sin\frac{n\pi x}{l}\mathrm{d}x, & n = 1,2,\cdots, \end{cases}$$

则由欧拉公式

$$\cos t = \frac{\mathrm{e}^{\mathrm{i}t} + \mathrm{e}^{-\mathrm{i}t}}{2}, \quad \sin t = \frac{\mathrm{e}^{\mathrm{i}t} - \mathrm{e}^{-\mathrm{i}t}}{2\mathrm{i}}$$

得

$$\begin{aligned} f(x) &= \frac{a_0}{2} + \sum_{n=1}^{\infty}\left[\frac{a_n}{2}\left(\mathrm{e}^{\mathrm{i}\frac{n\pi x}{l}} + \mathrm{e}^{-\mathrm{i}\frac{n\pi x}{l}}\right) - \frac{\mathrm{i}b_n}{2}\left(\mathrm{e}^{\mathrm{i}\frac{n\pi x}{l}} - \mathrm{e}^{-\mathrm{i}\frac{n\pi x}{l}}\right)\right] \\ &= \frac{a_0}{2} + \sum_{n=1}^{\infty}\left(\frac{a_n - \mathrm{i}b_n}{2}\mathrm{e}^{\mathrm{i}\frac{n\pi x}{l}} + \frac{a_n + \mathrm{i}b_n}{2}\mathrm{e}^{-\mathrm{i}\frac{n\pi x}{l}}\right) \\ &= d_0 + \sum_{n=1}^{\infty} d_n\mathrm{e}^{\mathrm{i}\frac{n\pi x}{l}} + \sum_{n=1}^{\infty} d_{-n}\mathrm{e}^{-\mathrm{i}\frac{n\pi x}{l}} \\ &= d_n\mathrm{e}^{\mathrm{i}\frac{n\pi x}{l}}\Big|_{n=0} + \sum_{n=1}^{\infty} d_n\mathrm{e}^{\mathrm{i}\frac{n\pi x}{l}} + \sum_{n=-\infty}^{-1} d_n\mathrm{e}^{\mathrm{i}\frac{n\pi x}{l}} \\ &= \sum_{n=-\infty}^{+\infty} d_n\mathrm{e}^{\mathrm{i}\frac{n\pi x}{l}}, \end{aligned} \tag{11.34}$$

其中

$$\begin{cases} d_0=\dfrac{a_0}{2}=\dfrac{1}{2l}\displaystyle\int_{-l}^{l}f(x)\mathrm{d}x, \\ d_n=\dfrac{a_n-\mathrm{i}b_n}{2}=\dfrac{1}{2l}\displaystyle\int_{-l}^{l}f(x)\mathrm{e}^{-\mathrm{i}\frac{n\pi x}{l}}\mathrm{d}x, \quad n=1,2,\cdots, \\ d_{-n}=\dfrac{a_n+\mathrm{i}b_n}{2}=\dfrac{1}{2l}\displaystyle\int_{-l}^{l}f(x)\mathrm{e}^{\mathrm{i}\frac{n\pi x}{l}}\mathrm{d}x, \quad n=1,2,\cdots, \end{cases}$$

合并写成

$$d_n=\frac{1}{2l}\int_{-l}^{l}f(x)\mathrm{e}^{-\mathrm{i}\frac{n\pi x}{l}}\mathrm{d}x \quad (n\in\mathbf{Z}). \tag{11.35}$$

这就是 $f(x)$ 的**傅里叶级数的复数形式**.

说明 傅里叶级数的复数形式(11.34)较为简明,且求傅里叶系数只需计算一个积分,计算公式为(11.35)式.

例 1 将函数 $f(t)$ 展开成复数形式的傅里叶级数,其中

$$f(t)=\begin{cases} 0, & -\dfrac{l}{2}\leqslant t<-\dfrac{\tau}{2},\dfrac{\tau}{2}\leqslant t\leqslant\dfrac{l}{2}, \\ h, & -\dfrac{\tau}{2}\leqslant t\leqslant\dfrac{\tau}{2}. \end{cases}$$

解 由公式(11.35)有

$$d_0=\frac{1}{l}\int_{-\frac{l}{2}}^{\frac{l}{2}}f(t)\mathrm{d}t=\frac{1}{l}\int_{-\frac{\tau}{2}}^{\frac{\tau}{2}}h\mathrm{d}t=\frac{h\tau}{l},$$

$$d_n=\frac{1}{l}\int_{-\frac{l}{2}}^{\frac{l}{2}}f(t)\mathrm{e}^{-\mathrm{i}\frac{2n\pi t}{l}}\mathrm{d}t=\frac{1}{l}\int_{-\frac{\tau}{2}}^{\frac{\tau}{2}}h\mathrm{e}^{-\mathrm{i}\frac{2n\pi t}{l}}\mathrm{d}t=\frac{h}{l}\left(-\frac{l}{2\mathrm{i}n\pi}\mathrm{e}^{-\frac{2n\pi t}{\mathrm{i}l}}\right)\Bigg|_{-\frac{\tau}{2}}^{\frac{\tau}{2}}$$

$$=\frac{h}{n\pi}\sin\frac{n\pi\tau}{l} \quad (n=\pm1,\pm2,\cdots).$$

把所求的 $d_n(n=0,\pm1,\pm2,\cdots)$ 代入(11.34)式,即得 $f(t)$ 的傅里叶级数的复数形式为

$$f(t)=\frac{h\tau}{l}+\frac{h}{\pi}\sum_{\substack{n=-\infty\\ n\neq0}}^{+\infty}\frac{1}{n}\sin\frac{n\pi\tau}{l}\mathrm{e}^{\mathrm{i}\frac{2n\pi t}{l}} \quad \left(-\frac{l}{2}\leqslant t\leqslant\frac{l}{2},t\neq\pm\frac{\tau}{2}\right).$$

习题十一

1. 已知下列无穷级数的一般项,写出它们的前三项:

(1) $u_n=\dfrac{2n-1}{n!}$; (2) $u_n=\dfrac{2n+1}{3n}$;

(3) $u_n=(-1)^{n-1}\dfrac{1}{n(n+1)}$.

2. 写出下列无穷级数的部分和 S_1 及 S_n:

(1) $-1-1-1-1-1-\cdots$；　(2) $\ln\frac{2}{1}+\ln\frac{3}{2}+\cdots+\ln\frac{n+1}{n}+\cdots$.

3. 判定下列无穷级数的敛散性：

(1) $\frac{1}{1}+\frac{1}{2^2}+\cdots+\frac{1}{n^2}+\cdots$；

(2) $\frac{1}{2}+\frac{1}{4}+\cdots+\frac{1}{2n}+\cdots$；

(3) $\frac{1}{3}+\frac{1}{9}+\frac{1}{27}+\cdots$；

(4) $\frac{1\cdot 2}{10}+\frac{1\cdot 2\cdot 3}{10^2}+\frac{1\cdot 2\cdot 3\cdot 4}{10^3}+\cdots$（提示：比值准则）；

(5) $\sin\frac{\pi}{2}+\sin\frac{\pi}{2^2}+\sin\frac{\pi}{2^3}+\cdots$（提示：$\sin x<x$）；

(6) $\sum\limits_{n=1}^{\infty}\frac{(1\,000)^n}{n!}$（提示：比值准则）.

4. 在下列无穷级数中，哪些是绝对收敛的，哪些是条件收敛的？

(1) $1-\frac{1}{\sqrt{2}}+\frac{1}{\sqrt{3}}-\frac{1}{\sqrt{4}}+\cdots$；　(2) $1-\frac{1}{3^2}+\frac{1}{5^2}-\frac{1}{7^2}+\cdots$；

(3) $\sum\limits_{n=1}^{\infty}(-1)^{n-1}\frac{n}{3^{n-1}}$；　(4) $\sum\limits_{n=1}^{\infty}(-1)^{n+1}\frac{n+1}{n}$.

5. 求下列无穷级数的收敛半径 R，并讨论其收敛区间端点处的敛散性：

(1) $x+2!x^2+\cdots+n!x^n+\cdots$；

(2) $\frac{x}{3}+\frac{2x^2}{3^2}+\cdots+\frac{nx^n}{3^n}+\cdots$；

(3) $1-\frac{x}{5\sqrt{2}}+\frac{x^2}{5^2\sqrt{3}}+\cdots+(-1)^{n-1}\frac{x^{n-1}}{5^{n-1}\sqrt{n}}+\cdots$；

(4) $x-\frac{x^3}{3}+\frac{x^5}{5}+\cdots+(-1)^{n-1}\frac{x^{2n-1}}{2n-1}+\cdots$；

(5) $\frac{2x-1}{1}+\frac{(2x-1)^2}{4}+\frac{(2x-1)^3}{9}+\cdots$；

(6) $1-\frac{(x-1)^2}{2^2}+\frac{(x-1)^4}{4^2}-\cdots+(-1)^{n-1}\frac{(x-1)^{2n-2}}{2^{2n-2}}+\cdots$.

6. 将下列函数展开成 x 的幂级数，并求其收敛域：

(1) $\operatorname{sh} x=\frac{e^x-e^{-x}}{2}$；　(2) $\ln(a+x)\ (a>0)$；

(3) $a^x\quad(a>0)$；　(4) $\sin\frac{x}{2}$；

(5) $\sin^2 x$；　(6) $(1+x)\ln(1+x)$；

(7) $\arcsin x$；　(8) $\frac{x}{\sqrt{1+x^2}}$.

7. 用函数的幂级数展开式求下列各数的近似值，并估计误差：

(1) $\cos 2^\circ$（精确到 0.000 1）； (2) $\int_0^{0.5} \frac{1}{1+x^4}\mathrm{d}x$（精确到 0.001）.

8. 将周期为 2π 的周期函数 $f(x)$ 展开成傅里叶级数，其在 $[-\pi,\pi)$ 上的表达式是

$$f(x)=3x^2+1.$$

9. 将函数 $f(x)=2x^2(0\leqslant x\leqslant \pi)$ 展开成正弦级数.

10. 将函数 $f(x)=x^2(0\leqslant x\leqslant 2)$ 展开成余弦级数.

11. 将函数 $f(x)=\mathrm{e}^{-x}(-1\leqslant x<1)$ 展开成复数形式的傅里叶级数（提示：把 $f(x)$ 延拓成周期为 2 的周期函数）.

知识框图

第十二章 微分方程

自17世纪以来，由于社会生产技术的发展，仅用微分、积分的知识已经不足以研究更多的自然现象，因此这时产生了微分方程. 从此在天文学、力学、生产技术等领域中，微分方程都得到了一定程度的发展. 近年来，随着科学技术的发展，对微分方程提出了更多的问题.

学习完这一章，希望读者达到如下要求：(1) 了解微分方程的基本概念；(2) 掌握几种常用微分方程的解法；(3) 了解微分方程的近似解法；(4) 初步会用已有知识，建立微分方程.

§ 12.1 微分方程的基本概念

微课视频

一、问题提出

例 1 设有一曲线，其上任意点 $M(x,y)$ 处的切线斜率是 $3x$，且过点 $M_0(2,4)$，求该曲线方程.

解 由导数的几何意义可知，该曲线方程 $y=y(x)$ 满足关系式

$$\frac{\mathrm{d}y}{\mathrm{d}x}=3x; \tag{12.1}$$

还有已知条件：当 $x=2$ 时，$y=4$.

对(12.1)式两边积分，得

$$y=\int 3x\mathrm{d}x,$$

即

$$y=\frac{3}{2}x^2+C \quad (C\text{ 是任意常数}). \tag{12.2}$$

将已知条件代入上式，有 $4=\frac{3}{2}\times 2^2+C$，得 $C=-2$，故该曲线方程为

$$y=\frac{3}{2}x^2-2. \tag{12.3}$$

例 2 设一列车制动时能获得加速度 $-0.5\ \mathrm{m/s^2}$，现该列车在水平线上以 30 m/s 的速度行驶，问：制动后该列车需要多长时间才能停住？该列车在这段时间里行驶了多少路程？

解 设制动后 t(单位：s) 时间内该列车行驶的路程为 s(单位：m). 由题意知，描述该列车制动阶段运动规律的函数 $s=s(t)$ 满足关系式

$$\frac{\mathrm{d}^2s}{\mathrm{d}t^2}=-0.5; \tag{12.4}$$

还有已知条件：当 $t=0$ 时，$s=0$，$v=\frac{\mathrm{d}s}{\mathrm{d}t}=30$.

对(12.4)式两边积分，得

$$v=\frac{\mathrm{d}s}{\mathrm{d}t}=-0.5t+C_1; \tag{12.5}$$

再对上式两边积分，得

$$s=-0.25t^2+C_1t+C_2. \tag{12.6}$$

将 $t=0, v=30$ 代入(12.5)式，得 $C_1=30$；

将 $t=0, s=0$ 代入(12.6)式，得 $C_2=0$.

把 C_1, C_2 的值代回(12.5)，(12.6)两式，有

$$v=-0.5t+30, \tag{12.7}$$

$$s=-0.25t^2+30t. \tag{12.8}$$

在(12.7)式中，令 $v=0$，即得到该列车从开始制动到完全停住所需要的时间为

$$t=\frac{30}{0.5}=60(\text{单位}:\text{s}).$$

因此，由(12.8)式得该列车在制动这段时间内行驶的路程为

$$s=-0.25\times 60^2+30\times 60=900(\text{单位}:\text{m}).$$

二、微分方程的定义

例1和例2中的关系式(12.1)，(12.4)都含有未知函数的导数，它们均是微分方程.

一般地，我们把含有自变量、未知函数、未知函数的导数(或微分)的方程称为**微分方程**.

说明　在微分方程中，函数自变量、未知函数可不显示，但未知函数的导数(或微分)必须显示.

若一微分方程中的未知函数是一元函数，则称该微分方程为**常微分方程**；若未知函数是多元函数，则称该微分方程为**偏微分方程**.本章主要讨论常微分方程.

三、微分方程的阶

微分方程中所出现未知函数的最高阶导数的阶数称为**微分方程的阶**.

例如，方程(12.1)是一阶微分方程；方程(12.4)是二阶微分方程.

四、微分方程的解

如果将函数 $y=y(x)$ 代入一微分方程能使该微分方程成为恒等式，则称函数 $y=y(x)$ 为该**微分方程的解**.

例如，函数(12.2)，(12.3)均是方程(12.1)的解；函数(12.6)，(12.8)均是方程(12.4)的解.

如果微分方程的解中所含相互独立的任意常数的个数与微分方程的阶数相同,则称这样的解为微分方程的**通解**(或**一般解**),又称之为**通积分**.

例如,函数(12.2)是方程(12.1)的通解;函数(12.6)是方程(12.4)的通解.

用于确定通解中任意常数值的条件称为**初始条件**.

例如,例1中的已知条件"当 $x=2$ 时,$y=4$"和例2中的已知条件"当 $t=0$ 时,$s=0,v=\frac{ds}{dt}=30$"都是初始条件,它们又可分别记为"$y\Big|_{x=2}=4$"和"$s\Big|_{t=0}=0,\frac{ds}{dt}\Big|_{t=0}=30$".

按已知的初始条件将通解中任意常数确定后的解称为**微分方程的特解**或**特积分**.

例如,例1中的函数(12.3)和例2中的函数(12.8)分别是微分方程(12.1)和方程(12.4)的特解.

微分方程的解所对应的几何图形称为微分方程的**积分曲线**.通解的几何图形是一族积分曲线,称为**积分曲线族**;特解的几何图形是一条积分曲线.

五、问题终结

利用微分方程寻求实际问题中的未知函数的一般步骤如下:

(1) 分析问题,列出微分方程和附加条件(如初始条件等);

(2) 求出微分方程的通解;

(3) 求出微分方程的特解.

§12.2 可分离变量的微分方程

微课视频

一、可分离变量的微分方程

一阶微分方程的一般形式为

$$f(x,y,y')=0$$

或

$$y'=f(x,y).$$

若一阶微分方程可化为

$$g(y)\mathrm{d}y=f(x)\mathrm{d}x \tag{12.9}$$

的形式，则称该微分方程为**可分离变量的微分方程**.

可分离变量的微分方程的求解步骤如下：

(1) 分离变量，即将原微分方程化为形如(12.9)式的微分方程；

(2) 对分离变量后的微分方程(12.9)两边积分，得

$$\int g(y)\mathrm{d}y=\int f(x)\mathrm{d}x,$$

可求得方程(12.9)的通解，即原微分方程的通解.

这种求解一阶微分方程的方法称为**分离变量法**.

例 1 求微分方程$(1+y^2)\mathrm{d}x-(1+x^2)\mathrm{d}y=0$的通解.

解 这是可分离变量的微分方程，可化为

$$\frac{\mathrm{d}y}{1+y^2}=\frac{\mathrm{d}x}{1+x^2}.$$

两边积分，得

$$\arctan y=\arctan x+\arctan C,\quad 即\quad \arctan y-\arctan x=\arctan C$$

(这里将任意常数C写成$\arctan C$的形式是为了便于化简，后面会采用同样的手法)；两边取正切，得

$$\tan(\arctan y-\arctan x)=\tan(\arctan C).$$

因此，由三角恒等式

$$\tan(A-B)=\frac{\tan A-\tan B}{1+\tan A\tan B},$$

得通解为

$$\frac{y-x}{1+xy}=C.$$

例 2 求微分方程$(\mathrm{e}^{x+y}-\mathrm{e}^x)\mathrm{d}x+(\mathrm{e}^{x+y}+\mathrm{e}^y)\mathrm{d}y=0$的通解.

解 这是可分离变量的微分方程，可化为

$$\mathrm{e}^x(\mathrm{e}^y-1)\mathrm{d}x+\mathrm{e}^y(\mathrm{e}^x+1)\mathrm{d}y=0.$$

当$\mathrm{e}^y-1\neq 0$时，再两边除以$(\mathrm{e}^y-1)(\mathrm{e}^x+1)$，得

$$\frac{\mathrm{e}^x}{\mathrm{e}^x+1}\mathrm{d}x+\frac{\mathrm{e}^y}{\mathrm{e}^y-1}\mathrm{d}y=0;$$

两边积分，得

$$\ln(\mathrm{e}^x+1)+\ln(\mathrm{e}^y-1)=\ln C.$$

化简得通解为

$$(\mathrm{e}^x+1)(\mathrm{e}^y-1)=C.$$

显然，$\mathrm{e}^y-1=0$即$y=0$也是该微分方程的解，它包含在上述通解中.

说明 由例 1 可以看到，在对可分离变量的微分方程分离变量时，可能会出现丢解的情形. 如果求通解，通常忽略这种情形.

例 3 求微分方程$\frac{dy}{dx}=-\frac{y}{x}$的通解和在初始条件"当 $x=1$ 时，$y=1$"下的特解.

解 这是可分离变量的微分方程. 分离变量，得

$$\frac{dy}{y}=-\frac{dx}{x};$$

两边积分，得

$$\ln y=-\ln x+\ln C, \quad 即 \quad \ln y+\ln x=\ln C.$$

化简得通解为

$$xy=C.$$

又由初始条件得 $1\times 1=C$，即 $C=1$，故 $xy=1$ 是该初始条件下的特解.

说明 若所给的微分方程不是可分离变量的微分方程，有时可以根据微分方程的特点，做适当的变换，将其化为可分离变量的微分方程.

二、齐次方程

如果一阶微分方程可化为

$$\frac{dy}{dx}=\varphi\left(\frac{y}{x}\right) \tag{12.10}$$

的形式，则称该微分方程为**齐次方程**.

齐次方程(12.10)的求解步骤如下：

(1) 做变换 $u=\frac{y}{x}$，即 $y=ux$，则$\frac{dy}{dx}=u+\frac{du}{dx}$. 这时方程(12.10)变为

$$u+x\frac{du}{dx}=\varphi(u).$$

(2) 对上述微分方程分离变量，得

$$\frac{du}{\varphi(u)-u}=\frac{dx}{x};$$

两边积分，得

$$\int\frac{du}{\varphi(u)-u}=\int\frac{1}{x}dx.$$

(3) 由上式求出积分后，再代回

$$u=\frac{y}{x},$$

便可得到齐次方程(12.10)的通解.

例 4 求微分方程 $\dfrac{dy}{dx}=\dfrac{y}{x}+\tan\dfrac{y}{x}$ 的通解.

解 此微分方程为齐次方程. 做变换 $u=\dfrac{y}{x}$，即 $y=ux$，则

$$\frac{dy}{dx}=u+x\frac{du}{dx}.$$

代入原微分方程得

$$u+x\frac{du}{dx}=u+\tan u,\quad 即\quad x\frac{du}{dx}=\tan u.$$

分离变量，得

$$\cot u du=\frac{dx}{x};$$

两边积分，得

$$\ln(\sin u)=\ln x+\ln C,\quad 即\quad \sin u=Cx.$$

代回 $u=\dfrac{y}{x}$，有

$$\sin\frac{y}{x}=Cx.$$

这就是原微分方程的通解.

§ 12.3 一阶线性微分方程

微课视频

形如

$$y'+P(x)y=Q(x) \tag{12.11}$$

的微分方程称为**一阶线性微分方程**，其中 $P(x)$，$Q(x)$ 均为 x 的连续函数. 若 $Q(x)\equiv 0$，方程(12.11) 成为

$$y'+P(x)y=0,$$

称之为对应于方程(12.11) 的**一阶齐次线性微分方程**；若 $Q(x)\neq 0$，则方程(12.11) 称为**一阶非齐次线性微分方程**，其中 $Q(x)(\neq 0)$ 称为**自由项**或**干扰项**.

求方程(12.11) 的通解，通常分以下三个步骤进行：

(1) 求方程(12.11) 对应的齐次线性微分方程

$$\frac{dy}{dx}+P(x)y=0,\quad 即\quad \frac{dy}{y}=-P(x)dx \tag{12.12}$$

的通解. 两边积分，得

$$\ln y = -\int P(x)\mathrm{d}x + C_1$$

$\left(取\int P(x)\mathrm{d}x 为 P(x) 的一个原函数\right)$,化简得

$$y = \mathrm{e}^{-\int P(x)\mathrm{d}x + C_1} = \mathrm{e}^{C_1}\mathrm{e}^{-\int P(x)\mathrm{d}x} = C_2\mathrm{e}^{-\int P(x)\mathrm{d}x}. \qquad (12.13)$$

此即为对应的齐次线性微分方程(12.12)的通解.

(2) 将(12.13)式中的常数 C_2 看作函数 $\varphi(x)$,并假设

$$y = \varphi(x)\mathrm{e}^{-\int P(x)\mathrm{d}x}$$

为非齐次线性微分方程(12.11)的通解.将此通解及

$$\begin{aligned} y' &= \varphi(x)\left[\mathrm{e}^{-\int P(x)\mathrm{d}x}\right]' + \varphi'(x)\mathrm{e}^{-\int P(x)\mathrm{d}x} \\ &= \varphi(x)\left[-P(x)\mathrm{e}^{-\int P(x)\mathrm{d}x}\right] + \varphi'(x)\mathrm{e}^{-\int P(x)\mathrm{d}x} \end{aligned}$$

代入方程(12.11),得

$$\varphi'(x)\mathrm{e}^{-\int P(x)\mathrm{d}x} - \varphi(x)P(x)\mathrm{e}^{-\int P(x)\mathrm{d}x} + P(x)\varphi(x)\mathrm{e}^{-\int P(x)\mathrm{d}x} = Q(x),$$

化简得

$$\varphi'(x) = Q(x)\mathrm{e}^{\int P(x)\mathrm{d}x}, \quad 即 \quad \mathrm{d}\varphi(x) = Q(x)\mathrm{e}^{\int P(x)\mathrm{d}x}\mathrm{d}x.$$

两边积分,得

$$\varphi(x) = \int Q(x)\mathrm{e}^{\int P(x)\mathrm{d}x}\mathrm{d}x + C. \qquad (12.14)$$

(3) 把(12.13)式中的常数 C_2 替换成函数(12.14),得

$$y = \mathrm{e}^{-\int P(x)\mathrm{d}x}\left[\int Q(x)\mathrm{e}^{\int P(x)\mathrm{d}x}\mathrm{d}x + C\right]. \qquad (12.15)$$

这就是非齐次线性微分方程(12.11)的通解.

上述把(12.13)式中的常数 C_2 改为函数 $\varphi(x)$,得通解(12.15)的过程称为**常数变易法**.

说明 若令通解(12.15)中的常数 $C=0$,则可得到非齐次线性微分方程(12.11)的一个特解.于是,通解(12.15)可看作非齐次线性微分方程(12.11)的一个特解与对应的齐次线性微分方程(12.12)的通解之和,即一阶非齐次线性微分方程的通解等于其自身的一个特解与对应的一阶齐次线性微分方程的通解之和.

例 1 求微分方程 $xy' - y = x^2\cos x$ 的通解.

解 把原微分方程写成

$$y' - \frac{1}{x}y = x\cos x. \qquad (12.16)$$

这是一阶非齐次线性微分方程.

(1) 求对应的齐次线性微分方程 $y' - \frac{1}{x}y = 0$ 的通解.将它化为

$$\frac{\mathrm{d}y}{\mathrm{d}x} - \frac{1}{x}y = 0,$$

分离变量，得

$$\frac{\mathrm{d}y}{y}=\frac{\mathrm{d}x}{x};$$

两边积分，得

$$\ln y=\ln x+\ln C_1,\quad \text{即}\quad \ln y=\ln(C_1x),$$

化简得

$$y=C_1x.$$

(2) 令 $C_1=\varphi(x)$，假设 $y=x\varphi(x)$ 是微分方程(12.16)的通解. 将 $y=x\varphi(x)$ 及 $y'=\varphi(x)+x\varphi'(x)$ 代入微分方程(12.16)，得

$$\varphi(x)+x\varphi'(x)-\frac{1}{x}\cdot x\varphi(x)=x\cos x.$$

约去公因子，并化简，有

$$\frac{\mathrm{d}\varphi(x)}{\mathrm{d}x}=\cos x,$$

解得

$$\varphi(x)=\int\cos x\mathrm{d}x=\sin x+C.$$

(3) 将上式代入 $y=x\varphi(x)$，得原微分方程的通解为

$$y=(\sin x+C)x=x\sin x+Cx.$$

例 2 利用公式(12.15)求微分方程 $y'-\frac{2}{x+1}y=(x+1)^3$ 的通解.

解 这时 $P(x)=-\frac{2}{x+1}$，$Q(x)=(x+1)^3$，则

$$\mathrm{e}^{-\int P(x)\mathrm{d}x}=\mathrm{e}^{\int\frac{2}{x+1}\mathrm{d}x}=\mathrm{e}^{2\ln(x+1)}=\mathrm{e}^{\ln(x+1)^2}=(x+1)^2,$$

$$\mathrm{e}^{\int P(x)\mathrm{d}x}=\mathrm{e}^{-\int\frac{2}{x+1}\mathrm{d}x}=\mathrm{e}^{-2\ln(x+1)}=\mathrm{e}^{\ln(x+1)^{-2}}=\frac{1}{(x+1)^2}.$$

代入(12.15)式，即得所求通解为

$$\begin{aligned}y&=\mathrm{e}^{-\int P(x)\mathrm{d}x}\left[\int Q(x)\mathrm{e}^{\int P(x)\mathrm{d}x}\mathrm{d}x+C\right]=(x+1)^2\left[\int(x+1)^3\frac{1}{(x+1)^2}\mathrm{d}x+C\right]\\&=(x+1)^2\left[\int(x+1)\mathrm{d}x+C\right]=(x+1)^2\left[\frac{1}{2}(x+1)^2+C\right]\\&=\frac{1}{2}(x+1)^4+C(x+1)^2.\end{aligned}$$

例 3 设 xOy 面内有一曲线通过原点，且其上任一点处的切线斜率均为 $2x+y$，求该曲线方程.

解 设所求曲线方程为 $y=y(x)$，则由题设有

$$y'=2x+y,\quad y\Big|_{x=0}=0.$$

将上述微分方程写成 $y'-y=2x$. 不难看出，这是一阶非齐次线性微分方程，且这时

$$P(x)=-1,\quad Q(x)=2x.$$

于是

$$e^{-\int P(x)dx} = e^{\int dx} = e^x, \quad e^{\int P(x)dx} = e^{-\int dx} = e^{-x}.$$

代入(12.15)式,即得通解为

$$\begin{aligned} y &= e^{-\int P(x)dx}\left[\int Q(x)e^{\int P(x)dx}dx + C\right] = e^x\left(\int 2xe^{-x}dx + C\right) \\ &= e^x\left(2\int xe^{-x}dx + C\right) = e^x[2(-xe^{-x} - e^{-x}) + C] \\ &= -2x - 2 + Ce^x. \end{aligned}$$

又由 $y\Big|_{x=0} = 0$,有 $0 = 0 - 2 + Ce^0$,即 $C = 2$,于是所求曲线方程为

$$y = 2(-x - 1 + e^x).$$

§12.4 可降阶的高阶微分方程

二阶及二阶以上的微分方程统称为**高阶微分方程**.

这里仅介绍三种可降阶的高阶微分方程的求解方法.

微课视频

一、$y^{(n)} = f(x)$ 型的微分方程

微分方程

$$y^{(n)} = f(x) \tag{12.17}$$

的求解方法为:连续积分 n 次,便得到方程(12.17)的含有 n 个任意常数的通解.

例 1 求微分方程 $y''' = e^{3x}$ 的通解.

解 对所给微分方程连续积分三次,有

$$y'' = \frac{1}{3}e^{3x} + C_1,$$

$$y' = \frac{1}{9}e^{3x} + C_1x + C_2,$$

$$y = \frac{1}{27}e^{3x} + \frac{C_1}{2}x^2 + C_2x + C_3.$$

这就是所求的通解.

例 2 求微分方程 $y'' = \sin x$ 的通解.

解 对所给微分方程连续积分两次,有

$$y' = -\cos x + C_1, \quad y = -\sin x + C_1x + C_2.$$

后者就是所求的通解.

二、$y''=f(x,y')$ 型的微分方程

微分方程

$$y''=f(x,y') \tag{12.18}$$

的求解方法如下：

令 $y'=P$，则有

$$y''=\frac{\mathrm{d}P}{\mathrm{d}x}=P'.$$

这时方程(12.18)化为

$$P'=f(x,P).$$

它是关于变量 x,P 的一阶微分方程，设其通解为 $P=\varphi(x,C_1)$. 因为 $y'=P$，所以有

$$y'=\varphi(x,C_1).$$

对上式两边积分，即得方程(12.18)的通解为

$$y=\int\varphi(x,C_1)\mathrm{d}x+C_2.$$

例 3 求微分方程 $y''=y'+x$ 的通解.

解 令 $y'=P$，则原微分方程化为 $\frac{\mathrm{d}P}{\mathrm{d}x}=P+x$，即 $\frac{\mathrm{d}P}{\mathrm{d}x}-P=x$. 不难看出，这是关于变量 x,P 的一阶非齐次线性微分方程，故由公式(12.15)得其通解为

$$\begin{aligned}P=\frac{\mathrm{d}y}{\mathrm{d}x}&=\mathrm{e}^x\left(\int x\mathrm{e}^{-x}\mathrm{d}x+C_1\right)=\mathrm{e}^x(-x\mathrm{e}^{-x}-\mathrm{e}^{-x}+C_1)\\&=-x-1+C_1\mathrm{e}^x.\end{aligned}$$

再对上式两边积分，得原微分方程的通解为

$$y=\int(-x-1+C_1\mathrm{e}^x)\mathrm{d}x=-\frac{1}{2}x^2-x+C_1\mathrm{e}^x+C_2.$$

三、$y''=f(y,y')$ 型的微分方程

微分方程

$$y''=f(y,y') \tag{12.19}$$

的求解方法如下：

令 $y'=P$，则有

$$y''=\frac{\mathrm{d}y'}{\mathrm{d}x}=\frac{\mathrm{d}P}{\mathrm{d}x}=\frac{\mathrm{d}P}{\mathrm{d}y}\frac{\mathrm{d}y}{\mathrm{d}x}=P\frac{\mathrm{d}P}{\mathrm{d}y}.$$

这时方程(12.19)化为

$$P\frac{\mathrm{d}P}{\mathrm{d}y}=f(y,P).$$

它是关于变量 y,P 的一阶微分方程，设其通解是 $P=\varphi(y,C_1)$. 因为 $y'=P$，所以有

$$y'=\varphi(y,C_1),\quad 即\quad \frac{\mathrm{d}y}{\varphi(y,C_1)}=\mathrm{d}x.$$

对上式两边积分，即得方程(12.19)的通解为

$$\int\frac{\mathrm{d}y}{\varphi(y,C_1)}=x+C_2.$$

例 4 求微分方程 $2(y')^2=y''(y-1)$ 满足初始条件

$$y\Big|_{x=1}=2,\quad y'\Big|_{x=1}=-1$$

的特解.

解 令 $y'=P$，则 $y''=P\frac{\mathrm{d}P}{\mathrm{d}y}$. 故原微分方程可化为

$$2P^2=P\frac{\mathrm{d}P}{\mathrm{d}y}(y-1).$$

化简并分离变量，得

$$\frac{\mathrm{d}P}{P}=\frac{2\mathrm{d}y}{y-1};$$

两边积分，得

$$\ln P=2\ln(y-1)+\ln C_1=\ln(y-1)^2+\ln C_1,$$

即

$$P=C_1(y-1)^2.$$

将初始条件

$$y\Big|_{x=1}=2,\quad y'\Big|_{x=1}=-1$$

代入上式，得

$$-1=C_1(2-1)^2,\quad 即\quad C_1=-1,$$

故

$$P=-(y-1)^2.$$

将 $P=\frac{\mathrm{d}y}{\mathrm{d}x}$ 代入上式，并分离变量，得

$$-\frac{\mathrm{d}y}{(y-1)^2}=\mathrm{d}x;$$

两边积分，得

$$\frac{1}{y-1}=x+C_2.$$

又由初始条件 $y\Big|_{x=1}=2$ 得

$$\frac{1}{2-1}=1+C_2,\quad 即\quad C_2=0,$$

故所求特解为

$$\frac{1}{y-1}=x, \quad 即 \quad y=\frac{1}{x}+1.$$

§12.5 线性微分方程解的结构

微课视频

形如

$$y''+Py'+Qy=f(x) \tag{12.20}$$

的微分方程称为**二阶线性微分方程**，其中 $P,Q,f(x)$ 均为 x 的连续函数. 若 $f(x)\equiv 0$，方程(12.20)成为

$$y''+Py'+Qy=0, \tag{12.21}$$

称之为对应于方程(12.20)的**二阶齐次线性微分方程**；若 $f(x)\not\equiv 0$，则称方程(12.20)为**二阶非齐次线性微分方程**，其中 $f(x)$ 称为**自由项**或**干扰项**.

说明　方程(12.20)的解的一些性质可推广至任意更高阶的线性微分方程.

先研究二阶齐次线性微分方程(12.21)的解的结构.

定理 1　若函数 $y_1(x)$ 和 $y_2(x)$ 是方程(12.21)的两个解，则

$$y=C_1y_1(x)+C_2y_2(x) \tag{12.22}$$

也是方程(12.21)的解，其中 C_1,C_2 是任意常数.

证　将(12.22)式代入方程(12.21)的左端，有

$$\begin{aligned}&(C_1y_1''+C_2y_2'')+P(C_1y_1'+C_2y_2')+Q(C_1y_1+C_2y_2)\\&=C_1(y_1''+Py_1'+Qy_1)+C_2(y_2''+Py_2'+Qy_2)\\&=C_1\cdot 0+C_2\cdot 0=0,\end{aligned}$$

即得证.

说明　定理 1 表明，齐次线性微分方程的解满足**叠加原理**.

定义 1　设 $y_1(x),y_2(x),\cdots,y_n(x)$ 是定义在区间 (a,b) 内的 n 个函数. 如果存在 n 个不全为零的常数 $k_1,k_2,\cdots,k_n$，使得对任意的 $x\in(a,b)$ 时，恒有等式

$$k_1y_1(x)+k_2y_2(x)+\cdots+k_ny_n(x)=0$$

成立，则称这 n 个函数在区间 (a,b) 内**线性相关**；否则，称它们在 (a,b) 内**线性无关**.

例 1　证明：函数 $y_1=1,y_2=\cos^2x,y_3=\sin^2x$ 在 $(-\infty,+\infty)$ 内线性相关.

证　易知，$k_1=1,k_2=-1,k_3=-1$ 这三个常数使如下等式在 $(-\infty,+\infty)$ 内恒成立：

$$k_1y_1+k_2y_2+k_3y_3=1-\cos^2x-\sin^2x\equiv 0.$$

因此,函数 $y_1=1, y_2=\cos^2x, y_3=\sin^2x$ 在$(-\infty,+\infty)$内线性相关.

例 2 证明:函数 $y_1=1, y_2=x, y_3=x^2$ 在任何区间(a,b)内线性无关.

证 若 k_1,k_2,k_3 不全为零,则在$(-\infty,+\infty)$内至多只有两个 x 值使等式

$$k_1y_1+k_2y_2+k_3y_3=k_1+k_2x+k_3x^2=0$$

成立.因此,要使它在区间(a,b)内恒成立,则 k_1,k_2,k_3 全为零.故函数 y_1,y_2,y_3 线性无关.

由定义1知道,对于两个函数的情况,它们线性相关与否,只要看它们的比是否为常数:若比是常数,则它们线性相关;若比不是常数,则它们线性无关.

有了线性相关的概念后,关于二阶齐次线性微分方程(12.21)的通解,我们有如下的解结构定理:

定理 2 若函数 $y_1(x)$ 和 $y_2(x)$ 是方程(12.21)的两个线性无关的特解,则

$$y=C_1y_1(x)+C_2y_2(x)\quad (C_1,C_2\text{ 为任意常数})$$

是方程(12.21)的通解.

例 3 对于二阶齐次线性微分方程

$$(x-1)y''-xy'+y=0,$$

易证 $y_1=x, y_2=e^x$ 是它的两个特解,并且 $\dfrac{y_1}{y_2}=\dfrac{x}{e^x}\neq$ 常数(即线性无关).因此,由定理2可知,所给微分方程的通解是

$$y=C_1x+C_2e^x\quad (C_1,C_2\text{ 为任意常数}).$$

说明 在§12.3中,我们知道一阶非齐次线性微分方程的通解等于它本身的一个特解与对应的一阶齐次线性微分方程的通解之和.实际上,不仅一阶非齐次线性微分方程的通解有此结构,而且二阶(更高阶)非齐次线性微分方程的通解亦有此结构.

定理 3 设函数 $y^*(x)$ 是二阶非齐次线性微分方程(12.20):

$$y''+Py'+Qy=f(x)$$

的一个特解,$Y(x)$ 是方程(12.20)对应的齐次线性微分方程(12.21)的通解,则

$$y=Y(x)+y^*(x) \tag{12.23}$$

是方程(12.20)的通解.

证 将(12.23)式代入方程(12.20)的左端,有

$$\begin{aligned}&(Y''+y^{*\prime\prime})+P(Y'+y^{*\prime})+Q(Y+y^*)\\&=(Y''+PY'+QY)+(y^{*\prime\prime}+Py^{*\prime}+Qy^*)\\&=0+f(x)=f(x),\end{aligned}$$

即得证.

例 4 求二阶非齐次线性微分方程 $y''+y=1$ 的通解.

解 显然，$y_1=\cos x$，$y_2=\sin x$ 是所给非齐次线性微分方程对应的齐次线性微分方程 $y''+y=0$ 的两个线性无关解，从而 $Y=C_1\cos x+C_2\sin x$ 是微分方程 $y''+y=0$ 的通解. 又易证 $y^*=1$ 是所给非齐次线性微分方程的一个特解，故所求通解是

$$y=Y+y^*=C_1\cos x+C_2\sin x+1.$$

定理 4 设函数 $y_1^*(x)$ 和 $y_2^*(x)$ 分别是微分方程

$$y''+Py'+Qy=f_1(x)$$

和

$$y''+Py'+Qy=f_2(x)$$

的解，则 $y^*=y_1^*(x)+y_2^*(x)$ 是微分方程

$$y''+Py'+Qy=f_1(x)+f_2(x)$$

的解.

证 只要将 $y^*=y_1^*+y_2^*$ 代入微分方程 $y''+Py'+Qy=f_1(x)+f_2(x)$ 即可证明结论成立.

§12.6 常系数齐次线性微分方程

微课视频

先讨论二阶常系数齐次线性微分方程的解法，再把二阶常系数齐次线性微分方程的解法推广到 n 阶常系数齐次线性微分方程.

形如

$$y''+py'+qy=0 \quad (p,q\text{ 是常数}) \tag{12.24}$$

的微分方程称为**二阶常系数齐次线性微分方程**.

由 §12.5 中的定理 2 可知，要求方程(12.24)的通解，可先求它的两个线性无关的特解 y_1，y_2，即 $\dfrac{y_2}{y_1}\neq$ 常数，则方程(12.24)的通解是

$$y=C_1y_1+C_2y_2 \quad (C_1,C_2\text{ 是任意常数}).$$

当 r 为常数时，指数函数 $y=e^{rx}$ 和它的各阶导数都只相差一个常数因子. 由此特点，我们用 $y=e^{rx}$ 来尝试，看能否选取适当的常数 r，使其满足方程(12.24).

对 $y=e^{rx}$ 求导，有 $y'=re^{rx}$，$y''=r^2e^{rx}$. 再把 y,y',y'' 代入方

程(12.24),得
$$(r^2+pr+q)e^{rx}=0.$$
因为 $e^{rx}\neq 0$,所以
$$r^2+pr+q=0. \tag{12.25}$$
由此可见,只要 r 满足代数方程(12.25),函数 $y=e^{rx}$ 就是方程(12.24)的一个特解.

代数方程(12.25)称为微分方程(12.24)的**特征方程**,其根称为微分方程(12.24)的**特征根**.

下面按照特征方程(12.25)的根的三种情况,分别讨论方程(12.24)的通解.

(1) 当 $p^2-4q>0$ 时,特征方程(12.25)有两个不相等的实根:
$$r_1=\frac{-p+\sqrt{p^2-4q}}{2},\quad r_2=\frac{-p-\sqrt{p^2-4q}}{2}.$$
这时 $y_1=e^{r_1x}$,$y_2=e^{r_2x}$ 是方程(12.24)的两个特解,且
$$\frac{y_2}{y_1}=\frac{e^{r_2x}}{e^{r_1x}}=e^{(r_2-r_1)x}\neq \text{常数},$$
故方程(12.24)的通解是
$$y=C_1e^{r_1x}+C_2e^{r_2x}.$$

(2) 当 $p^2-4q=0$ 时,特征方程(12.25)有两个相等的实根:
$$r_1=r_2=-\frac{p}{2}.$$
这时方程(12.24)的一个特解是 $y=e^{r_1x}$.现在为了求另一个特解 y_2,且满足$\frac{y_2}{y_1}\neq$ 常数,设
$$\frac{y_2}{y_1}=u(x),\quad 即\quad y_2=e^{r_1x}u(x).$$
下面来求 $u(x)$.对 y_2 求导,有
$$y_2'=e^{r_1x}(u'+r_1u),\quad y_2''=e^{r_1x}(u''+2r_1u'+r_1^2u).$$
再把 y_2,y_2',y_2''代入方程(12.24),有
$$e^{r_1x}[(u''+2r_1u'+r_1^2u)+p(u'+r_1u)+qu]=0.$$
约去 e^{r_1x},将 u'',u',u 合并同类项,有
$$u''+(2r_1+p)u'+(r_1^2+pr_1+q)u=0.$$
由于 r_1 是方程(12.25)的二重根,因此 $r_1^2+pr_1+q=0$,$2r_1+p=0$,从而 $u''=0$.不妨取 $u=x$,故 $y_2=xe^{r_1x}$ 是方程(12.24)的另一个特解.于是,方程(12.24)的通解是
$$y=C_1e^{r_1x}+C_2xe^{r_1x}=(C_1+C_2x)e^{r_1x}.$$

(3) 当 $p^2-4q<0$ 时,特征方程(12.25)有一对共轭复根:
$$r_1=\alpha+i\beta,\quad r_2=\alpha-i\beta,$$
其中

$$\alpha=-\frac{p}{2},\quad \beta=\frac{\sqrt{4q-p^2}}{2}.$$

这时

$$y_1=e^{(\alpha+i\beta)x},\quad y_2=e^{(\alpha-i\beta)x}$$

是方程(12.24)的两个解，但其为复数形式，不方便应用.为求出实数形式的解，先用欧拉公式对 y_1,y_2 进行变形，即

$$y_1=e^{(\alpha+i\beta)x}=e^{\alpha x}e^{i\beta x}=e^{\alpha x}(\cos\beta x+i\sin\beta x),$$

$$y_2=e^{(\alpha-i\beta)x}=e^{\alpha x}e^{-i\beta x}=e^{\alpha x}(\cos\beta x-i\sin\beta x).$$

由 §12.5 中的叠加原理可知，实值函数

$$\overline{y}_1=\frac{1}{2}(y_1+y_2)=e^{\alpha x}\cos\beta x,$$

$$\overline{y}_2=\frac{1}{2i}(y_1-y_2)=e^{\alpha x}\sin\beta x$$

也是方程(12.24)的两个特解，且

$$\frac{\overline{y}_1}{\overline{y}_2}=\cot\beta x\neq 常数.$$

故方程(12.24)的通解是

$$y=e^{\alpha x}(C_1\cos\beta x+C_2\sin\beta x).$$

综上所述，求方程(12.24)的通解的步骤如下：

第一步，写出方程(12.24)的特征方程(12.25)；

第二步，求出特征方程(12.25)的两个根 r_1,r_2；

第三步，按表 12.1 写出方程(12.24)的通解.

表 12.1

特征方程 $r^2+pr+q=0$ 的两个根 r_1,r_2	微分方程 $y''+py'+qy=0$ 的通解
(1) 两个不相等的实根 r_1,r_2	$y=C_1e^{r_1x}+C_2e^{r_2x}$
(2) 两个相等的实根 $r_1=r_2$	$y=(C_1+C_2x)e^{r_1x}$
(3) 一对共轭复根 $r_{1,2}=\alpha\pm i\beta$	$y=e^{\alpha x}(C_1\cos\beta x+C_2\sin\beta x)$

例 1 求微分方程 $y''-y'-2y=0$ 的通解.

解 所给微分方程的特征方程为

$$r^2-r-2=0,\quad 即\quad (r+1)(r-2)=0,$$

故特征根为 $r_1=-1,r_2=2$.因此所求通解是

$$y=C_1e^{-x}+C_2e^{2x}.$$

例 2 求微分方程 $y''+6y'+9y=0$ 的通解.

解 所给微分方程的特征方程为

$$r^2+6r+9=0,\quad 即\quad (r+3)^2=0,$$

故特征根为 $r_1=r_2=-3$. 因此所求通解是

$$y=(C_1+C_2x)e^{-3x}.$$

例 3 求微分方程 $y''+4y'+13y=0$ 的通解.

解 所给微分方程的特征方程为 $r^2+4r+13=0$,故特征根为

$$r_{1,2}=\frac{-4\pm\sqrt{16-52}}{2}=\frac{-4\pm 6i}{2}=-2\pm 3i.$$

这时 $\alpha=-2,\beta=3$,因此所求通解是

$$y=e^{-2x}(C_1\cos 3x+C_2\sin 3x).$$

下面讨论 n 阶常系数齐次线性微分方程的解法.

n 阶常系数齐次线性微分方程的一般形式是

$$y^{(n)}+p_1y^{(n-1)}+\cdots+p_{n-1}y'+p_ny=0, \tag{12.26}$$

其中 $p_i(i=1,2,\cdots,n)$ 为常数.

像研究方程(12.24)那样,令 $y=e^{rx}$,则

$$y'=re^{rx},\quad y''=r^2e^{rx},\quad \cdots,\quad y^{(n)}=r^ne^{rx}.$$

将 y 和 y 的各阶导数代入方程(12.26),则有

$$e^{rx}(r^n+p_1r^{n-1}+\cdots+p_{n-1}r+p_n)=0,$$

约去 e^{rx},得

$$r^n+p_1r^{n-1}+\cdots+p_{n-1}r+p_n=0. \tag{12.27}$$

代数方程(12.27)称为方程(12.26)的**特征方程**.

据特征方程(12.27)的根的不同情况,写出对应微分方程的解,如表 12.2 所示.

表 12.2

特征方程的根	微分方程通解中的对应项
(1) 单实根 r	给出一项:Ce^{rx}
(2) 一对单复根 $r_{1,2}=\alpha\pm i\beta$	给出两项:$e^{\alpha x}(C_1\cos\beta x+C_2\sin\beta x)$
(3) k 重实根 r	给出 k 项:$e^{rx}(C_1+C_2x+\cdots+C_kx^{k-1})$
(4) 一对 k 重复根 $r_{1,2}=\alpha\pm i\beta$	给出 $2k$ 项:$e^{\alpha x}[(C_1+C_2x+\cdots+C_kx^{k-1})\cos\beta x$ $+(D_1+D_2x+\cdots+D_kx^{k-1})\sin\beta x]$

由代数学知识可知,n 次代数方程有 n 个根,而特征方程的每一个根均对应通解中的一项,且每项中各含一个任意常数,这样就得到 n 阶常系数齐次线性微分方程的通解是

$$y=C_1y_1+C_2y_2+\cdots+C_ny_n.$$

例 4 求微分方程 $y^{(4)}-2y'''+5y''=0$ 的通解.

解　写出所给微分方程的特征方程

$$r^4-2r^3+5r^2=0,\quad 即\quad r^2(r^2-2r+5)=0.$$

故特征根为

$$r_1=r_2=0,\quad r_{3,4}=1\pm 2\mathrm{i},$$

因此所给微分方程的通解是

$$y=C_1+C_2x+\mathrm{e}^x(C_3\cos 2x+C_4\sin 2x).$$

§ 12.7 常系数非齐次线性微分方程

微课视频

本节仅讨论二阶常系数非齐次线性微分方程的解法.

形如

$$y''+py'+qy=f(x) \tag{12.28}$$

的微分方程称为**二阶常系数非齐次线性微分方程**，其中 p,q 是常数，$f(x)$ 是 x 的连续函数.

由 § 12.5 中的定理 3 可知，方程(12.28) 的通解是

$$y=Y+y^*,$$

其中 Y 是方程(12.28) 对应的齐次线性微分方程的通解，y^* 是方程(12.28) 本身的一个特解. 而 § 12.6 已介绍过方程(12.28) 对应的齐次线性微分方程的通解 Y 的求法，故现在只需研究方程(12.28) 的特解 y^* 的求法.

下面只讨论当方程(12.28) 中的 $f(x)$ 为如下两种特殊情况时，求 y^* 的方法：

(1) $f(x)=P_m(x)\mathrm{e}^{\lambda x}$，其中 λ 是常数，$P_m(x)$ 是 m 次多项式，即

$$P_m(x)=a_0x^m+a_1x^{m-1}+\cdots+a_{m-1}x+a_m;$$

(2) $f(x)=\mathrm{e}^{\lambda x}[P_l(x)\cos\omega x+P_n(x)\sin\omega x]$，其中 λ,ω 是常数，且 $\omega\neq 0$，$P_l(x)$，$P_n(x)$ 分别是 l 次、n 次多项式.

一、$f(x)=P_m(x)\mathrm{e}^{\lambda x}$ 型

设 $y^*=Q(x)\mathrm{e}^{\lambda x}$ 是方程(12.28) 的特解，则

$$y^{*\prime}=\mathrm{e}^{\lambda x}[\lambda Q(x)+Q'(x)],$$

$$y^{*\prime\prime}=\mathrm{e}^{\lambda x}[\lambda^2Q(x)+2\lambda Q'(x)+Q''(x)].$$

将 y^*，$y^{*\prime}$，$y^{*\prime\prime}$ 代入方程(12.28)，并约去 $\mathrm{e}^{\lambda x}$，有

$$Q''(x)+(2\lambda+p)Q'(x)+(\lambda^2+p\lambda+q)Q(x)=P_m(x). \tag{12.29}$$

(1) 若 λ 不是特征方程 $r^2+pr+q=0$ 的根,即 $\lambda^2+p\lambda+q\neq 0$,则 $Q(x)$ 也是一个 m 次多项式,不妨设为 $Q_m(x)$,即

$$Q_m(x)=b_0x^m+b_1x^{m-1}+\cdots+b_{m-1}x+b_m.$$

代入(12.29)式,比较等式两边 x 同次幂的系数,即可求出系数 $b_i(i=0,1,\cdots,m)$,从而得 $y^*=Q_m(x)e^{\lambda x}$.

(2) 若 λ 是特征方程 $r^2+pr+q=0$ 的单根,即 $\lambda^2+p\lambda+q=0$,但 $2\lambda+p\neq 0$,则 $Q(x)$ 是一个 $m+1$ 次多项式,不妨设

$$Q(x)=xQ_m(x).$$

然后用同样的办法可求出 $Q_m(x)$ 的系数.

(3) 若 λ 是特征方程 $r^2+pr+q=0$ 的重根,即

$$\lambda^2+p\lambda+q=0,\quad 2\lambda+p=0,$$

则 $Q(x)$ 是一个 $m+2$ 次多项式,不妨设

$$Q(x)=x^2Q_m(x).$$

然后用同样的办法可求出 $Q_m(x)$ 的系数.

综上所述,得如下结论:

若方程(12.28)中,$f(x)=P_m(x)e^{\lambda x}$,则该微分方程有一个特解为

$$y^*=x^kQ_m(x)e^{\lambda x}, \tag{12.30}$$

其中 $Q_m(x)$ 是与 $P_m(x)$ 同次的多项式,而 k 按 λ 不是特征方程的根、是特征方程的单根、是特征方程的重根,依次取为 0,1,2.

上述不用积分求 y^* 的方法称为**待定系数法**.

例 1 求微分方程 $y''+y'-6y=x$ 的通解.

解 所给微分方程对应的齐次线性微分方程的特征方程为

$$r^2+r-6=0,\quad 即\quad (r-2)(r+3)=0,$$

故特征根为

$$r_1=2,\quad r_2=-3.$$

这时对应的齐次线性微分方程的通解为

$$Y=C_1e^{2x}+C_2e^{-3x}.$$

令所给微分方程的一个特解为 $y^*=Ax+B$(因 $\lambda=0$ 不是特征方程的根),则 $y^{*\prime}=A,y^{*\prime\prime}=0$.将 $y^*,y^{*\prime},y^{*\prime\prime}$ 代入所给微分方程,有

$$0+A-6(Ax+B)=x,$$

即

$$-6Ax+(A-6B)=x.$$

比较上式两边 x 同次幂的系数,有

$$\begin{cases}-6A=1,\\ A-6B=0,\end{cases}$$

解得 $A=-\frac{1}{6}, B=-\frac{1}{36}$. 故

$$y^{*}=-\frac{1}{6}x-\frac{1}{36}.$$

因此，所给微分方程的通解是

$$y=Y+y^{*}=C_1\mathrm{e}^{2x}+C_2\mathrm{e}^{-3x}-\frac{1}{6}x-\frac{1}{36}.$$

例 2 求微分方程 $y''+y'-6y=\mathrm{e}^{2x}$ 的通解.

解　由例 1 得所给微分方程对应的齐次线性微分方程的通解为

$$Y=C_1\mathrm{e}^{2x}+C_2\mathrm{e}^{-3x}.$$

因 $\lambda=2$ 是特征方程的单根，故令所给微分方程的一个特解为 $y^{*}=Ax\mathrm{e}^{2x}$，于是

$$y^{*\prime}=Ax\cdot 2\mathrm{e}^{2x}+A\mathrm{e}^{2x}=2Ax\mathrm{e}^{2x}+A\mathrm{e}^{2x},$$

$$y^{*\prime\prime}=2Ax\cdot 2\mathrm{e}^{2x}+2A\mathrm{e}^{2x}+2A\mathrm{e}^{2x}=4Ax\mathrm{e}^{2x}+4A\mathrm{e}^{2x}.$$

代入所给微分方程，得

$$(4Ax+4A)\mathrm{e}^{2x}+(2Ax+A)\mathrm{e}^{2x}-6Ax\mathrm{e}^{2x}=\mathrm{e}^{2x}.$$

约去 e^{2x}，合并同类项，有

$$6Ax-6Ax+5A=1,$$

即 $A=\frac{1}{5}$. 故 $y^{*}=\frac{1}{5}x\mathrm{e}^{2x}$.

因此，所给微分方程的通解是

$$y=Y+y^{*}=C_1\mathrm{e}^{2x}+C_2\mathrm{e}^{-3x}+\frac{1}{5}x\mathrm{e}^{2x}.$$

例 3 求微分方程 $y''+y'-6y=x+\mathrm{e}^{2x}$ 的通解.

解　这里 $f(x)=x+\mathrm{e}^{2x}$，可以看作两个函数之和，即 $f(x)=f_1(x)+f_2(x)$，其中

$$f_1(x)=x,\quad f_2(x)=\mathrm{e}^{2x}.$$

那么，由例 1、例 2 以及 §12.5 中的定理 4 知，所给微分方程的一个特解和对应的齐次线性微分方程的通解分别为

$$y^{*}=-\frac{1}{6}x-\frac{1}{36}+\frac{1}{5}x\mathrm{e}^{2x},\quad Y=C_1\mathrm{e}^{2x}+C_2\mathrm{e}^{-3x}.$$

因此，所给微分方程的通解是

$$y=Y+y^{*}=C_1\mathrm{e}^{2x}+C_2\mathrm{e}^{-3x}-\frac{x}{6}-\frac{1}{36}+\frac{1}{5}x\mathrm{e}^{2x}.$$

二、$f(x)=\mathrm{e}^{\lambda x}[P_l(x)\cos\omega x+P_n(x)\sin\omega x]$ 型

可以证明，若方程(12.28)中的 $f(x)$ 为如下形式：

$$f(x)=\mathrm{e}^{\lambda x}[P_l(x)\cos\omega x+P_n(x)\sin\omega x],$$

则该微分方程有一个特解为

$$y^* = x^k e^{\lambda x}[Q_m^{(1)}(x)\cos \omega x + Q_m^{(2)}(x)\sin \omega x],$$

其中 $Q_m^{(1)}(x), Q_m^{(2)}(x)$ 是 m 次多项式，且 $m = \max\{l, n\}$，而 k 按 $\lambda \pm i\omega$ 不是特征方程的根、是特征方程的根，依次取为 0 或 1.

例 4 求微分方程 $y'' - 3y' = \sin 2x$ 的通解.

解　所给微分方程对应的齐次线性微分方程的特征方程为 $r^2 - 3r = 0$，故特征根为 $r_1 = 0, r_2 = 3$. 于是对应的齐次线性微分方程的通解为

$$Y = C_1 + C_2 e^{3x}.$$

这里 $f(x) = \sin 2x$，即 $P_l(x) = 0, P_n(x) = 1$. 因为 $\lambda \pm i\omega = 0 \pm 2i$ 不是特征方程的根，所以 k 取 0. 因此，可设 $Q_m^{(1)}(x) = A, Q_m^{(2)}(x) = B$，即可设所给微分方程的一个特解为

$$y^* = x^0 e^{0x}(A\cos 2x + B\sin 2x) = A\cos 2x + B\sin 2x.$$

于是

$$y^{*\prime} = -2A\sin 2x + 2B\cos 2x,$$
$$y^{*\prime\prime} = -4A\cos 2x - 4B\sin 2x.$$

将 $y^*, y^{*\prime}, y^{*\prime\prime}$ 代入原微分方程，有

$$-4A\cos 2x - 4B\sin 2x - 3(-2A\sin 2x + 2B\cos 2x) = \sin 2x.$$

合并同类项，有

$$(-4A - 6B)\cos 2x + (6A - 4B)\sin 2x = \sin 2x.$$

比较上式两边同类项的系数，即得

$$\begin{cases} -4A - 6B = 0, \\ 6A - 4B = 1, \end{cases}$$

解得 $A = \dfrac{3}{26}, B = -\dfrac{1}{13}$. 故

$$y^* = \frac{3}{26}\cos 2x - \frac{1}{13}\sin 2x.$$

因此，所给微分方程的通解是

$$y = Y + y^* = C_1 + C_2 e^{3x} + \frac{3}{26}\cos 2x - \frac{1}{13}\sin 2x.$$

例 5 设一物体受周期性的干扰力作用，使得运动方程成为无阻尼强迫振动方程

$$\frac{d^2 x}{dt^2} + k^2 x = h\sin pt \quad (k, h, p \text{ 是常数}), \tag{12.31}$$

求该物体的运动规律.

解　这里需要求出无阻尼强迫振动方程(12.31)的通解.

先求微分方程(12.31)对应的齐次线性微分方程(无阻尼自由振动方程)

$$\frac{d^2 x}{dt^2} + k^2 x = 0$$

的通解 X.

对应的齐次线性微分方程的特征方程为 $r^2 + k^2 = 0$，故特征根为 $r = \pm ik$，则通解是

$$X = C_1 \cos kt + C_2 \sin kt.$$

令 $C_1 = A\sin\varphi, C_2 = A\cos\varphi$，则通解 X 又可写成

$$X = A\sin(kt+\varphi) \quad (A, \varphi \text{ 是任意常数}).$$

再求微分方程(12.31)的一个特解 x^*. 这里 $f(t) = h\sin pt$，即 $\lambda \pm \mathrm{i}\omega = 0 \pm \mathrm{i}p, P_l(t) = 0, P_n(t) = h$，因此分别就 $p \neq k$ 和 $p = k$ 两种情况讨论如下：

(1) 若 $p \neq k$，则 $\pm \mathrm{i}p$ 不是特征方程的根. 故设 $x^* = a_1 \cos pt + b_1 \sin pt$. 由待定系数法有

$$a_1 = 0, \quad b_1 = \frac{h}{k^2 - p^2},$$

于是

$$x^* = \frac{h}{k^2 - p^2}\sin pt.$$

因此微分方程(12.31)的通解是

$$x = X + x^* = A\sin(kt+\varphi) + \frac{h}{k^2 - p^2}\sin pt.$$

(2) 若 $p = k$，则 $\pm \mathrm{i}p$ 是特征方程的根. 故设 $x^* = t(a_1 \cos kt + b_1 \sin kt)$. 由待定系数法有

$$a_1 = -\frac{h}{2k}, \quad b_1 = 0,$$

于是

$$x^* = -\frac{ht}{2k}\cos kt.$$

因此微分方程(12.31)的通解是

$$x = X + x^* = A\sin(kt+\varphi) - \frac{ht}{2k}\cos kt.$$

§ 12.8 微分方程的幂级数解法

微课视频

我们还可以利用幂级数来求解微分方程，所得到的解称为微分方程的**幂级数解**. 下面用具体的例子来说明这种求解微分方程的方法.

例 1 求满足初始条件 $y\big|_{x=0} = 0$ 的微分方程

$$y' = xy^2 + 1$$

的幂级数解.

解 设解是

$$y=\sum_{n=0}^{\infty}a_nx^n=a_0+a_1x+\cdots+a_nx^n+\cdots, \tag{12.32}$$

则由 $y\Big|_{x=0}=0$，有 $a_0=0$. 再将(12.32)式对 x 求导，得

$$y'=a_1+2a_2x+\cdots+na_nx^{n-1}+\cdots.$$

而

$$\begin{aligned}xy^2+1&=x(a_1x+\cdots+a_nx^n+\cdots)^2+1\\&=x[a_1^2x^2+2a_1a_2x^3+(a_2^2+2a_1a_3)x^4+(2a_1a_4+2a_2a_3)x^5+\cdots]+1\\&=a_1^2x^3+2a_1a_2x^4+(a_2^2+2a_1a_3)x^5+(2a_1a_4+2a_2a_3)x^6+\cdots+1,\end{aligned}$$

代入原微分方程，有

$$\begin{aligned}&a_1+2a_2x+3a_3x^2+4a_4x^3+5a_5x^4+6a_6x^5+7a_7x^6+\cdots\\&\quad=a_1^2x^3+2a_1a_2x^4+(a_2^2+2a_1a_3)x^5+(2a_1a_4+2a_2a_3)x^6+\cdots+1.\end{aligned}$$

比较上式两边同类项的系数，得

$a_1=1$；

$a_2=a_3=0$(因上式右边 x 及 x^2 的系数为零)；

$4a_4=a_1^2=1$，即 $a_4=\dfrac{1}{4}$；

$5a_5=2a_1a_2=2\times1\times0=0$，即 $a_5=0$；

$6a_6=a_2^2+2a_1a_3=0^2+2\times1\times0=0$，即 $a_6=0$；

$7a_7=2a_1a_4+2a_2a_3=2\times1\times\dfrac{1}{4}+2\times0\times0=\dfrac{1}{2}$，即 $a_7=\dfrac{1}{14}$；

……

由此可得，原微分方程的幂级数解是

$$y=x+\frac{1}{4}x^4+\frac{1}{14}x^7+\cdots.$$

上述用幂级数求解微分方程的方法称为微分方程的**幂级数解法**.

习题十二

1. 验证下列微分方程的解(将所给函数代入微分方程看是否使微分方程成为恒等式)：

(1) $y''+xy'-y=0,y=-\dfrac{x^2}{4}$；

(2) $x''+\omega^2x=0$（ω 是常数），$x=A\sin(\omega t+\varphi)$（$A$ 是常数）.

2. 求下列可分离变量的微分方程的通解：

(1) $y\ln x\mathrm{d}x+x\ln y\mathrm{d}y=0$；

(2) $y'+\sqrt{\dfrac{1-y^2}{1-x^2}}=0$；

(3) $\sin x\cos^2 y\mathrm{d}x+\cos^2 x\mathrm{d}y=0$；

(4) $y'-10^{x+y}=0$.

3. 求下列微分方程的通解或特解：

(1) $y'\cos x+y\sin x=1, y\Big|_{x=0}=0$；

(2) $\dfrac{\mathrm{d}y}{\mathrm{d}x}=\dfrac{y}{y+x}\left(\text{提示：}\dfrac{\mathrm{d}x}{\mathrm{d}y}=\dfrac{y+x}{y}\right)$.

4. 求微分方程 $(x+y)^2y'=a^2$（a 是正常数）满足初始条件 $y\Big|_{x=0}=0$ 的特解.

5. 求下列可降阶微分方程的通解或特解：

(1) $y''=5x^2+3x+2$；

(2) $y''=y'+x$；

(3) $2(y')^2=y''(y-1), y\Big|_{x=1}=2, y'\Big|_{x=1}=-1$.

6. 求下列常系数线性微分方程的通解或特解：

(1) $y''-4y'+3y=0, y\Big|_{x=0}=6, y'\Big|_{x=0}=10$；

(2) $y''-2y'+y=0$；

(3) $x''+2x'+5x=0, x\Big|_{t=0}=5, x'\Big|_{t=0}=-5$；

(4) $y^{(4)}-2y''+y=0$；

(5) $y''+4y=5\mathrm{e}^x$；

(6) $y''+y=2\cos x$.

7. 已知当 $x=0$ 时，$y=0, y'=1$，求微分方程 $y''=xy$ 的幂级数解.

习题参考答案

习 题 七

1. 略.

2. (1) $d=|OD|=\sqrt{(0+3)^2+(0-3)^2+(0-3)^2}=\sqrt{27}=3\sqrt{3}$.

(2) $d=|EF|=\sqrt{(-3-2)^2+(-3-3)^2+(3+1)^2}=\sqrt{77}$.

3. $|M_1M_2|=\sqrt{(4-10)^2+(1+1)^2+(9-6)^2}=7$,

$|M_2M_3|=\sqrt{(10-2)^2+(-1-4)^2+(6-3)^2}=7\sqrt{2}$,

$|M_3M_1|=\sqrt{(4-2)^2+(1-4)^2+(9-3)^2}=7$,

因为 $|M_1M_2|=|M_3M_1|=7$, $|M_2M_3|=7\sqrt{2}$,所以 $\triangle M_1M_2M_3$ 是等腰直角三角形.

4. $3\boldsymbol{u}+\boldsymbol{v}=9\boldsymbol{a}-3\boldsymbol{b}$.

5. $\boldsymbol{a}=|\boldsymbol{a}|\boldsymbol{a}^0=2\boldsymbol{a}^0$.

6. $\overrightarrow{D_1M_1}=-\left(\boldsymbol{c}+\dfrac{1}{4}\boldsymbol{a}\right)$, $\overrightarrow{D_2M_1}=-\left(\boldsymbol{c}+\dfrac{1}{2}\boldsymbol{a}\right)$, $\overrightarrow{D_3M_1}=-\left(\boldsymbol{c}+\dfrac{3}{4}\boldsymbol{a}\right)$.

7. $\mathrm{Prj}_u\boldsymbol{a}=|\boldsymbol{a}|\cos 135^\circ=5\left(-\dfrac{\sqrt{2}}{2}\right)=-\dfrac{5}{2}\sqrt{2}$.

8. $-3\,\overrightarrow{M_1M_2}=(3,15,9)$.

9. $|\overrightarrow{M_1M_2}|=\sqrt{(1-2)^2+(-2-3)^2+(1-4)^2}=\sqrt{35}$;因为

$$\cos\alpha=\frac{-1}{|\overrightarrow{M_1M_2}|}=-\frac{\sqrt{35}}{35},\quad \cos\beta=\frac{-5}{|\overrightarrow{M_1M_2}|}=-\frac{\sqrt{35}}{7},\quad \cos\gamma=\frac{-3}{|\overrightarrow{M_1M_2}|}=-\frac{3\sqrt{35}}{35},$$

所以

$$\alpha=\arccos\left(-\frac{\sqrt{35}}{35}\right),\quad \beta=\arccos\left(-\frac{\sqrt{35}}{7}\right),\quad \gamma=\arccos\left(-\frac{3\sqrt{35}}{35}\right).$$

10. $\boldsymbol{a}^0=\left(\dfrac{3}{|\boldsymbol{a}|},\dfrac{4}{|\boldsymbol{a}|},\dfrac{-5}{|\boldsymbol{a}|}\right)=\left(\dfrac{3\sqrt{2}}{10},\dfrac{2\sqrt{2}}{5},-\dfrac{\sqrt{2}}{2}\right)$.

11. $\boldsymbol{a}\cdot\boldsymbol{b}=3\times1+4\times2+(-5)\times1=6$,

$$\boldsymbol{a}\times\boldsymbol{b}=\begin{vmatrix}\boldsymbol{i}&\boldsymbol{j}&\boldsymbol{k}\\3&4&-5\\1&2&1\end{vmatrix}=14\boldsymbol{i}-8\boldsymbol{j}+2\boldsymbol{k},$$

$$\cos\theta = \frac{6}{\sqrt{3^2+4^2+(-5)^2}\sqrt{1^2+2^2+1^2}} = \frac{1}{10}\sqrt{12}.$$

12. $W = \boldsymbol{F}\cdot\boldsymbol{s} = -(200\times 10)\boldsymbol{k}\cdot[(1-3)\boldsymbol{i}+(5-2)\boldsymbol{j}+(1-5)\boldsymbol{k}] = 8\,000$（单位：J）.

13. $[\boldsymbol{abc}] = \begin{vmatrix} 2 & 1 & 1 \\ 2 & -2 & 2 \\ 1 & -2 & 3 \end{vmatrix} = 2\times(-6+4)-1\times(6-2)+1\times(-4+2) = -10.$

14. 因为$\overrightarrow{OM} = (3,6,8)$为该平面的法线向量，所以该平面的方程为

$$3(x-3)+6(y-6)+8(z-8)=0,$$

即

$$3x+6y+8z-109=0.$$

15. $3x-6y+8z-37=0.$

16. 设所给平面和 xOy 面的夹角是α，与 yOz 面的夹角是β，与 zOx 面的夹角是γ，则

$$\cos\alpha = \frac{8}{109}\sqrt{109},\quad \cos\beta = \frac{3}{109}\sqrt{109},\quad \cos\gamma = \frac{6}{109}\sqrt{109}.$$

17. $2x-y-z+8=0.$

18. $d = \dfrac{|3\times 3+6\times 6+8\times 8-10|}{\sqrt{3^2+6^2+8^2}} = \dfrac{99}{109}\sqrt{109}.$

19. $\dfrac{x-3}{3} = \dfrac{y-6}{6} = \dfrac{z-8}{5}.$

20. $\dfrac{x-3}{2} = \dfrac{y-6}{3} = \dfrac{z-8}{3}.$

21. 先求 L 上的一点 $M_0(x_0,y_0,z_0)$. 取 $x_0=1$，则$\begin{cases} -y_0+z_0=0, \\ y_0+z_0=2, \end{cases}$ 解得 $y_0=1, z_0=1$.

再求 L 的方向向量 $\boldsymbol{s}$：

$$\boldsymbol{s} = \left(\begin{vmatrix} -1 & 1 \\ 1 & 1 \end{vmatrix}, \begin{vmatrix} 1 & 1 \\ 1 & 2 \end{vmatrix}, \begin{vmatrix} 1 & -1 \\ 2 & 1 \end{vmatrix}\right) = (-2,1,3).$$

所以 L 的点向式方程为

$$\frac{x-1}{-2} = \frac{y-1}{1} = \frac{z-1}{3};$$

L 的参数式方程为

$$x=1-2t,\quad y=1+t,\quad z=1+3t\quad (t\text{ 为参数}).$$

22. 因为 L_1 的方向向量为 $\boldsymbol{s}_1 = \left(\begin{vmatrix} 2 & -1 \\ 1 & 1 \end{vmatrix}, \begin{vmatrix} -1 & 1 \\ 1 & -2 \end{vmatrix}, \begin{vmatrix} 1 & 2 \\ -2 & 1 \end{vmatrix}\right) = (3,1,5)$，$L_2$ 的方向向量为 $\boldsymbol{s}_2 = \left(\begin{vmatrix} 6 & -3 \\ -1 & -1 \end{vmatrix}, \begin{vmatrix} -3 & 3 \\ -1 & 2 \end{vmatrix}, \begin{vmatrix} 3 & 6 \\ 2 & -1 \end{vmatrix}\right) = (-9,-3,-15)$，所以 $\boldsymbol{s}_1 /\!/ \boldsymbol{s}_2$，得证.

23. 设动点是 $M(x,y,z)$，则由 $|MM_1| = |MM_2|$ 得

$$\sqrt{(x-3)^2+(y-6)^2+(z-8)^2} = \sqrt{(x-1)^2+(y-2)^2+(z-3)^2}.$$

两边平方并化简，得

$$4x+8y+10z-95=0.$$

24. 因为$|\overrightarrow{OM_0}|^2=3^2+6^2+8^2=109$,所以所求球面方程为

$$(x-3)^2+(y-6)^2+(z-8)^2=109.$$

25. 略.

26. 在平面解析几何中表示点 $M(0,4)$,在空间解析几何中表示直线 L:$\begin{cases}x=0,\\ y=4.\end{cases}$

27. 消去 x 得母线平行于 x 轴的柱面方程是 $3y^2-z^2=16$.

28. 因为消去 z 得母线平行于 z 轴的柱面方程是

$$x^2+y^2+(1-x)^2=9,$$

所以与 $z=0$ 联立,得曲线 L 在 xOy 面上的投影方程是

$$\begin{cases}x^2+y^2+(1-x)^2=9,\\ z=0.\end{cases}$$

29. 略.

习　题　八

1. (1) $\{(x,y)\mid x\geqslant 0,-\infty<y<+\infty\}$.

(2) $\left\{(x,y)\,\middle|\,\frac{x^2}{4}+\frac{y^2}{9}\leqslant 1\right\}$.

(3) $\{(x,y)\mid x+y>0\}$.

(4) $\{(x,y)\mid |x|\leqslant 1,|y|\geqslant 1\}$.

(5) $\{(x,y,z)\mid x^2+y^2+z^2<4\}$.

2. (1) 2.　(2) 0.　(3) $-\frac{1}{6}$.

3. 抛物线 $y^2-2x=0$ 上各点都是间断点.

4. (1) $\frac{\partial z}{\partial x}=10xy^2$, $\frac{\partial z}{\partial y}=10yx^2$.

(2) $\frac{\partial z}{\partial x}=ye^{xy}$, $\frac{\partial z}{\partial y}=xe^{xy}$.

(3) $\frac{\partial z}{\partial x}=-\frac{2}{x}$, $\frac{\partial z}{\partial y}=\frac{2}{y}$.

(4) $$\frac{\partial z}{\partial x}=\frac{3\left(0\cdot\sqrt{x^2+y^2}-y\frac{2x}{2\sqrt{x^2+y^2}}\right)}{x^2+y^2}=\frac{-3xy}{(x^2+y^2)^{\frac{3}{2}}},$$

$$\frac{\partial z}{\partial y}=\frac{3\left(\sqrt{x^2+y^2}-y\frac{2y}{2\sqrt{x^2+y^2}}\right)}{x^2+y^2}=\frac{3x^2}{(x^2+y^2)^{\frac{3}{2}}}.$$

(5) $\frac{\partial z}{\partial x}=4e^{\sin x}\cos x\cos y$, $\frac{\partial z}{\partial y}=-4e^{\sin x}\sin y$.

5. $l\dfrac{\partial T}{\partial l}+g\dfrac{\partial T}{\partial g}=2\pi\left(\dfrac{l}{2\sqrt{l\cdot g}}+g\sqrt{l}\ \dfrac{1}{(\sqrt{g})^2}\cdot\dfrac{-1}{2\sqrt{g}}\right)$

$$=2\pi\left(\frac{1}{2}\sqrt{\frac{l}{g}}-\frac{1}{2}\sqrt{\frac{l}{g}}\right)=0.$$

6. 因为在点$M(2,4,5)$处，有$\dfrac{\partial z}{\partial x}\Big|_{x=2}=\dfrac{2x}{4}\Big|_{x=2}=1=\tan\alpha$，其中$\alpha$为所求倾角，所以$\alpha=\dfrac{\pi}{4}$.

7. (1) 因为$\dfrac{\partial z}{\partial x}=2y^{\ln x}\cdot\ln y\cdot\dfrac{1}{x}=\dfrac{2\ln y}{x}y^{\ln x}$，$\dfrac{\partial z}{\partial y}=2\ln x\cdot y^{\ln x-1}=\dfrac{2\ln x}{y}y^{\ln x}$，所以

$$\frac{\partial^2 z}{\partial x^2}=-\frac{2\ln y}{x^2}y^{\ln x}+\frac{2\ln y}{x}\frac{\ln y}{x}y^{\ln x}=\frac{2\ln y}{x^2}(\ln y-1)y^{\ln x},$$

$$\frac{\partial^2 z}{\partial x\partial y}=\frac{2}{xy}y^{\ln x}+\frac{2\ln y}{x}\frac{\ln x}{y}y^{\ln x}=\frac{2(\ln x\cdot\ln y+1)}{xy}y^{\ln x},$$

$$\frac{\partial^2 z}{\partial y^2}=-\frac{2\ln x}{y^2}y^{\ln x}+\frac{2\ln x}{y}\frac{\ln x}{y}y^{\ln x}=\frac{2\ln x(\ln x-1)}{y^2}y^{\ln x}.$$

(2) 因为$\dfrac{\partial u}{\partial x}=3\mathrm{e}^{xyz}yz$，所以

$$\frac{\partial^2 u}{\partial x\partial y}=3(\mathrm{e}^{xyz}xzyz+\mathrm{e}^{xyz}z)=3\mathrm{e}^{xyz}(xyz^2+z),$$

$$\frac{\partial^3 u}{\partial x\partial y\partial z}=3[\mathrm{e}^{xyz}xy(xyz^2+z)+\mathrm{e}^{xyz}(2xyz+1)]$$

$$=3\mathrm{e}^{xyz}(x^2y^2z^2+3xyz+1).$$

8. 因为$\dfrac{\partial f}{\partial z}=2yz+x^2$，$\dfrac{\partial^2 f}{\partial z^2}=2y$，所以

$$\frac{\partial^3 f}{\partial z\partial z\partial x}\bigg|_{(2,0,1)}=f'''_{zzx}(2,0,1)=0.$$

9. 因为$z=\ln\sqrt{(x-1)^2+(y-2)^2}=\dfrac{1}{2}\ln[(x-1)^2+(y-2)^2]$，所以

$$\frac{\partial z}{\partial x}=\frac{1}{2}\frac{2(x-1)}{(x-1)^2+(y-2)^2}=\frac{x-1}{(x-1)^2+(y-2)^2},$$

$$\frac{\partial z}{\partial y}=\frac{1}{2}\frac{2(y-2)}{(x-1)^2+(y-2)^2}=\frac{y-2}{(x-1)^2+(y-2)^2}.$$

因此

$$\frac{\partial^2 z}{\partial x^2}=\frac{1\times[(x-1)^2+(y-2)^2]-(x-1)\times 2(x-1)}{[(x-1)^2+(y-2)^2]^2}$$

$$=\frac{(y-2)^2-(x-1)^2}{[(x-1)^2+(y-2)^2]^2},$$

$$\frac{\partial^2 z}{\partial y^2}=\frac{1\times[(x-1)^2+(y-2)^2]-(y-2)\times 2(y-2)}{[(x-1)^2+(y-2)^2]^2}$$

$$=\frac{(x-1)^2-(y-2)^2}{[(x-1)^2+(y-2)^2]^2}=-\frac{\partial^2 z}{\partial x^2},$$

故

$$\frac{\partial^2 z}{\partial x^2}+\frac{\partial^2 z}{\partial y^2}=0.$$

10. (1) 因为$\frac{\partial z}{\partial x}=2\frac{1}{\sqrt{y}}\frac{1}{2\sqrt{x}}=\frac{\sqrt{xy}}{xy},\frac{\partial z}{\partial y}=2\sqrt{x}\left(-\frac{1}{2}y^{-\frac{3}{2}}\right)=\frac{-\sqrt{xy}}{y^2}$,所以

$$\mathrm{d}z=\frac{\partial z}{\partial x}\mathrm{d}x+\frac{\partial z}{\partial y}\mathrm{d}y=\frac{\sqrt{xy}}{xy}\mathrm{d}x-\frac{\sqrt{xy}}{y^2}\mathrm{d}y=\frac{\sqrt{xy}}{y}\left(\frac{1}{x}\mathrm{d}x-\frac{1}{y}\mathrm{d}y\right).$$

(2) 因为

$$\frac{\partial z}{\partial x}=3\frac{1}{\sqrt{1-\left(\frac{x}{y}\right)^2}}\frac{1}{y}=\frac{3}{\sqrt{y^2-x^2}},$$

$$\frac{\partial z}{\partial y}=\frac{3}{\sqrt{1-\left(\frac{x}{y}\right)^2}}\left(-\frac{x}{y^2}\right)=\frac{-3x}{y\sqrt{y^2-x^2}},$$

所以

$$\mathrm{d}z=\frac{\partial z}{\partial x}\mathrm{d}x+\frac{\partial z}{\partial y}\mathrm{d}y=\frac{3}{\sqrt{y^2-x^2}}\mathrm{d}x-\frac{3x}{y\sqrt{y^2-x^2}}\mathrm{d}y$$

$$=\frac{3}{y\sqrt{y^2-x^2}}(y\mathrm{d}x-x\mathrm{d}y).$$

11. 因为

$$\frac{\partial z}{\partial x}=\frac{y(x^2-y^2)-xy\cdot 2x}{(x^2-y^2)^2}=\frac{-x^2y-y^3}{(x^2-y^2)^2},$$

$$\frac{\partial z}{\partial y}=\frac{x(x^2-y^2)-xy(-2y)}{(x^2-y^2)^2}=\frac{x^3+xy^2}{(x^2-y^2)^2},$$

所以

$$\mathrm{d}z=\frac{\partial z}{\partial x}\mathrm{d}x+\frac{\partial z}{\partial y}\mathrm{d}y=\frac{-x^2y-y^3}{(x^2-y^2)^2}\mathrm{d}x+\frac{x^3+xy^2}{(x^2-y^2)^2}\mathrm{d}y$$

$$=\frac{x^2+y^2}{(x^2-y^2)^2}(-y\mathrm{d}x+x\mathrm{d}y).$$

因此,当 $x=2,y=1,\Delta x=0.01,\Delta y=0.03$ 时,有

$$\mathrm{d}z=\frac{4+1}{(4-1)^2}(-1\times 0.01+2\times 0.03)=\frac{0.25}{9}=\frac{1}{36}.$$

12. 设函数 $z=f(x,y)=\ln(x^{\frac{1}{3}}+y^{\frac{1}{4}}-1)$,则有

$$z'_x=\frac{\frac{1}{3}x^{-\frac{2}{3}}}{x^{\frac{1}{3}}+y^{\frac{1}{4}}-1},\quad z'_y=\frac{\frac{1}{4}y^{-\frac{3}{4}}}{x^{\frac{1}{3}}+y^{\frac{1}{4}}-1}.$$

故

$$\mathrm{d}z=\frac{\partial z}{\partial x}\mathrm{d}x+\frac{\partial z}{\partial y}\mathrm{d}y=\frac{1}{x^{\frac{1}{3}}+y^{\frac{1}{4}}-1}\left(\frac{1}{3}x^{-\frac{2}{3}}\mathrm{d}x+\frac{1}{4}y^{-\frac{3}{4}}\mathrm{d}y\right).$$

利用近似公式

$$\begin{aligned}f(x_0+\Delta x,y_0+\Delta y)&\approx f(x_0,y_0)+\mathrm{d}z\\&=f(x_0,y_0)+f'_x(x_0,y_0)\Delta x+f'_y(x_0,y_0)\Delta y\end{aligned}$$

可知,当 $x_0=1,y_0=1,\Delta x=0.03,\Delta y=-0.02$ 时,有

$$\ln(\sqrt[3]{1.03}+\sqrt[4]{0.98}-1)\approx\ln(1+1-1)+\mathrm{d}z$$
$$=\frac{1}{1+1-1}\left[\frac{1}{3}\times1\times0.03+\frac{1}{4}\times1\times(-0.02)\right]$$
$$=0.01-\frac{1}{2}\times0.01=0.005.$$

13. 设 x,y,z 分别表示长方形水池的长、宽、高，则水池的体积为 $V=xyz$，所用水泥量可看成水池体积改变量(取绝对值)，即当 $x=6,y=4,z=3,\Delta x=-0.4,\Delta y=-0.4,\Delta z=-0.2$(因水池沿 x,y 方向各有两个面，沿 z 方向只有一个面，且每一个均厚都是0.2 m)时的 ΔV 值. 由于

$$|\Delta V|\approx|\mathrm{d}V|=\left|\frac{\partial V}{\partial x}\mathrm{d}x+\frac{\partial V}{\partial y}\mathrm{d}y+\frac{\partial V}{\partial z}\mathrm{d}z\right|=|yz\mathrm{d}x+zx\mathrm{d}y+xy\mathrm{d}z|,$$

因此所用水泥量的近似值是

$$|\mathrm{d}V|=|4\times3\times(-0.4)+3\times6\times(-0.4)+6\times4\times(-0.2)|$$
$$=12\times0.4+18\times0.4+24\times0.2=16.8(\text{单位}:\mathrm{m}^3).$$

14. 把测量 l 和 T 产生的误差当作 $|\Delta l|$ 和 $|\Delta T|$，则 $g=\frac{4\pi^2 l}{T^2}$ 产生的误差为关于 l,T 的二元函数 $g(l,T)$ 的改变量的绝对值 $|\Delta g|$. 因为 $|\Delta l|$，$|\Delta T|$ 均很小，所以可用 $\mathrm{d}g$ 近似代替 Δg，即

$$|\Delta g|\approx|\mathrm{d}g|=\left|\frac{\partial g}{\partial l}\Delta l+\frac{\partial g}{\partial T}\Delta T\right|\leqslant\left|\frac{\partial g}{\partial l}\right||\Delta l|+\left|\frac{\partial g}{\partial T}\right||\Delta T|$$
$$=4\pi^2\left(\frac{1}{T^2}|\Delta l|+\frac{2l}{T^3}|\Delta T|\right).$$

将 $l=100,T=2,|\Delta l|=0.1,|\Delta T|=0.004$ 代入上式，得 g 的绝对误差为

$$\delta_g=4\pi^2\left(\frac{0.1}{2^2}+\frac{2\times100}{2^3}\times0.004\right)=0.5\pi^2(\text{单位}:\mathrm{cm/s^2}),$$

从而 g 的相对误差为

$$\frac{\delta_g}{g}=\frac{0.5\pi^2}{\frac{4\pi^2\times100}{2^2}}=0.5\%.$$

15. (1) 因为

$$\frac{\partial z}{\partial u}=4uv-2v^2=2(2uv-v^2),\quad\frac{\partial z}{\partial v}=2(u^2-2uv),$$
$$\frac{\partial u}{\partial x}=\cos y,\quad\frac{\partial u}{\partial y}=-x\sin y,\quad\frac{\partial v}{\partial x}=\sin y,\quad\frac{\partial v}{\partial y}=x\cos y,$$

所以

$$\frac{\partial z}{\partial x}=\frac{\partial z}{\partial u}\frac{\partial u}{\partial x}+\frac{\partial z}{\partial v}\frac{\partial v}{\partial x}=2(2uv-v^2)\cos y+2(u^2-2uv)\sin y$$
$$=(4x^2\sin y\cos y-2x^2\sin^2 y)\cos y+(2x^2\cos^2 y-4x^2\sin y\cos y)\sin y$$
$$=(4x^2\sin y\cos^2 y-2x^2\sin^2 y\cos y)+(2x^2\sin y\cos^2 y-4x^2\sin^2 y\cos y)$$
$$=6x^2\sin y\cos y(\cos y-\sin y),$$

$$\frac{\partial z}{\partial y}=\frac{\partial z}{\partial u}\frac{\partial u}{\partial y}+\frac{\partial z}{\partial v}\frac{\partial v}{\partial y}=2(2uv-v^2)(-x\sin y)+2(u^2-2uv)x\cos y$$
$$=(4x^2\sin y\cos y-2x^2\sin^2 y)(-x\sin y)+(2x^2\cos^2 y-4x^2\sin y\cos y)x\cos y$$
$$=(-4x^3\sin^2 y\cos y+2x^3\sin^3 y)+(2x^3\cos^3 y-4x^3\sin y\cos^2 y)$$
$$=-4x^3\sin y\cos y(\sin y+\cos y)+2x^3(\sin^3 y+\cos^3 y).$$

(2) 因为原复合函数可看成 $z=3u^v,u=1+xy,v=y$,所以$\frac{\partial v}{\partial x}=0$.因此

$$\frac{\partial z}{\partial x}=\frac{\partial z}{\partial u}\frac{\partial u}{\partial x}+\frac{\partial z}{\partial v}\frac{\partial v}{\partial x}=3yu^{y-1}\cdot y=3y^2(1+xy)^{y-1},$$
$$\frac{\partial z}{\partial y}=\frac{\partial z}{\partial u}\frac{\partial u}{\partial y}+\frac{\partial z}{\partial v}\frac{\partial v}{\partial y}=3yu^{y-1}\cdot x+3u^y\ln u\cdot 1$$
$$=3xy(1+xy)^{y-1}+3(1+xy)^y\ln(1+xy).$$

(3) $$\frac{\partial z}{\partial x}=\frac{\partial f}{\partial u}\frac{\partial u}{\partial x}+\frac{\partial f}{\partial v}\frac{\partial v}{\partial x}+\frac{\partial f}{\partial x}=4v\frac{1}{u+x}e^{xy}y+4\ln(u+x)\cdot 1+\frac{4v}{u+x}$$
$$=\frac{4(x+y)y}{e^{xy}+x}e^{xy}+4\ln(e^{xy}+x)+\frac{4(x+y)}{e^{xy}+x},$$
$$\frac{\partial z}{\partial y}=\frac{\partial f}{\partial u}\frac{\partial u}{\partial y}+\frac{\partial f}{\partial v}\frac{\partial v}{\partial y}=4v\frac{1}{u+x}e^{xy}x+4\ln(u+x)\cdot 1$$
$$=\frac{4(x+y)x}{e^{xy}+x}e^{xy}+4\ln(e^{xy}+x).$$

(4) $$\frac{dz}{dx}=\frac{\partial z}{\partial u}\frac{du}{dx}+\frac{\partial z}{\partial v}\frac{dv}{dx}=5e^{u-2v}\cos x+5e^{u-2v}\cdot(-2)\cdot 3x^2$$
$$=5e^{(\sin x-2x^3)}(\cos x-6x^2).$$

16. (1) 令 $F(x,y)=\sin y+e^x-xy^2$,则 $F'_x(x,y)=e^x-y^2,F'_y(x,y)=\cos y-2xy$.故

$$\frac{dy}{dx}=-\frac{F'_x(x,y)}{F'_y(x,y)}=-\frac{e^x-y^2}{\cos y-2xy}=\frac{e^x-y^2}{2xy-\cos y}.$$

(2) 令 $F(x,y,z)=2x+3y+2z-2\sqrt{xyz}$,则

$$F'_x(x,y,z)=2-\sqrt{\frac{yz}{x}},\quad F'_y(x,y,z)=3-\sqrt{\frac{xz}{y}},\quad F'_z(x,y,z)=2-\sqrt{\frac{xy}{z}}.$$

故

$$\frac{\partial z}{\partial x}=-\frac{F'_x(x,y,z)}{F'_z(x,y,z)}=-\frac{2-\sqrt{\frac{yz}{x}}}{2-\sqrt{\frac{xy}{z}}}=\frac{yz-2\sqrt{xyz}}{2\sqrt{xyz}-xy},$$

$$\frac{\partial z}{\partial y}=-\frac{F'_y(x,y,z)}{F'_z(x,y,z)}=-\frac{3-\sqrt{\frac{xz}{y}}}{2-\sqrt{\frac{xy}{z}}}=\frac{xz-3\sqrt{xyz}}{2\sqrt{xyz}-xy}.$$

(3) 令 $F(x,y,z,u)=e^{xyzu}-xyzu$,则

$$F'_x(x,y,z,u)=yzue^{xyzu}-yzu=yzu(e^{xyzu}-1),$$
$$F'_y(x,y,z,u)=xzue^{xyzu}-xzu=xzu(e^{xyzu}-1),$$
$$F'_z(x,y,z,u)=xyue^{xyzu}-xyu=xyu(e^{xyzu}-1),$$
$$F'_u(x,y,z,u)=xyze^{xyzu}-xyz=xyz(e^{xyzu}-1).$$

故

$$\frac{\partial u}{\partial x}=-\frac{F'_x(x,y,z,u)}{F'_u(x,y,z,u)}=-\frac{yzu(e^{xyzu}-1)}{xyz(e^{xyzu}-1)}=-\frac{u}{x},$$

$$\frac{\partial u}{\partial y}=-\frac{F'_y(x,y,z,u)}{F'_u(x,y,z,u)}=-\frac{xzu(e^{xyzu}-1)}{xyz(e^{xyzu}-1)}=-\frac{u}{y},$$

$$\frac{\partial u}{\partial z}=-\frac{F'_z(x,y,z,u)}{F'_u(x,y,z,u)}=-\frac{xyu(e^{xyzu}-1)}{xyz(e^{xyzu}-1)}=-\frac{u}{z}.$$

17. 由题意可知

$$\frac{dx}{dt}=\frac{(1+t)\cdot 1-t\cdot 1}{(1+t)^2}=\frac{1}{(1+t)^2},\quad \frac{dy}{dt}=(t^{-1}+1)'=-\frac{1}{t^2},\quad \frac{dz}{dt}=2t,$$

且当 $t=1$ 时，$x_0=\frac{1}{2},y_0=2,z_0=1$，故在点 $M_0\left(\frac{1}{2},2,1\right)$ 处，有

$$\left.\frac{dx}{dt}\right|_{M_0}=\frac{1}{2^2}=\frac{1}{4},\quad \left.\frac{dy}{dt}\right|_{M_0}=-1,\quad \left.\frac{dz}{dt}\right|_{M_0}=2.$$

因此，曲线 Γ 在点 M_0 处的切线方程是

$$\frac{x-\frac{1}{2}}{\frac{1}{4}}=\frac{y-2}{-1}=\frac{z-1}{2},$$

即

$$\frac{x-\frac{1}{2}}{1}=\frac{y-2}{-4}=\frac{z-1}{8},$$

法平面方程是

$$\frac{1}{4}\left(x-\frac{1}{2}\right)+(-1)(y-2)+2(z-1)=0,$$

即

$$2x-8y+16z-1=0.$$

18. 由 $x=\frac{y^2}{2L},x=L-z^2$ 可知 $\frac{dx}{dy}=\frac{y}{L},\frac{dx}{dz}=-2z$，则

$$\left.\frac{dx}{dy}\right|_{M_0}=\frac{y_0}{L},\quad \left.\frac{dx}{dz}\right|_{M_0}=-2z_0.$$

故曲线 Γ 在点 M_0 处的切线方程是

$$\frac{x-x_0}{1}=\frac{y-y_0}{\frac{L}{y_0}}=\frac{z-z_0}{-\frac{1}{2z_0}},$$

法平面方程是

$$(x-x_0)+\frac{L}{y_0}(y-y_0)-\frac{1}{2z_0}(z-z_0)=0.$$

19. 令 $F(x,y,z)=3x^2+y^2-z^2-27$，则

$$F'_x(x,y,z)=6x,\quad F'_y(x,y,z)=2y,\quad F'_z(x,y,z)=-2z.$$

故

$$\frac{\partial z}{\partial x}=-\frac{F'_x(x,y,z)}{F'_z(x,y,z)}=\frac{6x}{2z}=\frac{3x}{z},\quad \frac{\partial z}{\partial y}=-\frac{F'_y(x,y,z)}{F'_z(x,y,z)}=\frac{2y}{2z}=\frac{y}{z}.$$

因此，当 $x=3,y=1,z=1$ 时，$\left.\frac{\partial z}{\partial x}\right|_{M_0}=9$，$\left.\frac{\partial z}{\partial y}\right|_{M_0}=1$，从而所给曲面在 M_0 处的切平面方程是 $z-1=9\times(x-3)+1\times(y-1)$，即

$$9x+y-z-27=0,$$

法线方程是

$$\frac{x-3}{9}=\frac{y-1}{1}=\frac{z-1}{-1}.$$

20. 因为所给曲面在点 $M_0(x_0,y_0,z_0)$ 处的切平面方程是

$$\frac{1}{2\sqrt{x_0}}(x-x_0)+\frac{1}{2\sqrt{y_0}}(y-y_0)+\frac{1}{2\sqrt{z_0}}(z-z_0)=0,$$

即

$$\frac{1}{2\sqrt{x_0}}x+\frac{1}{2\sqrt{y_0}}y+\frac{1}{2\sqrt{z_0}}z-\frac{1}{2}(\sqrt{x_0}+\sqrt{y_0}+\sqrt{z_0})=0,$$

且

$$\sqrt{x_0}+\sqrt{y_0}+\sqrt{z_0}=\sqrt{a},$$

所以

$$\frac{x}{\sqrt{ax_0}}+\frac{y}{\sqrt{ay_0}}+\frac{z}{\sqrt{az_0}}=1.$$

此切平面在 x,y,z 轴上的截距分别是 $\sqrt{ax_0}$，$\sqrt{ay_0}$，$\sqrt{az_0}$，它们之和是

$$\sqrt{ax_0}+\sqrt{ay_0}+\sqrt{az_0}=\sqrt{a}(\sqrt{x_0}+\sqrt{y_0}+\sqrt{z_0})=\sqrt{a}\cdot\sqrt{a}=a.$$

21. 因为 $\frac{\partial u}{\partial x}=yz$，$\frac{\partial u}{\partial y}=zx$，$\frac{\partial u}{\partial z}=xy$，所以在点 $M(2,3,4)$ 处，有

$$\left.\frac{\partial u}{\partial x}\right|_M=12,\quad \left.\frac{\partial u}{\partial y}\right|_M=8,\quad \left.\frac{\partial u}{\partial z}\right|_M=6.$$

又因为 $\boldsymbol{l}^0=\overrightarrow{MN}^0=(3-2,4-3,5-4)^0=(1,1,1)^0=\left(\frac{1}{\sqrt{3}},\frac{1}{\sqrt{3}},\frac{1}{\sqrt{3}}\right)$，所以

$$\frac{\partial u}{\partial \boldsymbol{l}}=\frac{\partial u}{\partial x}\cos\alpha+\frac{\partial u}{\partial y}\cos\beta+\frac{\partial u}{\partial z}\cos\gamma=12\times\frac{1}{\sqrt{3}}+8\times\frac{1}{\sqrt{3}}+6\times\frac{1}{\sqrt{3}}=\frac{26}{3}\sqrt{3}.$$

22. 因为 $\frac{\partial z}{\partial x}=4x$，$\frac{\partial z}{\partial y}=6y$，所以在点 $M(2,3)$ 处，有 $\left.\frac{\partial z}{\partial x}\right|_M=8$，$\left.\frac{\partial z}{\partial y}\right|_M=18$. 又因为 $\boldsymbol{l}^0=\overrightarrow{MN}^0=(4-2,5-3)^0=(2,2)^0=\left(\frac{\sqrt{2}}{2},\frac{\sqrt{2}}{2}\right)$，所以

$$\frac{\partial z}{\partial \boldsymbol{l}}=\frac{\partial z}{\partial x}\cos\alpha+\frac{\partial z}{\partial y}\cos\beta=8\times\frac{\sqrt{2}}{2}+18\times\frac{\sqrt{2}}{2}=13\sqrt{2}.$$

23. 由题意可知

$$f'_x(x,y,z)=4x+2,\quad f'_y(x,y,z)=6y+3,\quad f'_z(x,y,z)=8z+4,$$

则在点 $M(2,3,4)$ 处，有 $\left.f'_x(x,y,z)\right|_M=10$，$\left.f'_y(x,y,z)\right|_M=21$，$\left.f'_z(x,y,z)\right|_M=36$. 故

$$\mathbf{grad}\, f(2,3,4) = 10\boldsymbol{i} + 21\boldsymbol{j} + 36\boldsymbol{k}.$$

24. (1) 求出一阶偏导数，令其等于 0，即

$$\frac{\partial z}{\partial x} = 2x - 2 = 0, \quad \frac{\partial z}{\partial y} = 2y + 2 = 0.$$

联立，求得 $x = 1, y = -1$，即得驻点 $(1,-1)$. 再计算二阶偏导数：$z''_{xx} = 2, z''_{xy} = 0, z''_{yy} = 2$. 故 $P = 0 - 2\times 2 = -4 < 0$，且 $z''_{xx} = 2 > 0$. 因此，由 §8.7 定理 2 得 $f(1,-1) = -2$ 是极小值.

(2) 易知 $z = xy(3 - x - y) = 3xy - x^2y - xy^2$，令

$$\frac{\partial z}{\partial x} = 3y - 2xy - y^2 = y(3 - 2x - y) = 0,$$

$$\frac{\partial z}{\partial y} = 3x - x^2 - 2xy = x(3 - x - 2y) = 0.$$

联立求解，得驻点：$(0,0)$，$(0,3)$，$(3,0)$，$(1,1)$.

因为 $z''_{xx} = -2y, z''_{xy} = 3 - 2x - 2y, z''_{yy} = -2x$，所以

在点 $(0,0)$ 处，$P = 9 - 0 = 9 > 0$，故无极值；

在点 $(0,3)$ 处，$P = (-3)^2 - 0 = 9 > 0$，故无极值；

在点 $(3,0)$ 处，$P = (-3)^2 - 0 = 9 > 0$，故无极值；

在点 $(1,1)$ 处，$P = (-1)^2 - 2\times 2 = -3 < 0$，且 $z''_{xx} = -2 < 0$，故 $f(1,1) = 1$ 是极大值.

25. 设 u 表示这三个正数的乘积，即 $u = xyz$. 由题意知 $x + y + z = 90$，$z = 90 - x - y$，则

$$u = xy(90 - x - y) = 90xy - x^2y - xy^2 \quad (0 < x, y < 90).$$

求出一阶偏导数，令其等于 0，得

$$\frac{\partial u}{\partial x} = 90y - 2xy - y^2 = 0, \quad \frac{\partial u}{\partial y} = 90x - x^2 - 2xy = 0,$$

即有 $\begin{cases} y(90 - 2x - y) = 0, \\ x(90 - x - 2y) = 0, \end{cases}$ 联立求解，得定义域内的驻点 $(30,30)$.

根据此问题的性质，函数 u 在定义域内必取得最值，而其在定义域内只有一个驻点，因此当 $x = 30, y = 30, z = 90 - 30 - 30 = 30$ 时，乘积最大.

26. 设水池的长、宽、高分别为 x, y, z，则所用面积（即水池的表面积）为 $S = xy + 2zx + 2yz$. 由题设可知，水池的体积为 $xyz = 4$，即 $z = \dfrac{4}{xy}$，这时 $S = xy + \dfrac{8}{y} + \dfrac{8}{x}$. 求出 S 对 x, y 的偏导数，令其为 0，得

$$\frac{\partial S}{\partial x} = y - \frac{8}{x^2} = 0, \quad \frac{\partial S}{\partial y} = x - \frac{8}{y^2} = 0,$$

即 $\begin{cases} x^2y - 8 = 0, \\ xy^2 - 8 = 0. \end{cases}$ 联立求解，得驻点 $(2,2)$. 因为只有一个驻点，所以当 $x = 2, y = 2$，$z = \dfrac{4}{2\times 2} = 1$ 时，S 最小，即当长、宽、高分别为 2 m，2 m，1 m 时，所用钢板最省.

27. 设 u 表示这三个正数的乘积，即 $u = xyz$，已知约束条件为 $x + y + z - 90 = 0$，故作拉格朗日函数 $F(x,y,z,\lambda) = xyz + \lambda(x + y + z - 90)$. 求偏导数，令其为 0，得

$$\frac{\partial F}{\partial x}=yz+\lambda=0,\quad \frac{\partial F}{\partial y}=zx+\lambda=0,$$
$$\frac{\partial F}{\partial z}=xy+\lambda=0,\quad \frac{\partial F}{\partial \lambda}=x+y+z-90=0,$$

即 $-\lambda=xy=yz=zx$，故 $x=y=z=\sqrt{-\lambda}=30$. 由题意知，函数 u 存在最大值，因此当 $x=y=z=30$ 时，这三个正数的乘积最大.

习 题 九

1. $I_1=4I_2$.

2. (1) $2\leqslant I\leqslant 8$.　　(2) $36\pi\leqslant I\leqslant 52\pi$.

3. (1) $$\iint_D (x+6y)\,\mathrm{d}\sigma=\int_0^1 \mathrm{d}x\int_x^{5x}(x+6y)\,\mathrm{d}y=\int_0^1 (xy+3y^2)\Big|_x^{5x}\mathrm{d}x$$
$$=\int_0^1 [(5x^2+75x^2)-(x^2+3x^2)]\mathrm{d}x$$
$$=\int_0^1 76x^2\,\mathrm{d}x=\left[\frac{76}{3}x^3\right]_0^1=\frac{76}{3}.$$

(2) 套用公式(9.6)，这时 $c=0, d=1, \psi_1(y)=y^2, \psi_2(y)=\sqrt{y}$，故
$$\iint_D (x^2+y)\,\mathrm{d}\sigma=\int_0^1 \mathrm{d}y\int_{y^2}^{\sqrt{y}}(x^2+y)\,\mathrm{d}x=\int_0^1\left(\frac{1}{3}x^3+yx\right)\Big|_{y^2}^{\sqrt{y}}\mathrm{d}y$$
$$=\int_0^1\left(\frac{1}{3}y^{\frac{3}{2}}+y^{\frac{3}{2}}-\frac{1}{3}y^6-y^3\right)\mathrm{d}y=\left[\frac{8}{15}y^{\frac{5}{2}}-\frac{1}{21}y^7-\frac{1}{4}y^4\right]_0^1$$
$$=\frac{8}{15}-\frac{1}{21}-\frac{1}{4}=\frac{33}{140}.$$

4. (1) $$\iint_D \ln(1+x^2+y^2)\,\mathrm{d}\sigma=\int_0^{2\pi}\mathrm{d}\theta\int_0^1 \ln(1+r^2)r\,\mathrm{d}r$$
$$=\int_0^{2\pi}\left[\int_0^1 \frac{1}{2}\ln(1+r^2)\,\mathrm{d}(1+r^2)\right]\mathrm{d}\theta$$
$$=\int_0^{2\pi}\left[\frac{1}{2}(1+r^2)\ln(1+r^2)-\frac{1}{2}(1+r^2)\right]_0^1\mathrm{d}\theta$$
$$=\int_0^{2\pi}\left(\ln 2-1+\frac{1}{2}\right)\mathrm{d}\theta=2\pi\left(\ln 2-\frac{1}{2}\right)$$
$$=\pi(\ln 4-1).$$

(2) $$\iint_D \sqrt{R^2-x^2-y^2}\,\mathrm{d}\sigma=\int_{-\frac{\pi}{2}}^{\frac{\pi}{2}}\mathrm{d}\theta\int_0^{R\cos\theta}\sqrt{R^2-r^2}\,r\,\mathrm{d}r$$
$$=\int_{-\frac{\pi}{2}}^{\frac{\pi}{2}}\left[\int_0^{R\cos\theta}-\frac{1}{2}(R^2-r^2)^{\frac{1}{2}}\mathrm{d}(R^2-r^2)\right]\mathrm{d}\theta$$
$$=\int_{-\frac{\pi}{2}}^{\frac{\pi}{2}}\left[-\frac{1}{3}(R^2-r^2)^{\frac{3}{2}}\right]_0^{R\cos\theta}\mathrm{d}\theta$$

$$=\int_{-\frac{\pi}{2}}^{\frac{\pi}{2}}\frac{1}{3}(R^3-R^3|\sin^3\theta|)\mathrm{d}\theta$$

$$=\frac{R^3}{3}\left(\frac{\pi}{2}+\frac{\pi}{2}\right)-\frac{2}{3}R^3\int_0^{\frac{\pi}{2}}\sin^3\theta\mathrm{d}\theta$$

$$=\frac{R^3}{3}\pi-\frac{2}{3}R^3\ \frac{2}{3}=\frac{R^3}{3}\left(\pi-\frac{4}{3}\right).$$

5. 套用公式(9.5)，这时 $a=0, b=2, \varphi_1(x)=x^2, \varphi_2(x)=4x-x^2$，故

$$A=\iint_D\mathrm{d}\sigma=\int_0^2\mathrm{d}x\int_{x^2}^{4x-x^2}\mathrm{d}y=\int_0^2(4x-x^2-x^2)\mathrm{d}x$$

$$=\int_0^2(4x-2x^2)\mathrm{d}x=\left[2x^2-\frac{2}{3}x^3\right]_0^2=\frac{8}{3}.$$

6. 由题意可知 $V=\iint_D(4-x^2-y^2)\mathrm{d}\sigma$，其中积分区域 D 为圆形区域：$x^2+y^2\leqslant4$. 用极坐标计算此二重积分. 因为极点 O 在 D 内，所以套用公式(9.9). 这时 $r(\theta)=2(0\leqslant\theta\leqslant2\pi)$，故

$$V=\int_0^{2\pi}\mathrm{d}\theta\int_0^2(4-r^2)r\mathrm{d}r=2\pi\left[2r^2-\frac{r^4}{4}\right]_0^2=2\pi(8-4)=8\pi.$$

7. 由对称性可知，只要计算该立体在第一卦限部分的表面积 S_1 的一半，即 $\frac{1}{2}S_1$ 即可. 因为在第一卦限部分的底为 xOy 面上四分之一的圆形区域 D：$0\leqslant y\leqslant\sqrt{R^2-x^2}, 0\leqslant x\leqslant R$，曲面为柱面 $z=\sqrt{R^2-x^2}$，所以

$$\frac{1}{2}S_1=\iint_D\sqrt{1+\left(\frac{\partial z}{\partial x}\right)^2+\left(\frac{\partial z}{\partial y}\right)^2}\mathrm{d}\sigma=\iint_D\sqrt{1+\left(\frac{-x}{\sqrt{R^2-x^2}}\right)^2+0^2}\mathrm{d}\sigma$$

$$=\iint_D\sqrt{\frac{R^2-x^2+x^2}{R^2-x^2}}\mathrm{d}\sigma=\iint_D\frac{R}{\sqrt{R^2-x^2}}\mathrm{d}\sigma$$

$$=\int_0^R\left(\int_0^{\sqrt{R^2-x^2}}\frac{R}{\sqrt{R^2-x^2}}\mathrm{d}y\right)\mathrm{d}x=\int_0^R R\mathrm{d}x=R^2.$$

因此，所求表面积为 $S=8S_1=8\times2R^2=16R^2$.

8. 由公式(9.13)有

$$\overline{x}=\frac{\iint_D x^3y\mathrm{d}\sigma}{\iint_D x^2y\mathrm{d}\sigma}=\frac{\int_0^1\left(\int_x^{x^2}x^3y\mathrm{d}y\right)\mathrm{d}x}{\int_0^1\left(\int_x^{x^2}x^2y\mathrm{d}y\right)\mathrm{d}x}=\frac{\int_0^1\left[x^3\left(\frac{1}{2}y^2\right)\right]_x^{x^2}\mathrm{d}x}{\int_0^1\left[x^2\left(\frac{1}{2}y^2\right)\right]_x^{x^2}\mathrm{d}x}$$

$$=\frac{\frac{1}{2}\int_0^1x^3(x^4-x^2)\mathrm{d}x}{\frac{1}{2}\int_0^1x^2(x^4-x^2)\mathrm{d}x}=\frac{\frac{1}{8}-\frac{1}{6}}{\frac{1}{7}-\frac{1}{5}}=\frac{-\frac{2}{48}}{-\frac{2}{35}}=\frac{35}{48},$$

$$\overline{y}=\frac{\iint_D x^2y^2\mathrm{d}\sigma}{\iint_D x^2y\mathrm{d}\sigma}=\frac{\int_0^1\left(\int_x^{x^2}x^2y^2\mathrm{d}y\right)\mathrm{d}x}{\int_0^1\left(\int_x^{x^2}x^2y\mathrm{d}y\right)\mathrm{d}x}=\frac{\int_0^1\left[x^2\left(\frac{1}{3}y^3\right)\right]_x^{x^2}\mathrm{d}x}{\int_0^1\left[x^2\left(\frac{1}{2}y^2\right)\right]_x^{x^2}\mathrm{d}x}$$

$$=\frac{\frac{1}{3}\int_0^1 x^2(x^6-x^3)\,\mathrm{d}x}{\frac{1}{2}\int_0^1 x^2(x^4-x^2)\,\mathrm{d}x}=\frac{2}{3}\times\frac{\frac{1}{9}-\frac{1}{6}}{\frac{1}{7}-\frac{1}{5}}=\frac{2}{3}\times\frac{-\frac{3}{54}}{-\frac{2}{35}}=\frac{35}{54},$$

故该平面薄片的质心为$\left(\frac{35}{48},\frac{35}{54}\right)$.

9. $I_x=\iint\limits_D \rho y^2\,\mathrm{d}\sigma=\rho\int_0^{2\pi}\mathrm{d}\theta\int_0^R r^2\sin^2\theta r\,\mathrm{d}r=\rho\left(\int_0^{2\pi}\sin^2\theta\,\mathrm{d}\theta\right)\frac{R^4}{4}=\rho\pi\frac{R^4}{4}=\frac{1}{4}R^2M$,其中$M=\pi R^2\rho$为圆板的质量.

10. $I=\int_{-1}^1\mathrm{d}x\int_{-\sqrt{1-x^2}}^{\sqrt{1-x^2}}\mathrm{d}y\int_{x^2+y^2}^1 f(x,y,z)\,\mathrm{d}z.$

11. $I=\int_0^1\mathrm{d}x\int_0^{1-x}\mathrm{d}y\int_0^{1-x-y}\frac{\mathrm{d}z}{(1+x+y+z)^3}$

$$=\int_0^1\left[\int_0^{1-x}\frac{1}{-2(1+x+y+z)^2}\bigg|_0^{1-x-y}\mathrm{d}y\right]\mathrm{d}x$$

$$=-\frac{1}{2}\int_0^1\left\{\int_0^{1-x}\left[\frac{1}{4}-\frac{1}{(1+x+y)^2}\right]\mathrm{d}y\right\}\mathrm{d}x$$

$$=-\frac{1}{2}\int_0^1\left[\frac{1}{4}y-\frac{1}{(-2+1)(1+x+y)}\right]_0^{1-x}\mathrm{d}x$$

$$=-\frac{1}{2}\int_0^1\left[\frac{1}{4}(1-x)+\left(\frac{1}{2}-\frac{1}{1+x}\right)\right]\mathrm{d}x=-\frac{1}{2}\left[\frac{3x}{4}-\frac{x^2}{8}-\ln(1+x)\right]_0^1$$

$$=-\frac{1}{2}\left(\frac{3}{4}-\frac{1}{8}-\ln 2\right)=\frac{1}{2}\left(\ln 2-\frac{5}{8}\right).$$

12. $I=\int_0^1 x\,\mathrm{d}x\int_0^{\sqrt{1-x^2}}y\,\mathrm{d}y\int_0^{\sqrt{1-x^2-y^2}}z\,\mathrm{d}z=\frac{1}{2}\int_0^1 x\,\mathrm{d}x\int_0^{\sqrt{1-x^2}}y(1-x^2-y^2)\,\mathrm{d}y$

$$=\frac{1}{2}\int_0^1\left[\frac{(1-x^2)y^2}{2}-\frac{1}{4}y^4\right]_0^{\sqrt{1-x^2}}x\,\mathrm{d}x=\frac{1}{2}\int_0^1\frac{(1-x^2)^2x}{4}\mathrm{d}x$$

$$=\frac{1}{8}\cdot\left(-\frac{1}{2}\right)\int_0^1(1-x^2)^2\,\mathrm{d}(1-x^2)=-\frac{1}{16}\left[\frac{(1-x^2)^3}{3}\right]_0^1=\frac{1}{48}.$$

13. 由$z+z^2=2$得$z=1$或$z=-2$(舍去),故积分区域Ω在xOy面上的投影区域是D:$x^2+y^2\leqslant 1$. 因此

$$I=\iint\limits_D\mathrm{d}\sigma\int_{x^2+y^2}^{\sqrt{2-x^2-y^2}}z\,\mathrm{d}z=\frac{1}{2}\iint\limits_D[(2-x^2-y^2)-(x^2+y^2)^2]\,\mathrm{d}\sigma$$

$$=\frac{1}{2}\int_0^{2\pi}\mathrm{d}\theta\int_0^1(2-r^2-r^4)r\,\mathrm{d}r=\pi\left(1-\frac{1}{4}-\frac{1}{6}\right)=\frac{7\pi}{12}.$$

14. $I=\int_0^{2\pi}\mathrm{d}\theta\int_0^{\pi}\sin\varphi\,\mathrm{d}\varphi\int_0^1 r^4\,\mathrm{d}r=2\pi\times 2\times\frac{1}{5}=\frac{4\pi}{5}.$

15. (1) 选用柱面坐标,则

$$I=\int_0^1\mathrm{d}z\iint\limits_D xy\,\mathrm{d}\sigma=\int_0^1\mathrm{d}z\int_0^{\frac{\pi}{2}}\mathrm{d}\theta\int_0^1 r^3\sin\theta\cos\theta\,\mathrm{d}r=1\times\frac{1}{2}\times\frac{1}{4}=\frac{1}{8}.$$

(2) 选用球面坐标,则

$$I=\int_0^{2\pi}\mathrm{d}\theta\int_0^{\pi}\mathrm{d}\varphi\int_0^1\frac{r\cos\varphi\ln(r^2+1)}{r^2+1}r^2\sin\varphi\mathrm{d}r$$
$$=2\pi\times 0\times\int_0^1\frac{r^3\ln(r^2+1)}{r^2+1}\mathrm{d}r=0.$$

16. 易知，质心在 z 轴上，即 $\bar{x}=0,\bar{y}=0$，又有

$$\bar{z}=\frac{\iiint\limits_{\Omega}z\mathrm{d}v}{\iiint\limits_{\Omega}\mathrm{d}v}=\frac{\iiint\limits_{\Omega}r\cos\varphi r^2\sin\varphi\mathrm{d}r\mathrm{d}\varphi\mathrm{d}\theta}{\frac{2\pi}{3}(A^3-B^3)}=\frac{\int_0^{2\pi}\mathrm{d}\theta\int_0^{\frac{\pi}{2}}\cos\varphi\sin\varphi\mathrm{d}\varphi\int_B^A r^3\mathrm{d}r}{\frac{2\pi}{3}(A^3-B^3)}$$
$$=\frac{2\pi\times\frac{1}{2}\times\frac{A^4-B^4}{4}}{\frac{2\pi}{3}(A^3-B^3)}=\frac{3(A^4-B^4)}{8(A^3-B^3)}.$$

17. 不妨设均匀圆柱体为 $\Omega: x^2+y^2\leqslant R^2, 0\leqslant z\leqslant h$，则 z 轴为过中心且平行于母线的轴，故所求转动惯量为

$$I_z=\iiint\limits_{\Omega}(x^2+y^2)\rho\mathrm{d}v=\int_0^h\mathrm{d}z\iint\limits_{D}(x^2+y^2)\rho\mathrm{d}\sigma=h\rho\int_0^{2\pi}\mathrm{d}\theta\int_0^R r^2 r\mathrm{d}r$$
$$=h\rho 2\pi\frac{R^4}{4}=\frac{1}{2}h\rho\pi R^4=\frac{1}{2}R^2M,$$

其中 $M=\pi R^2h\rho$ 为圆柱体的质量.

习　题　十

1. (1) $I_x=\int_L y^2\rho(x,y)\mathrm{d}s$，　$I_y=\int_L x^2\rho(x,y)\mathrm{d}s$，　$I_O=I_x+I_y=\int_L(x^2+y^2)\rho(x,y)\mathrm{d}s$.

(2) $\bar{x}=\dfrac{\int_L x\rho(x,y)\mathrm{d}s}{\int_L\rho(x,y)\mathrm{d}s}$，　$\bar{y}=\dfrac{\int_L y\rho(x,y)\mathrm{d}s}{\int_L\rho(x,y)\mathrm{d}s}$.

2. $I=\int_L\dfrac{P(x,y)+2xQ(x,y)}{\sqrt{1+(2x)^2}}\mathrm{d}s$.

3. 将闭曲线 L 分成以下四个部分：$L_1: x=0(0\leqslant y\leqslant 2)$，$L_2: y=0(0\leqslant x\leqslant 4)$，$L_3: x=4$ $(0\leqslant y\leqslant 2)$，$L_4: y=2(0\leqslant x\leqslant 4)$，故

$$I=\int_{L_1}+\int_{L_2}+\int_{L_3}+\int_{L_4}=\int_0^2 4y\mathrm{d}y+\int_0^4 2x\mathrm{d}x=2y^2\Big|_0^2+x^2\Big|_0^4=8+16=24.$$

4. $I=\int_\Gamma\dfrac{1}{x^2+y^2+z^2}\sqrt{\left(\dfrac{\mathrm{d}x}{\mathrm{d}t}\right)^2+\left(\dfrac{\mathrm{d}y}{\mathrm{d}t}\right)^2+\left(\dfrac{\mathrm{d}z}{\mathrm{d}t}\right)^2}\mathrm{d}t$

$$=\int_0^2\frac{1}{\mathrm{e}^{2t}\cos^2 t+\mathrm{e}^{2t}\sin^2 t+\mathrm{e}^{2t}}\sqrt{\mathrm{e}^{2t}(\cos t-\sin t)^2+\mathrm{e}^{2t}(\sin t+\cos t)^2+\mathrm{e}^{2t}}\mathrm{d}t$$
$$=\int_0^2\frac{1}{2\mathrm{e}^{2t}}\sqrt{3\mathrm{e}^{2t}}\mathrm{d}t=\frac{\sqrt{3}}{2}\int_0^2\mathrm{e}^{-t}\mathrm{d}t=\frac{\sqrt{3}}{2}(-\mathrm{e}^{-t})\Big|_0^2=\frac{\sqrt{3}}{2}(1-\mathrm{e}^{-2}).$$

5. 因为 $x=R\cos t, y=R\sin t$,所以

$$I=\int_0^{2\pi}\frac{1}{R^2}[R\sin t(-R\sin t)-R\cos t(R\cos t)]\mathrm{d}t=\int_0^{2\pi}(-1)\mathrm{d}t=-2\pi.$$

6. 因为 $x=a\cos^3 t, y=a\sin^3 t$,所以参数 t 从 0 到 $\frac{\pi}{2}$. 故

$$\begin{aligned}I&=\int_0^{\frac{\pi}{2}}[a\cos^3 t\cdot 3a\sin^2 t\cos t-(-a\sin^3 t\cdot 3a\cos^2 t\sin t)]\mathrm{d}t\\&=3a^2\int_0^{\frac{\pi}{2}}\sin^2 t\cos^2 t\mathrm{d}t=3a^2\int_0^{\frac{\pi}{2}}\sin^2 t(1-\sin^2 t)\mathrm{d}t\\&=3a^2\int_0^{\frac{\pi}{2}}(\sin^2 t-\sin^4 t)\mathrm{d}t=3a^2\left(\frac{1}{2}\cdot\frac{\pi}{2}-\frac{3}{4}\cdot\frac{1}{2}\cdot\frac{\pi}{2}\right)=\frac{3\pi a^2}{16}.\end{aligned}$$

7. 因为 $x=a\cos^3 t, y=a\sin^3 t$,所以由(10.12)式及对称性有

$$\begin{aligned}A&=\frac{1}{2}\oint_L x\mathrm{d}y-y\mathrm{d}x=\frac{1}{2}\cdot 4\int_0^{\frac{\pi}{2}}[a\cos^3 t\cdot 3a\sin^2 t\cos t-(-a\sin^3 t\cdot 3a\cos^2 t\sin t)]\mathrm{d}t\\&=6a^2\int_0^{\frac{\pi}{2}}\sin^2 t\cos^2 t\mathrm{d}t=\frac{3}{8}\pi a^2\text{(直接由上题答案得出)}.\end{aligned}$$

8. 令 $P(x,y)=x+y, Q(x,y)=x-y$,则在 xOy 面内,恒有$\frac{\partial P}{\partial y}=\frac{\partial Q}{\partial x}$,即得证.

可取 $u(x,y)=\int_{(0,0)}^{(x,y)}(x+y)\mathrm{d}x+(x-y)\mathrm{d}y=\int_0^x x\mathrm{d}x+\int_0^y(x-y)\mathrm{d}y=\frac{x^2}{2}+xy-\frac{y^2}{2}.$

9. $I_x=\iint\limits_{\Sigma}(y^2+z^2)\rho(x,y,z)\mathrm{d}S.$

10.
$$\begin{aligned}I&=\iint\limits_D(x+y+\sqrt{R^2-x^2-y^2})\frac{R}{\sqrt{R^2-x^2-y^2}}\mathrm{d}x\mathrm{d}y=\iint\limits_D\left(\frac{x+y}{\sqrt{R^2-x^2-y^2}}+1\right)R\mathrm{d}x\mathrm{d}y\\&=\int_0^{2\pi}\mathrm{d}\theta\int_0^{\sqrt{R^2-H^2}}R\frac{r\cos\theta+r\sin\theta}{\sqrt{R^2-r^2}}r\mathrm{d}r+R\pi(R^2-H^2)\\&=0+\pi R(R^2-H^2)=\pi R(R^2-H^2)\quad\text{(其中 }D:x^2+y^2\leqslant R^2-H^2\text{)}.\end{aligned}$$

11. 易知,曲面 Σ 可分成锥面 $\Sigma_1: z=\sqrt{x^2+y^2}\ (x^2+y^2\leqslant 1)$ 和平面 $\Sigma_2: z=1\ (x^2+y^2\leqslant 1)$.

在 Σ_1 上,有 $z=\sqrt{x^2+y^2}$,则 $z'_x=\frac{x}{\sqrt{x^2+y^2}}, z'_y=\frac{y}{\sqrt{x^2+y^2}}$,故

$$\sqrt{1+z'^2_x+z'^2_y}=\sqrt{1+1}=\sqrt{2};$$

在 Σ_2 上,有 $z=1$,故

$$\sqrt{1+z'^2_x+z'^2_y}=1.$$

因此

$$\begin{aligned}I&=\iint\limits_D(x^2+y^2)\cdot\sqrt{2}\mathrm{d}x\mathrm{d}y+\iint\limits_D(x^2+y^2)\mathrm{d}x\mathrm{d}y=(\sqrt{2}+1)\int_0^{2\pi}\mathrm{d}\theta\int_0^1 r^2 r\mathrm{d}r\\&=(\sqrt{2}+1)\cdot 2\pi\cdot\frac{1}{4}=\frac{\sqrt{2}+1}{2}\pi\quad\text{(其中 }D:x^2+y^2\leqslant 1\text{)}.\end{aligned}$$

12. 已知 $\Sigma: z=-\sqrt{R^2-x^2-y^2}$,其在 xOy 面内的投影为 $D: x^2+y^2\leqslant R^2$,因此

$$I=-\iint_D(-\sqrt{R^2-x^2-y^2})\mathrm{d}x\mathrm{d}y=\iint_D\sqrt{R^2-x^2-y^2}\,\mathrm{d}x\mathrm{d}y$$

$$=\int_0^{2\pi}\mathrm{d}\theta\int_0^R\sqrt{R^2-r^2}\,r\mathrm{d}r=2\pi\left[\frac{-(R^2-r^2)^{\frac{1}{2}+1}}{2\left(\frac{1}{2}+1\right)}\right]_0^R=\frac{2\pi}{3}R^3.$$

13. 因为

$$\iint_\Sigma x^2\mathrm{d}y\mathrm{d}z=\iint_D(1-y^2)\mathrm{d}y\mathrm{d}z=\int_0^3\mathrm{d}z\int_0^1(1-y^2)\mathrm{d}y$$

$$=\int_0^3\left[y-\frac{y^3}{3}\right]_0^1\mathrm{d}z=\frac{2}{3}\times 3=2\quad(\text{其中 }D:0\leqslant y\leqslant 1,0\leqslant z\leqslant 3),$$

同理可得$\iint\limits_\Sigma y^2\mathrm{d}z\mathrm{d}x=2$，所以 $I=4$.

14. 令 $P=x^3,Q=y^3,R=z^3$，Ω 为曲面 Σ 所围空间闭区域，则

$$I=\iiint_\Omega\left(\frac{\partial P}{\partial x}+\frac{\partial Q}{\partial y}+\frac{\partial R}{\partial z}\right)\mathrm{d}v=\iiint_\Omega 3(x^2+y^2+z^2)\mathrm{d}v$$

$$=3\int_0^{2\pi}\mathrm{d}\theta\int_0^\pi\mathrm{d}\varphi\int_0^R r^2\cdot r^2\sin\varphi\mathrm{d}r=3\cdot 2\pi\int_0^\pi\sin\varphi\mathrm{d}\varphi\int_0^R r^4\mathrm{d}r$$

$$=6\pi\times 2\times\frac{R^5}{5}=\frac{12\pi R^5}{5}.$$

15. 令 $P=x^3,Q=y^3,R=z^3$，则

$$\operatorname{div}\mathbf{A}=\frac{\partial P}{\partial x}+\frac{\partial Q}{\partial y}+\frac{\partial R}{\partial z}=3(x^2+y^2+z^2),$$

$$\mathbf{rot\,A}=\left(\frac{\partial R}{\partial y}-\frac{\partial Q}{\partial z}\right)\boldsymbol{i}+\left(\frac{\partial P}{\partial z}-\frac{\partial R}{\partial x}\right)\boldsymbol{j}+\left(\frac{\partial Q}{\partial x}-\frac{\partial P}{\partial y}\right)\boldsymbol{k}=\mathbf{0}.$$

16. 令 $P=y,Q=z,R=x$，则

$$\mathbf{rot\,A}=\left(\frac{\partial R}{\partial y}-\frac{\partial Q}{\partial z}\right)\boldsymbol{i}+\left(\frac{\partial P}{\partial z}-\frac{\partial R}{\partial x}\right)\boldsymbol{j}+\left(\frac{\partial Q}{\partial x}-\frac{\partial P}{\partial y}\right)\boldsymbol{k}=-\boldsymbol{i}-\boldsymbol{j}-\boldsymbol{k}.$$

又设 Σ 为闭曲线 Γ 所围平面区域，按右手规则取前侧，则其法线向量 $\boldsymbol{n}$ 为 $(1,1,1)$. 因此，由斯托克斯公式有

$$I=\iint_\Sigma\mathbf{rot\,A}\cdot\boldsymbol{n}\mathrm{d}S=-\sqrt{3}\pi R^2.$$

习题十一

1. (1) $u_1=1,\ u_2=\frac{3}{2},\ u_3=\frac{5}{6}$.

(2) $u_1=1,\ u_2=\frac{5}{6},\ u_3=\frac{7}{9}$.

(3) $u_1=\frac{1}{2},\ u_2=-\frac{1}{6},\ u_3=\frac{1}{12}$.

2. (1) $S_1=u_1=-1$，$S_n=u_1+\cdots+u_n=-n$.

(2) $S_1=u_1=\ln 2$，$S_n=u_1+\cdots+u_n=\ln(n+1)$.

3. (1) 收敛. (2) 发散.

(3) $u_n=\dfrac{1}{3^n}$,收敛. (4) $u_n=\dfrac{(n+1)!}{10^n}$,发散.

(5) $u_n=\sin\dfrac{\pi}{2^n}<\dfrac{\pi}{2^n}$,收敛. (6) 收敛.

4. (1) $u_n=(-1)^{n-1}\dfrac{1}{\sqrt{n}}$,条件收敛. (2) $u_n=(-1)^{n-1}\dfrac{1}{(2n-1)^2}$,绝对收敛.

(3) 绝对收敛. (4) 发散.

5. (1) $R=0$,$x=0$ 处收敛.

(2) $R=3$,收敛区间为$(-3,3)$,端点 $x=\pm 3$ 处发散.

(3) $R=5$,收敛区间为$(-5,5)$,端点 $x=\pm 5$ 处收敛.

(4) $R=1$,收敛区间为$(-1,1)$,端点 $x=\pm 1$ 处收敛.

(5) $R=\dfrac{1}{2}$,收敛区间为$(0,1)$,端点 $x=0,1$ 处收敛.

(6) $R=2$,收敛区间为$(-1,3)$,端点 $x=-1,3$ 处发散.

6. (1) $\dfrac{e^x-e^{-x}}{2}=\displaystyle\sum_{n=1}^{\infty}\dfrac{x^{2n-1}}{(2n-1)!}$, $(-\infty,+\infty)$.

(2) $\ln(a+x)=\ln\left[a\left(1+\dfrac{x}{a}\right)\right]=\ln a+\displaystyle\sum_{n=1}^{\infty}(-1)^{n-1}\dfrac{1}{n}\left(\dfrac{x}{a}\right)^n$, $(-a,a]$.

(3) $a^x=e^{x\ln a}=\displaystyle\sum_{n=0}^{\infty}\dfrac{(x\ln a)^n}{n!}$, $(-\infty,+\infty)$.

(4) $\sin\dfrac{x}{2}=\displaystyle\sum_{n=1}^{\infty}\dfrac{(-1)^{n-1}}{(2n-1)!}\left(\dfrac{x}{2}\right)^{2n-1}$, $(-\infty,+\infty)$.

(5) $\sin^2 x=\dfrac{1-\cos 2x}{2}=\displaystyle\sum_{n=1}^{\infty}(-1)^{n-1}\dfrac{(2x)^{2n}}{2(2n)!}$, $(-\infty,+\infty)$.

(6) $(1+x)\ln(1+x)=x+\displaystyle\sum_{n=2}^{\infty}\dfrac{(-1)^n x^n}{n(n-1)}$, $(-1,1]$.

(7)
$$\arcsin x=\int_0^x(1-x^2)^{-\frac{1}{2}}\,dx$$
$$=\int_0^x\left[1+\sum_{n=1}^{\infty}\frac{-\frac{1}{2}\left(-\frac{1}{2}-1\right)\cdots\left(-\frac{1}{2}-n+1\right)}{n!}(-x^2)^n\right]dx$$
$$=x+\sum_{n=1}^{\infty}\frac{\frac{1}{2}\left(\frac{1}{2}+1\right)\cdots\left(\frac{1}{2}+n-1\right)}{(2n+1)n!}x^{2n+1},\ (-1,1).$$

(8)
$$\frac{x}{\sqrt{1+x^2}}=\left(\sqrt{1+x^2}\right)'$$
$$=\left[1+\sum_{n=1}^{\infty}\frac{\frac{1}{2}\left(\frac{1}{2}-1\right)\cdots\left(\frac{1}{2}-n+1\right)}{n!}x^{2n}\right]'$$

$$= x + \sum_{n=2}^{\infty} \frac{\left(\frac{1}{2}-1\right)\left(\frac{1}{2}-2\right)\cdots\left(\frac{1}{2}-n+1\right)}{(n-1)!} x^{2n-1}, \ (-1,1).$$

7. (1) 因为 $2^\circ = \frac{\pi}{180} \times 2 = \frac{\pi}{90} \approx 0.03$，所以取 $\cos x$ 的幂级数前两项之和作为近似值，即

$$\cos 2^\circ \approx 1 - \frac{1}{2}\left(\frac{\pi}{90}\right)^2 = 1 - 0.5 \times 0.0009 = 0.99955,$$

且其误差为

$$|R_2| < \frac{1}{4!}\left(\frac{\pi}{90}\right)^4 \approx \frac{1}{24}(0.03)^4 = \frac{1}{24} \times 0.00000081 < 10^{-6}.$$

(2) 由 $\frac{1}{1+x^4}$ 的幂级数展开式可知

$$\text{原式} = \int_0^{0.5} (1 - x^4 + x^8 - \cdots)\,dx = 0.5 - \frac{1}{5}(0.5)^5 + \frac{1}{9}(0.5)^9 - \cdots.$$

取前两项之和作为近似值，得

$$\text{原式} \approx 0.5 - \frac{1}{5}(0.5)^5 = 0.49375,$$

且其误差为

$$|R_2| < \frac{1}{9}(0.5)^9 \approx 0.0002.$$

8. $f(x) = \frac{a_0}{2} + \sum_{n=1}^{\infty} a_n \cos nx = \pi^2 + 1 + 12\sum_{n=1}^{\infty} \frac{(-1)^n}{n^2}\cos nx, x \in (-\infty, +\infty)$，其中

$$a_0 = \frac{1}{\pi}\int_{-\pi}^{\pi} f(x)\,dx = \frac{1}{\pi}\int_{-\pi}^{\pi}(3x^2+1)\,dx = \frac{2}{\pi}\int_0^{\pi}(3x^2+1)\,dx$$

$$= \frac{2}{\pi}(x^3+x)\Big|_0^{\pi} = \frac{2}{\pi}(\pi^3+\pi) = 2(\pi^2+1),$$

$$a_n = \frac{1}{\pi}\int_{-\pi}^{\pi}(3x^2+1)\cos nx\,dx = \frac{2}{\pi}\int_0^{\pi}(3x^2+1)\cos nx\,dx$$

$$= \frac{2}{\pi}\left[\frac{\sin nx}{n}(3x^2+1) + 6x\frac{\cos nx}{n^2} - 6\frac{\sin nx}{n^3}\right]_0^{\pi}$$

$$= \frac{2}{\pi}\left[\frac{\sin n\pi}{n}(3\pi^2+1) + 6\pi\frac{\cos n\pi}{n^2} - 6\frac{\sin n\pi}{n^3}\right]$$

$$= 12\frac{(-1)^n}{n^2} \quad (n = 1, 2, \cdots).$$

9. $2x^2 = \sum_{n=1}^{\infty} b_n \sin nx = \frac{4}{\pi}\sum_{n=1}^{\infty}\left[-\frac{2}{n^3} + (-1)^n\left(\frac{2}{n^3} - \frac{\pi^2}{n}\right)\right]\sin nx, x \in [0, \pi)$，其中

$$b_n = \frac{2}{\pi}\int_0^{\pi} f(x)\sin nx\,dx = \frac{2}{\pi}\int_0^{\pi} 2x^2\sin nx\,dx$$

$$= \frac{4}{\pi}\left[-\frac{2}{n^3} + (-1)^n\left(\frac{2}{n^3} - \frac{\pi^2}{n}\right)\right] \quad (n = 1, 2, \cdots).$$

10. $x^2 = \frac{a_0}{2} + \sum_{n=1}^{\infty} a_n \cos\frac{n\pi x}{2} = \frac{4}{3} + 16\sum_{n=1}^{\infty}\frac{(-1)^n}{n^2\pi^2}\cos\frac{n\pi x}{2}, x \in [0, 2]$，其中

$$a_0=\frac{2}{2}\int_0^2 f(x)\,\mathrm{d}x=\int_0^2 x^2\,\mathrm{d}x=\left[\frac{x^3}{3}\right]_0^2=\frac{8}{3},$$

$$a_n=\frac{2}{2}\int_0^2 f(x)\cos\frac{n\pi x}{2}\mathrm{d}x=\int_0^2 x^2\cos\frac{n\pi x}{2}\mathrm{d}x=16\,\frac{(-1)^n}{n^2\pi^2}\quad(n=1,2,\cdots).$$

11. $\mathrm{e}^{-x}=\sum_{n=-\infty}^{+\infty}d_n\mathrm{e}^{\mathrm{i}n\pi x}=\sum_{n=-\infty}^{+\infty}\frac{(-1)^n(1-\mathrm{i}n\pi)}{1+(n\pi)^2}\mathrm{sh}\,1\mathrm{e}^{\mathrm{i}n\pi x},x\in(-1,1)$,其中

$$\begin{aligned}d_n&=\frac{1}{2}\int_{-1}^1 f(x)\mathrm{e}^{-\mathrm{i}n\pi x}\mathrm{d}x=\frac{1}{2}\int_{-1}^1\mathrm{e}^{-x}\mathrm{e}^{-\mathrm{i}n\pi x}\mathrm{d}x=\frac{1}{2}\int_{-1}^1\mathrm{e}^{-(1+\mathrm{i}n\pi)x}\mathrm{d}x\\&=\frac{1}{-2(1+\mathrm{i}n\pi)}\left[\mathrm{e}^{-(1+\mathrm{i}n\pi)}-\mathrm{e}^{1+\mathrm{i}n\pi}\right]\\&=\frac{1-\mathrm{i}n\pi}{(1+\mathrm{i}n\pi)(1-\mathrm{i}n\pi)}\,\frac{\mathrm{e}^{1+\mathrm{i}n\pi}-\mathrm{e}^{-(1+\mathrm{i}n\pi)}}{2}\\&=\frac{1-\mathrm{i}n\pi}{1+(n\pi)^2}\,\frac{\mathrm{e}(\cos n\pi+\mathrm{i}\sin n\pi)-\mathrm{e}^{-1}(\cos n\pi-\mathrm{i}\sin n\pi)}{2}\\&=\frac{\cos n\pi(1-\mathrm{i}n\pi)}{1+(n\pi)^2}\,\frac{\mathrm{e}-\mathrm{e}^{-1}}{2}=\frac{(-1)^n(1-\mathrm{i}n\pi)}{1+(n\pi)^2}\mathrm{sh}\,1\quad(n\in\mathbf{Z}).\end{aligned}$$

习 题 十 二

1. 略.

2. (1) 对原微分方程分离变量,得

$$\frac{\ln x}{x}\mathrm{d}x+\frac{\ln y}{y}\mathrm{d}y=0;$$

两边积分,得其通解为

$$(\ln x)^2+(\ln y)^2=C.$$

(2) 对原微分方程分离变量,得

$$\frac{\mathrm{d}y}{\sqrt{1-y^2}}+\frac{\mathrm{d}x}{\sqrt{1-x^2}}=0;$$

两边积分,得其通解为

$$\arcsin y+\arcsin x=C.$$

(3) 对原微分方程分离变量,得

$$\frac{\sin x}{\cos^2 x}\mathrm{d}x+\frac{1}{\cos^2 y}\mathrm{d}y=0,\quad 即\quad \tan x\sec x\mathrm{d}x+\sec^2 y\mathrm{d}y=0;$$

两边积分,得其通解为

$$\sec x+\tan y=C.$$

(4) 对原微分方程分离变量,得

$$\frac{\mathrm{d}y}{10^y}-10^x\mathrm{d}x=0;$$

两边积分,得其通解为

$$10^{-y}+10^x=C.$$

3. (1) 将原微分方程变形为

$$y' + y\tan x = \sec x,$$

故其通解为

$$\begin{aligned} y &= e^{-\int P(x)dx}\left[\int Q(x)e^{\int P(x)dx}dx + C\right] = e^{-\int \tan x dx}\left(\int \sec x \cdot e^{\int \tan x dx}dx + C\right) \\ &= e^{\ln(\cos x)}\left[\int \sec x \cdot e^{-\ln(\cos x)}dx + C\right] = \cos x\left(\int \sec x \frac{1}{\cos x}dx + C\right) \\ &= \cos x(\tan x + C) = \sin x + C\cos x. \end{aligned}$$

又由 $x = 0, y = 0$ 得 $C = 0$，故特解为 $y = \sin x$.

(2) 将原微分方程变形为

$$\frac{dx}{dy} = \frac{y + x}{y}, \quad 即 \quad \frac{dx}{dy} - \frac{x}{y} = 1,$$

故其通解为

$$\begin{aligned} x &= e^{-\int P(y)dy}\left[\int Q(y)e^{\int P(y)dy}dy + C\right] = e^{\int \frac{1}{y}dy}\left(\int e^{-\int \frac{1}{y}dy}dy + C\right) \\ &= y\left(\int \frac{1}{y}dy + C\right) = y(\ln y + C). \end{aligned}$$

4. 令 $x + y = u$，则

$$y = u - x, \quad y' = \frac{du}{dx} - 1.$$

代入原微分方程，有

$$u^2\left(\frac{du}{dx} - 1\right) = a^2, \quad 即 \quad u^2\frac{du}{dx} = a^2 + u^2.$$

分离变量，得

$$\frac{u^2}{u^2 + a^2}du = dx, \quad 即 \quad \left(1 - \frac{a^2}{u^2 + a^2}\right)du = dx;$$

两边积分，得

$$u - a\arctan\frac{u}{a} = x + C.$$

将 $u = x + y$ 代回，得 $x + y - a\arctan\frac{x + y}{a} = x + C$，即

$$y = a\arctan\frac{x + y}{a} + C.$$

将 $x = 0, y = 0$ 代入通解中，有

$$0 = a\arctan\frac{0 + 0}{a} + C, \quad 即 \quad C = 0,$$

故所求特解为

$$y = a\arctan\frac{x + y}{a}.$$

5. (1) 对原微分方程两边积分，得 $y' = \frac{5}{3}x^3 + \frac{3}{2}x^2 + 2x + C_1$；再次两边积分，得其通解为

$$y = \frac{5}{12}x^4 + \frac{1}{2}x^3 + x^2 + C_1x + C_2.$$

(2) 令 $y'=P$,则 $y''=P'=\dfrac{\mathrm{d}P}{\mathrm{d}x}$. 故原微分方程化为 $\dfrac{\mathrm{d}P}{\mathrm{d}x}-P=x$. 这是关于 x,P 的一阶线性微分方程,其通解为

$$P=\frac{\mathrm{d}y}{\mathrm{d}x}=\mathrm{e}^{x}\left(\int x\mathrm{e}^{-x}\mathrm{d}x+C_1\right)=\mathrm{e}^{x}(-x\mathrm{e}^{-x}-\mathrm{e}^{-x}+C_1)=-x-1+C_1\mathrm{e}^{x}.$$

再对上式两边积分,得原微分方程的通解为

$$y=-\frac{x^2}{2}-x+C_1\mathrm{e}^{x}+C_2.$$

(3) 令 $y'=P$,则 $y''=P\dfrac{\mathrm{d}P}{\mathrm{d}y}$. 代入原微分方程,有 $2P^2=P\dfrac{\mathrm{d}P}{\mathrm{d}y}(y-1)$,即

$$2P=\frac{\mathrm{d}P}{\mathrm{d}y}(y-1).$$

对上式分离变量,有 $\dfrac{\mathrm{d}P}{P}=\dfrac{2\mathrm{d}y}{y-1}$;再两边积分,得

$$\ln P=2\ln(y-1)+\ln C_1,\quad 即\quad P=C_1(y-1)^2.$$

又由 $x=1,y=2,y'=-1$ 得 $C_1=-1$,故

$$P=\frac{\mathrm{d}y}{\mathrm{d}x}=-(y-1)^2.$$

对上式分离变量,有 $-\dfrac{\mathrm{d}y}{(y-1)^2}=\mathrm{d}x$;再两边积分,即得原微分方程的通解为

$$\frac{1}{y-1}=x+C_2.$$

又由 $x=1,y=2$ 得 $C_2=0$,因此所求特解为

$$\frac{1}{y-1}=x,\quad 即\quad y=\frac{1}{x}+1.$$

6. (1) 特征方程为 $r^2-4r+3=(r-1)(r-3)=0$,则特征根为 $r_1=1,r_2=3$. 故所给微分方程的通解为

$$y=C_1\mathrm{e}^{x}+C_2\mathrm{e}^{3x}.$$

又由 $y\Big|_{x=0}=6,y'\Big|_{x=0}=10$ 有

$$\begin{cases}C_1+C_2=6,\\C_1+3C_2=10,\end{cases}$$

即 $C_1=4,C_2=2$,故所求特解为 $y=4\mathrm{e}^{x}+2\mathrm{e}^{3x}$.

(2) 特征方程为 $r^2-2r+1=(r-1)^2=0$,则特征根为 $r=1$(二重根). 故所求通解为

$$y=(C_1+C_2x)\mathrm{e}^{x}.$$

(3) 特征方程为 $r^2+2r+5=0$,则特征根为

$$r_{1,2}=\frac{-2\pm\sqrt{2^2-4\times5}}{2}=\frac{-2\pm4\mathrm{i}}{2}=-1\pm2\mathrm{i}.$$

故所给微分方程的通解为

$$x=\mathrm{e}^{-t}(C_1\cos2t+C_2\sin2t).$$

又由 $x\Big|_{t=0}=5, x'\Big|_{t=0}=-5$ 得

$$\begin{cases} C_1=5, \\ 2C_2-C_1=-5, \end{cases}$$

即 $C_1=5, C_2=0$，故所求特解为

$$x=5\mathrm{e}^{-t}\cos 2t.$$

(4) 特征方程为

$$r^4-2r^2+1=(r^2-1)^2=0, \quad 即 \quad r^2=1,$$

则特征根为 $r=\pm 1$（二重根）. 故所求通解为

$$y=(C_1+C_2x)\mathrm{e}^x+(C_3+C_4x)\mathrm{e}^{-x}.$$

(5) 特征方程为 $r^2+4=0$，则特征根为 $r=\pm 2\mathrm{i}$. 故对应的齐次线性微分方程的通解为

$$Y=C_1\cos 2x+C_2\sin 2x.$$

令 $y^*=A\mathrm{e}^x$，代入原微分方程，有 $A=1$. 这时

$$y^*=\mathrm{e}^x.$$

故原微分方程的通解为

$$y=Y+y^*=C_1\cos 2x+C_2\sin 2x+\mathrm{e}^x.$$

(6) 特征方程为 $r^2+1=0$，则特征根为 $r=\pm\mathrm{i}$. 故对应的齐次线性微分方程的通解为

$$Y=C_1\cos x+C_2\sin x.$$

令 $y^*=x(A\cos x+B\sin x)$，代入原微分方程，有 $A=0, B=1$. 这时

$$y^*=x\sin x.$$

故原微分方程的通解为

$$y=Y+y^*=C_1\cos x+C_2\sin x+x\sin x.$$

7. 设所求解为

$$y=a_0+a_1x+\cdots+a_nx^n+\cdots,$$

则由初始条件 $x=0, y=0$ 得 $a_0=0$. 这时

$$y=a_1x+a_2x^2+\cdots+a_nx^n+\cdots,$$

对其求导得

$$y'=a_1+2a_2x+\cdots+na_nx^{n-1}+\cdots.$$

再由初始条件 $x=0, y'=1$ 得 $a_1=1$. 又

$$y''=2a_2+3\cdot 2a_3x+\cdots+n(n-1)a_nx^{n-2}+\cdots,$$

将 y, y'' 代入原微分方程中，有

$$2a_2+3\cdot 2a_3x+\cdots+n(n-1)a_nx^{n-2}+\cdots=a_1x^2+a_2x^3+\cdots+a_{n-3}x^{n-2}+\cdots.$$

比较上式两边同类项的系数，得

$$2a_2=0, 3\cdot 2a_3=0, 故\ a_2=a_3=0;$$

$$4\cdot 3a_4=a_1=1, 故\ a_4=\frac{1}{4\cdot 3};$$

$$5\cdot 4a_5=a_2=0, 6\cdot 5a_6=a_3=0, 故\ a_5=a_6=0;$$

……

综上，得 $n(n-1)a_n = a_{n-3}$，故

$$a_n = \frac{a_{n-3}}{n(n-1)} \quad (n \geqslant 4).$$

于是可推出

$$a_7 = \frac{a_4}{7 \cdot 6} = \frac{1}{7 \cdot 6 \cdot 4 \cdot 3},$$

$$a_8 = a_9 = 0,$$

$$a_{10} = \frac{a_7}{10 \cdot 9} = \frac{1}{10 \cdot 9 \cdot 7 \cdot 6 \cdot 4 \cdot 3},$$

……

因此，原微分方程的幂级数解为

$$y = x + \frac{x^4}{4 \cdot 3} + \frac{x^7}{7 \cdot 6 \cdot 4 \cdot 3} + \frac{x^{10}}{10 \cdot 9 \cdot 7 \cdot 6 \cdot 4 \cdot 3} + \cdots.$$

参考文献

[1] 同济大学数学教研室. 高等数学. 北京：人民教育出版社，1978.

[2] 朱光贵. 微积分讲义. 北京：宇航出版社，1988.

[3] 华东化工学院高等数学教研组. 高等数学（函数教材）. 上海：华东化工学院出版社，1964.

[4] 广东工业大学数理系. 高等数学学习指导. 昆明：云南科技出版社，1997.

[5] 罗德 R. 高等数学（第一卷～第四卷）. 常彦，邓立生，秦裕瑗，译. 北京：人民教育出版社，1965.

[6] 郝同壬，等. 高等数学解题方法研究. 广州：华南理工大学出版社，1990.

历年考研真题

历年考研真题